现代高分子科学名著译丛

核磁共振波谱学
与聚合物微结构

（美）艾伦·托内利（Alan E. Tonelli） 著

杜宗良 成煦 王海波 杜晓声 等译

吴大诚 李瑞霞 校

NMR Spectroscopy and
Polymer Microstructure
The Conformational Connection

化学工业出版社

·北京·

内 容 简 介

本书是美国著名高分子科学家艾伦·托内利教授的代表性著作。在聚合物、共聚物、生物聚合物、改性聚合物、固态聚合物以及聚合物溶液和熔体等的各种 NMR 测定结果的基础上，系统总结了它们的化学位移与其微结构的关系。包括应用 ^1H、^{13}C、^{15}N、^{19}F、^{29}Si 和 ^{31}P 作为分子探针，专门研究聚合物分子构象与其 NMR 谱和微结构的关联。以大分子和相应小分子模型化合物的许多实例，详细说明二单元组、三单元组、四单元组等的构象特征对化学位移的效应。书中特别注重介绍作者本人参与发展的 γ-左右式效应及其应用，说明它在计算和解析聚合物 NMR 波谱归属中的威力。

对于那些想要用 NMR 波谱方法来确定聚合物化学微结构的研究人员来说，本书在英文版成书 30 余年后的今天，仍然是一份不可替代的宝贵资源。本书可供化学、物理学、材料学及其相关领域的研究生、教授、科学家和工程师等参考。

NMR Spectroscopy and Polymer Microstructure：The Conformational Connection/by Alan E. Tonelli

ISBN 9780471187486

Copyright © 1989 by AT&T Laboratories.

All Rights Reserved. This translation published under license with the original publisher John Wiley & Sons，Inc.

本书中文简体字版由 John Wiley & Sons，Inc. 授权化学工业出版社独家出版发行。

未经许可，不得以任何方式复制或抄袭本书的任何部分，违者必究。

北京市版权局著作权合同登记号：01-2021-0747

图书在版编目（CIP）数据

核磁共振波谱学与聚合物微结构/（美）艾伦·托内利（Alan E. Tonelli）著；杜宗良等译. —北京：化学工业出版社，2021.5（2022.1 重印）

书名原文：NMR Spectroscopy and Polymer Microstructure：The Conformational Connection

ISBN 978-7-122-38610-6

Ⅰ.①核… Ⅱ.①艾… ②杜… Ⅲ.①磁共振波谱学 ②核磁共振-应用-聚合物-显微结构 Ⅳ.①O482.53 ②O63

中国版本图书馆 CIP 数据核字（2021）第 036247 号

责任编辑：傅四周　　　　　　　　　　　　装帧设计：王晓宇
责任校对：王　静

出版发行：化学工业出版社（北京市东城区青年湖南街 13 号　邮政编码 100011）
印　　装：北京建宏印刷有限公司
787mm×1092mm　1/16　印张 13　字数 292 千字　2022 年 1 月北京第 1 版第 2 次印刷

购书咨询：010-64518888　　　　　　　　售后服务：010-64518899
网　　址：http://www.cip.com.cn
凡购买本书，如有缺损质量问题，本社销售中心负责调换。

定　　价：99.00 元　　　　　　　　　　　　　　版权所有　违者必究

作者简介

艾伦·托内利（Alan E. Tonelli） 1964 年在堪萨斯大学获得化学工程学士学位；1968 年在斯坦福大学获得高分子化学博士学位，师从诺贝尔化学奖得主保罗·弗洛里（Paul J. Flory）教授。他曾经是 AT&T-Bell 实验室聚合物化学研究部的成员，在此研究部工作长达 23 年。目前，他是北卡罗来纳州立大学纤维与高分子化学的 INVISTA 讲座教授。他的研究兴趣包括合成和生物聚合物的构型、构象和结构，它们的实验测定，以及确定它们对聚合物材料物理性质的影响。

译者简介

杜宗良 教授、博士生导师。1999 年获得四川大学材料学工学博士学位。现任四川大学纺织研究所所长。主要从事乳液聚合、高性能和功能性环境友好涂料及粘接剂、自修复和相变储能等功能高分子材料和纺织品功能整理等的研究；主持国家自然科学基金、"863" 计划、省部级科研项目及企业委托项目 20 多项；出版著作 5 部、译著 1 部；发表论文 120 余篇，其中 SCI 和 EI 收录论文约 80 篇；获准发明专利 6 项；获省部级科技进步二等奖 2 项、三等奖 3 项。

校者简介

吴大诚 1964 年本科毕业于成都工学院高分子化工系，1968 年研究生毕业于中国科学院化学研究所（师从钱人元教授）。在中国科学院化学研究所工作之后，吴大诚教授自 1974 年以来在成都工学院、成都科技大学、四川大学从事高分子科学与工程的教学和研究，曾任高分子材料系主任和纺织工学院院长等职务。1979—1981 年间，曾赴美国斯坦福大学化学系，在保罗·弗洛里教授指导下进行研究工作。他的研究涉及高分子物理学、高分子工程和弹性纤维的开发等。他已经发表了科学论文 300 余篇、专著和教材 13 部、译著 14 种，并有多个专利获得授权。曾获国家科学技术进步二等奖（1985 年）等奖项。

校译者序

目前，在中国与世界各地一样，对于许多物理学、化学、材料学、生物学和医学等领域的实验室，核磁共振波谱仪（NMR 谱仪）已经成为标准配置，可以认为它是一种高分辨率的分子探针，以探测各种物质的分子结构和微结构，从而建立结构-性质的关系，以便更好加以利用。

对于实际工作者而言，NMR 谱仪只是一种工具，对于所得谱图的解释，是他们最关心的问题。对于一张 NMR 谱图，有若干高低、宽窄不同的峰，如何解析这些峰的归属，是他们应用这一技术的关键。对于 NMR 谱仪的用户而言，由于高分子的谱图通常远比小分子的谱图复杂，在波谱归属解析中面临更大的挑战。本书专门叙述采用 NMR 技术研究聚合物分子构象与其微结构的关联，以大分子和相应小分子模型化合物的许多实例，详细说明二单元组、三单元组、四单元组等的构象特征对化学位移的效应。书中特别注重介绍作者本人参与发展的 γ-左右式效应及其应用，说明它在计算和解析聚合物 NMR 波谱归属中的威力。对于那些想要用 NMR 波谱方法来确定聚合物化学微结构的研究人员来说，在英文版成书 30 余年后的今天，本书仍然是一份不可替代的宝贵资源。

众所周知，翻译工作只是把原作者的写作用另外一种语言表达而已，译者无权任意删改。但是，这个译本的英语原版成书比较早，当时仍然采用 ppm 作为化学位移的法定单位，现今已经被国际纯粹与应用化学联合会和中国国家标准废止。虽然国内外有许多出版物仍然继续采用 ppm，根据责任编辑的慎重建议，译本中删除了化学位移旧的单位 ppm，多达 180 多处。考虑到有不少读者是初学者，需要再解释一下。大家知道，化学位移只是共振峰频率的相对变化值，因为数量级很小，所以用 ppm 表示较为方便（参见本书 2.2.3 节），但是在国际纯粹与应用化学联合会的新规定中，在化学位移的峰频率相对变化值定义中加入因子 10^6，正好与 ppm 抵消后变为 1，因此不再需要 ppm 这种单位来表示化学位移了。中国的国家标准也采用这种定义，因此译文作出相应的删除。但是个别相关的叙述仍然保留，以使上下文完整，并使初学者需要阅读早期文献时不至于一无所知，特此说明。

四十年前，为了让我更好了解美国高分子科学研究的实况，当我在斯坦福大学工作期间的第二年中，导师弗洛里教授特别资助我去美国东海岸的 UMass（美国马萨诸塞大学阿默斯特分校）、杜邦公司和贝尔实验室访问交流。在贝尔实验室，Bovey 博士和托内利博士对于 NMR 的深入研究给我留下深刻的印象。Bovey 博士是用 NMR 技术研究聚合物的先驱，曾撰写这一领域的第一本书。托内利博士受聘于贝尔实验室后，致力于聚合物 NMR 的潜心研究，成就了本书。在 NMR 方法化学应用研究的几十种专著中，这是唯一以标识 NMR 与聚合物微结构的关系为重点的书籍，尤其强调与聚合物分子构象的关联，使本书独具特色，值得参考，因此建议杜宗良教授和李瑞霞教授等译校本书。托内利教授专为中译本撰写前言，特此致谢。

吴大诚
2020 年 5 月 1 日
于四川大学

中文版前言

1966 年末，在我成为弗洛里（Paul Flory）研究小组研究生的第一年，我拜读了 Frank Bovey 和 George Tiers 当时的最新论文，题目是乙烯基聚合物的 NMR［Bovey. F. A.；Tiers，G. V. D.，J. Polym. Sci.（1960），44，173-182］。在下一次的定期午餐讨论会❶上，我向弗洛里教授及其研究小组介绍了 Bovey 和 Tiers 论文的摘要，这是我对 NMR 的入门。

1968 年，就在我通过博士学位论文答辩并从斯坦福大学毕业之前夕，我花了 10 天的时间去寻求一个工业部门的研究职位。我的第二站是 AT&T-Bell 实验室（贝尔实验室），位于新泽西州的默里山（Murray Hill），令我感到十分惊讶和非常幸运的是，我所拜访的主人就是 Frank Bovey 博士。令人惊讶，因为他在 3M 公司工作多年，在那里当时他就和 George Tiers 对乙烯基聚合物进行了开创性的 NMR 研究。不用说，我很快就接受了在以 Frank Bovey 为首的贝尔实验室的高分子化学研究部的职位。

在贝尔实验室，我很快就接触了 NMR 波谱，特别重视它在合成聚合物中的应用。很明显，在可以利用 ^{13}C NMR 共振频率（化学位移）对聚合物局部微结构有更高的灵敏度之前，应利用每种已经鉴定微结构所产生的化学位移。

那时，即 20 世纪 60 年代末至 70 年代初，甚至一直到目前，即使使用最先进的量子力学（QM）从头算法，也无法准确预测由不同聚合物微结构产生的 ^{13}C NMR 共振，可以参考 Tonelli A. E. 的《立体化学和与全球的关联：E. L. Eliel 的遗产》［Tonelli，A. E.，Stereochemistry and Global Connectiovity：the Legacy of Ernest L. Eliel，ACS Symposium Series（2017），Vol. 2 1258，161-190］。因此，经验性评估取代基效应，开始于将 ^{13}C NMR 化学位移与产生它们的聚合物微结构联系起来。

作为示例，让我们来观察两个饱和碳原子，它们中间被一个、两个和三个 sp^3 C—C 键分开，即一个饱和碳是另一个饱和碳的 α-、β-和 γ-取代基，对于 α-和 β-取代基产生的平均低场屏蔽约为 9，对于 γ-碳取代基的平均高场屏蔽为 -（2-3）［Bovey，F. A.，In Proceedings of the International Symposium on Macromolecules，Rio de Janerio，July 26-31，1974，E. B. Mano，Ed.，Elsevier，New York，p169］。这些取代基效应大致解释了在全同立构聚丙烯（i-PP）中观察到的逐次增高的亚甲基、次甲基和甲基 ^{13}C 共振，但不能解释在无规立构聚丙烯（a-PP）中三种碳类型中的每一个所产生的多重共振

［A. Tonelli；Schilling, F. C. Accts. Chem Res. (1981)，14，233-238］。

基于这些观察，我假设：从连接它们的三个碳键（—C_0—C—C—C_γ—）中间的一个碳键来看，只有 γ-碳取代基的空间位置近似于这个键为左右式构象，与反式构象相比，空间距离差异达 3~4Å（1Å＝10^{-10} m），这才可以屏蔽所施加的磁场。以丁烷为例，并将其与不具有 γ-碳取代基的丙烷进行比较，丁烷中的甲基碳与丙烷中的甲基碳发生-2,4的高场共振。根据我在弗洛里实验室的经验和训练，我能够确定丁烷中的中心键大约是48％的左右式构象。因此，可以推导出 γ-左右式屏蔽效应大约是 5。

使用 Suter 和 Flory［Macromolecules（1975），8，765］开发的聚丙烯的改进五态RIS 构象模型，可以计算聚丙烯碳之间的左右式排列的概率，以及 γ-左右式屏蔽效应约为5，得出与无规立构聚丙烯（a-PP）中观察到的 ^{13}C 共振极佳的一致性［Tonelli, A. E.；Schilling，F. C. Accts. Chem. Res. (1981)，14，233-238］。

因此，开始用合成聚合物产生的构象特征来解析其 ^{13}C NMR 共振的归属，从而可以确定其短程化学微结构。本书叙述了有用的方法。

为了强调本书中译本出版的意义，特将上面引证的近期会议录《立体化学和与全球的关联：E. L. Eliel 的遗产》中作者论文"从 NMR 谱到分子结构和构象"的摘要引用如下：

对于建立分子结构与由这种分子所构成材料的性质之间的联系，化学家以及其他材料科学家都感兴趣。目前，最灵敏的分子结构探针是 ^{13}C NMR。大约 30 年前，我写了一本书，名为《核磁共振波谱学和聚合物微结构》，副标题为"与构象的关联"，其目的是描述NMR 谱，尤其是聚合物的 ^{13}C NMR 谱，应当如何加以归属，并解释如何来确定聚合物的微结构。从成书的当时，直到今天，甚至到可预见的将来，即使是最先进、最复杂的量子力学方法也不能将 ^{13}C 共振频率计算得足够准确，可以精确描绘出详细的分子结构，尤其是有许多构象的柔性分子（如聚合物）的分子结构。在此期间，尽管量子力学理论和计算方法已经取得长足的进步，但仍无法准确预测 NMR 共振频率，足以完全表征其微结构。对于如聚合物那样的柔性分子尤其如此，其原因在于：核的磁屏蔽必须不仅用于预测特定的微结构，而且还必须在每个微结构可采用的所有为数众多的构象上适当地加以平均。

取而代之的是，与某一碳原子分别间隔 1、2 和 3 个键的取代基 α-、β- 和 γ-，它们产生的核屏蔽作用已完全成功用于建立核磁共振谱和微结构之间的关联。这些取代基效应中的主效应是由 γ-取代基产生的核屏蔽。已经证明这些核屏蔽具有构象起源，即：如果与γ-取代基之间的中心键，通过采用左右式构象或顺式构象产生这种近似的排列，则该 γ-取代基只能屏蔽这个 ^{13}C 核。使用 α-效应、β-效应，尤其是对于构象敏感的 γ-效应，可以用来解析 ^{13}C NMR 谱的归属，并确定聚合物在溶液和熔体中的微结构，其中它们具有构象柔性，此外还可以表征固体样品中的刚性构象。

有鉴于此，对于那些想要确定聚合物化学微结构的研究人员来说，《核磁共振波谱学和聚合物微结构》仍然是宝贵的资源。我希望：中文译本能提供这些经验教训，并对更多聚合物研究人员有所帮助。

艾伦·托内利
2020 年 1 月 24 日
于美国北卡罗来纳州立大学

英文版前言

自 20 世纪 30 年代以来，当 Staudinger 倡导的大分子假说最终获得广泛的科学认可时，高分子科学家已经合成出为数众多的长链（高分子量）聚合物，同时也分离出许多天然存在的聚合物（蛋白质、多核苷酸等）。关于聚合物，最重要的是其微结构，它通常也是首先想要了解的信息。在开始理解聚合物的物理性质之前，必须提出和面对一些问题，如"蛋白质中氨基酸残基的主要序列是什么"或"聚苯乙烯中的苯环是否以有规立构方式与主链骨架连接"。

除了可结晶的有规立构聚合物的 X 射线衍射研究之外，在高分辨 NMR 技术应用之前，聚合物微结构一直都没有直接实验测定的方法。有两种核 ^{1}H 和 ^{13}C，它们具有自旋，且在合成聚合物中常见，其中 ^{1}H 最初用作聚合物 NMR 研究中的自旋探针。然而，虽然 ^{1}H 比 ^{13}C 丰度更大，合成聚合物的 ^{1}H NMR 谱却要受化学位移的窄分散和广泛的 ^{1}H-^{1}H 自旋耦合的影响。目前应用的 ^{13}C NMR 并不存在这些困难，^{1}H-^{1}H 自旋耦合最近被 2D 技术转化为 ^{1}H NMR 的优势，并被成功地应用于蛋白质微结构的研究。

采用傅里叶变换模式记录的质子解耦谱的出现，很快使 ^{13}C NMR 谱成为确定合成聚合物微结构的首选方法。给定 ^{13}C 核共振的场强对其局部分子环境或微结构的依赖性十分灵敏。通过将观察到的共振频率与聚合物中的各种碳核关联，可以详细描述聚合物微结构。在聚合物高分辨 ^{13}C NMR 谱中观察到的共振与其微结构之间建立联系并加以利用，是本书的主旨。

我们的目的是说明在溶液和固体中观察到的聚合物高分辨 ^{13}C NMR 谱的各种技巧，既有实验，也有理论。本书简要描述了在傅里叶变换操作模式下对溶液获得高分辨谱的脉冲技术，包括 INEPT、DEPT 和二维 NMR COSY 和 NOESY 技术。同时还提到交叉极化、高功率质子去耦和魔角旋转这些方法，它们可用于得到固态的高分辨谱。在各章中给出了应用这些技术来确定合成均聚物和共聚物的微结构以及生物大分子的结构。

聚合物分子的局部构象与不同微结构中观察到的碳核 ^{13}C 的化学位移之间的关联，是聚合物谱图的微结构解释的一个共同主题。这种关联是由 γ-左右式效应决定的，当 ^{13}C 核与其非质子 γ-取代基处于左右式排列时，会受到 γ-取代基屏蔽，结果出现这种效应。单键旋转局部构象及其对微结构依赖性的知识，通过 γ-左右式效应，提供了聚合物中观察到的 ^{13}C 化学位移的微结构依赖性的一种预测方法。该方法大体上有助于确定聚合物 ^{13}C NMR 谱图与其微结构的归属。

此外，预测 ^{13}C NMR 化学位移的 γ-左右式效应的这种方法，无论在溶液中构象是动态平均的，还是在固体中构象是静态的，都可以成为确定聚合物局部构象特征的一种方法。在本书中可以找到在溶液和固态中聚合物构象研究的几个实例，包括可用于确定柔性和刚性高分子溶液构象的二维 NOESY ^{1}H NMR 技术的描述。

所讨论的绝大多数例子都取自本书作者及其同事的工作。除了熟悉程度之外，这种狭小选择的主要原因源于这些研究中采用的方法。由于聚合物中微结构局部环境与碳核[13]C 化学位移之间在构象上的关联，这些研究都是基于从构象的观点来进行的。既有可能，从先前已经确定的聚合物构象特征与其对微结构的依赖性，有助于分配聚合物的[13]C NMR 谱与其优选微结构的归属；也有可能，聚合物的构象是从[13]C NMR 相关性实验确定的微结构而推导得出。

希望阅读本书的高分子科学家们去欣赏和应用这里所述的一些技巧，使他们在溶液和固态聚合物所出现的微结构和构象的研究中，把核磁共振波谱学用作最有价值的工具。

（邱静红、王海波、杜宗良　译）

目　　录

第 1 章

聚合物链的微结构

1.1　引言

化学是科学方法对分子研究的应用。哪些原子构成一个特定的分子？它们之间是如何连接或键合的？还有，这个被称作分子的原子集合的三维形状是什么？这些问题的答案提供了有关分子组成、构型和构象的信息。这正是我们在确定聚合物的微结构时所寻求的信息。

通常，在单体聚合成为长链分子（即聚合物）的过程中，就确定了聚合物的微结构。单体的加成方向、并合单体的立体化学异构和几何异构的形式，以及共聚单体的加成为共聚物的顺序，构成了所得聚合物的微结构。我们将以乙烯基和二烯聚合物为例简要说明这些微结构特征。

在更大尺度上，有时由于聚合的直接结果，有时由于聚合后的化学反应，聚合物的线形结构可以被变性成支链和交联结构。支化和交联的类型、长度和位置也可视为聚合物微结构的组成部分。

最后，我们简要讨论聚合物表现出的物理性质与其微结构之间的关系。必须强调，所观察到的聚合物性质及其潜在原因十分广泛，聚合物微结构也丰富多样。

1.2　聚合物是大分子

聚合物是长链分子，或说是分子量有时超过 10^6 的大分子。虽然这一事实对今天的化学家理所当然，但是仅在 60 年前才得到认可。Staudinger（1932 年）和 Carothers（1931年）的特殊努力消除了当时普遍存在的观念，即聚合物是由小分子通过"次价键力"聚集在一起的。在 Flory 的聚合物经典名著（Flory，1953 年）的第一章和 Morawetz（1985年）最近出版的聚合物科学史中，详细记述了聚合物大分子概念发展的迷人故事。

聚合物的长链本质一旦确立，就开始认真研究天然和合成聚合物的微结构。毕竟，假如聚合物是大分子，那么它们就完全属于化学家的科学探究领域。此后，化学家们就一直在创造和研究新的聚合物微结构。

1.3　来自单体聚合的聚合物微结构

1.3.1　定向异构

单体并合为生长的聚合物链，如下图：

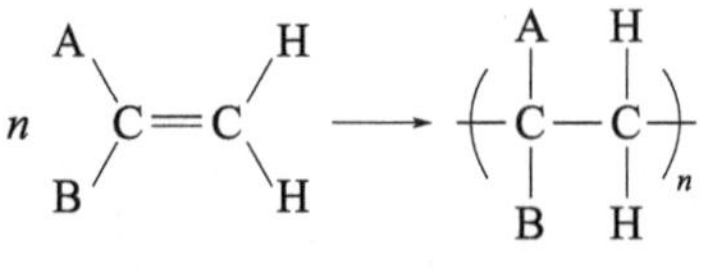

$$n \quad \underset{B}{\overset{A}{\diagdown}} C = C \underset{H}{\overset{H}{\diagup}} \longrightarrow \left(\underset{\underset{B}{|}}{\overset{\overset{A}{|}}{C}} - \underset{\underset{H}{|}}{\overset{\overset{H}{|}}{C}} \right)_n$$

让我们来讨论此过程中单体异构化所产生的聚合物微结构的各种类型。假如在上述乙烯基聚合反应中 A，B≠H，那么单体单元有两个方向，即：

$$-\overset{\overset{\displaystyle A}{|}}{\underset{\underset{\displaystyle B}{|}}{C}}-CH_2-\quad 或 \quad -CH_2-\overset{\overset{\displaystyle A}{|}}{\underset{\underset{\displaystyle B}{|}}{C}}-$$

每个单体单元都可能从这两个方向中任选一个加入链中，除其他区域序列之外可以得到以下区域序列：

（1）$-\overset{\overset{A}{|}}{\underset{\underset{B}{|}}{C}}-CH_2-\overset{\overset{A}{|}}{\underset{\underset{B}{|}}{C}}-CH_2-\overset{\overset{A}{|}}{\underset{\underset{B}{|}}{C}}-CH_2-\overset{\overset{A}{|}}{\underset{\underset{B}{|}}{C}}-CH_2-\overset{\overset{A}{|}}{\underset{\underset{B}{|}}{C}}-CH_2-$

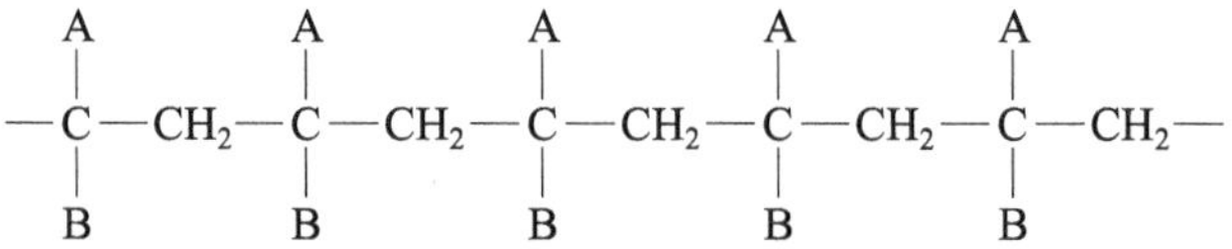

（2）$-\overset{\overset{A}{|}}{\underset{\underset{B}{|}}{C}}-CH_2-\overset{\overset{A}{|}}{\underset{\underset{B}{|}}{C}}-CH_2-CH_2-\overset{\overset{A}{|}}{\underset{\underset{B}{|}}{C}}-\overset{\overset{A}{|}}{\underset{\underset{B}{|}}{C}}-CH_2-\overset{\overset{A}{|}}{\underset{\underset{B}{|}}{C}}-CH_2-$

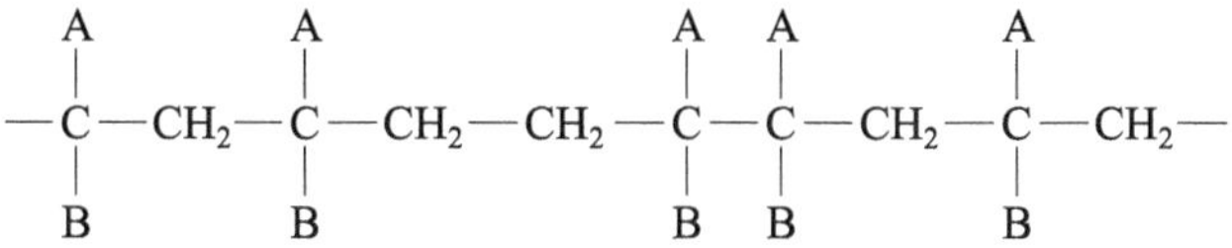

注意，在（1）中，所有单体单元以相同的方向加入，产生一个区域规则结构；而在（2）中，第三个单体以反方向插入，产生区域不规则结构。

1.3.2 立体化学异构

让我们假设所有单体B $\overset{\overset{\displaystyle A}{\diagdown}}{\underset{\underset{\displaystyle }{}}{C}}=\overset{\overset{\displaystyle H}{\diagup}}{\underset{\underset{\displaystyle H}{}}{C}}$ 在聚合过程中都以相同的方向加入（区域规则加成）。在聚合过程中仍然有一定程度的结构自由度是固定不变的，例如前后连接单体单元的立体化学构型或相对的手性。尽管被取代的主链碳原子不必具有四个不同的取代基（不考虑链端）来限定为不对称中心，但它们确实有机会形成相对的手性，因此被称为"假不对称"。具有假不对称碳的单体聚合所产生的各种可能的立体化学排列，可以用下列三种结构说明：

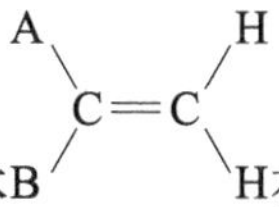

（1）全同立构

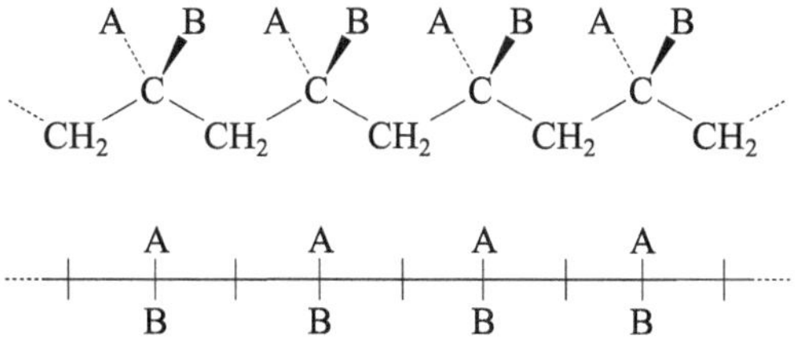

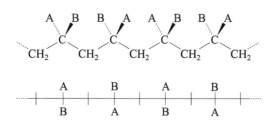

（2）间同立构

第 1 章 聚合物链的微结构 003

（3）无规立构

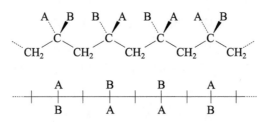

每个聚合物链都按照平面锯齿形或全反式构象画出，以提供相邻重复单元立体化学排列的相对手性的最清晰的视角。在两种有规立构结构（1）和（2）中，取代基 A 和 B 均位于锯齿形骨架平面的同侧或从左右交替，分别称为全同立构和间同立构。无规立构结构（3）的特征在于主链两侧的相邻取代基的不规则、随机排列。

Natta（1955 年）证明，通过使用 Ziegler 开发的乙烯聚合的配位催化剂，α-烯烃可以被聚合成为有规立构的结构，产生全同和间同立构聚合物。这一发现是聚合物科学和技术的一个重要发展，因为有规立构乙烯基聚合物与无规立构聚合物的物理性质有很大的不同（见下文）。

分子模型的操作验证这样一个事实，即通过取代基围绕主链碳-碳键的旋转，这些立体异构形式不能相互转化。然而，假如取代基 A 或 B 有一个是质子，则可能通过可逆地去除质子来改变假不对称碳的构型，即：

$$\sim CH_2-\underset{R}{\overset{H}{C}}\sim \underset{+H^*}{\overset{-H^*}{\rightleftharpoons}} \sim CH_2-\underset{R}{\overset{}{C^*}}\sim \rightleftharpoons \sim CH_2-\underset{R}{\overset{}{C^*}}\sim \underset{-H^*}{\overset{+H^*}{\rightleftharpoons}} \sim CH_2-\underset{H}{\overset{R}{C}}\sim$$

这种改变乙烯基聚合物中相邻重复单元的立体化学排列的过程被称为差向异构化（Flory，1967 年；Clark，1968 年），并已被用于将几种全同立构乙烯基聚合物（Shepherd 等，1979 年；Suter 和 Neuenschwander，1981 年；Dworak 等，1985 年）转化为它们的无规立构聚合物（参见第 6 章，乙烯基聚合物差向异构化的实例）。

假如一种乙烯基单体是 1,2-二取代的，
$$\underset{A}{\overset{H}{C}}=\underset{B}{\overset{H}{C}} 或 \underset{A}{\overset{H}{C}}=\underset{H}{\overset{B}{C}}$$
那么所得聚合物中的每个主链碳都是假不对称的，并且当 A≠B 时是成对不同的。下面给出了三种有规立构的序列：

（1）赤型双全同立构

A	H	A	H	A	H	A	H
H	B	H	B	H	B	H	B

（2）苏型双全同立构

A	B	A	B	A	B	A	B
H	H	H	H	H	H	H	H

（3）双间同立构

A	B	H	H	A	B	H	H
H	H	A	B	H	H	A	B

1.3.3　几何异构

如丁二烯（CH_2＝CH—CH＝CH_2）那样的二烯单体聚合，可以产生具有不同几何结构的聚合物。1,4-连接可以产生顺式（Z）和反式（E）结构：

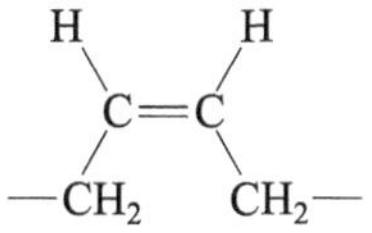

1,4-顺式（Z） 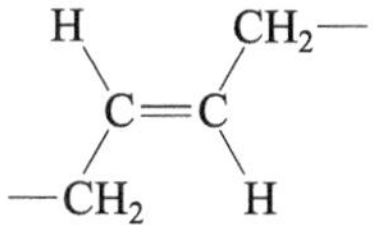　　　1,4-反式（E）

1,2-连接形成具有相同构型特性的结构，如乙烯基聚合物（无规立构聚1,2-丁二烯）：

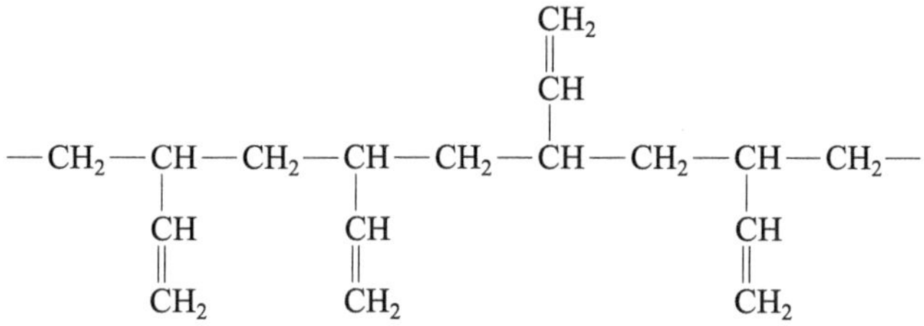

无规立构1,2-聚丁二烯

天然橡胶是通过 2-取代的丁二烯（CH_2＝$\overset{X}{C}$—CH＝CH_2）的聚合获得聚合物的实例，上式中 X＝CH_3；所有单元都是 1,4-顺式（Z）或 1,4-反式（E）连接，则分别对应巴拉塔胶或杜仲胶，它们来源于不同的植物。1,4-连接的 2-取代丁二烯可能导致头-尾（区域规则）或头-头：尾-尾（区域不规则）结构：

（1）头-尾

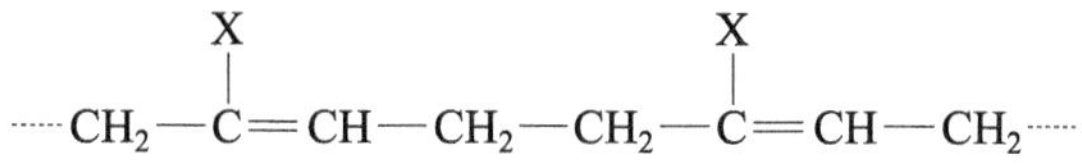

（2）头-头：尾-尾

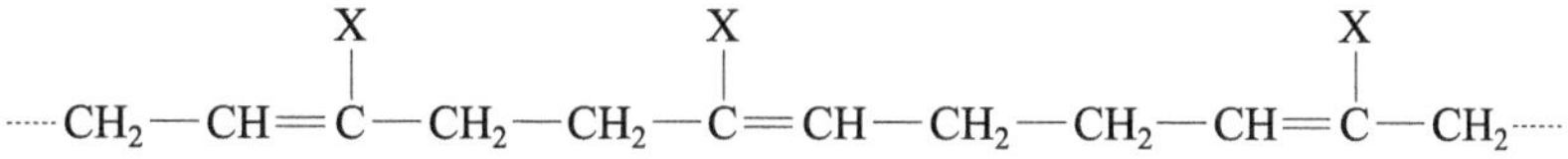

2-取代的丁二烯单元也可以通过 1，2 或 3，4 加成引入，

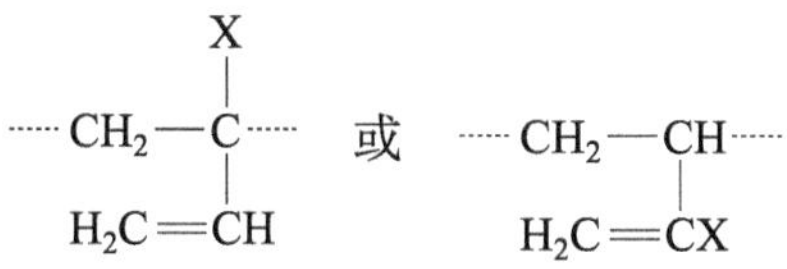

这两种情况都可能发生在全同或间同立构序列和规则（头-尾）或不规则（头-头：尾-尾）区域序列中。

类型为 $\overset{X}{C}H$＝CH—CH＝$\overset{X}{C}H$ 的这类二烯，即使它们仅通过1,4-加成引入，也导致不同的立体异构结构：

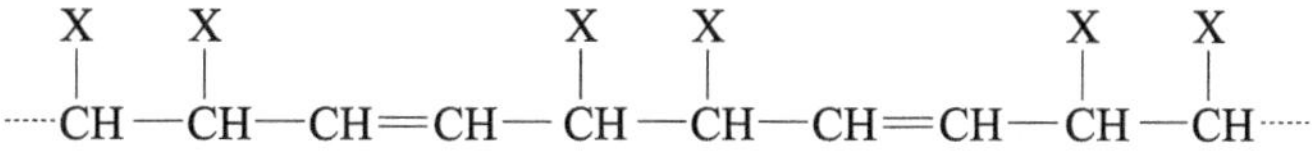

我们可以获得反式或顺式内消旋，以及反式或顺式-D,L 结构。假如 1,4-取代基不同（上面化学结构式中两个 X 中的一个用 Y 代替），则可以产生更复杂的结构。

1.3.4 真不对称聚合物

在侧链上具有真正不对称中心的乙烯基单体，产生具有不对称侧链的聚合物。假如光学活性单体对映体之一（D 或 L，或 R 或 S）聚合，则所得聚合物将具有光学活性，也可能是通常意义上的全同、间同或无规立构。

尽管乙烯单体的聚合不能产生具有真不对称主链碳的聚合物，但其他单体，如环氧丙烷，确实也能产生这样的聚合物（Pruitt 和 Baggett，1955 年；Price 和 Osgan，1956 年；Osgan 和 Price，1959 年；Tsuruta，1967 年）：

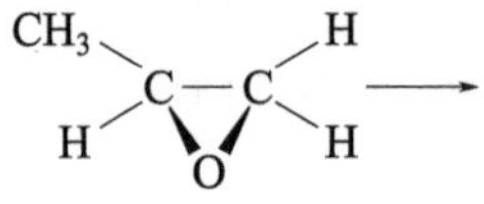

R,S

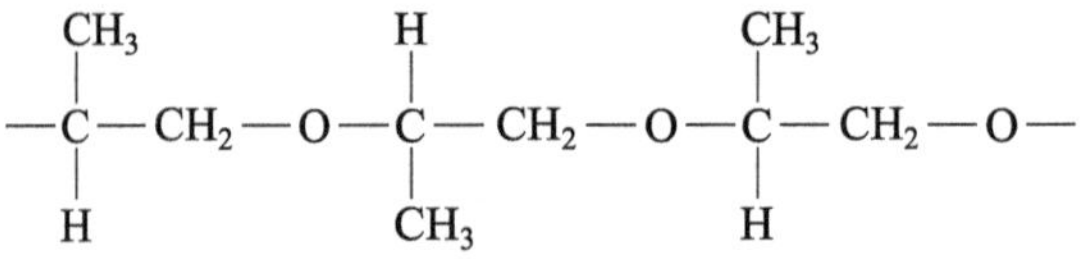

全同立构，RRR或SSS

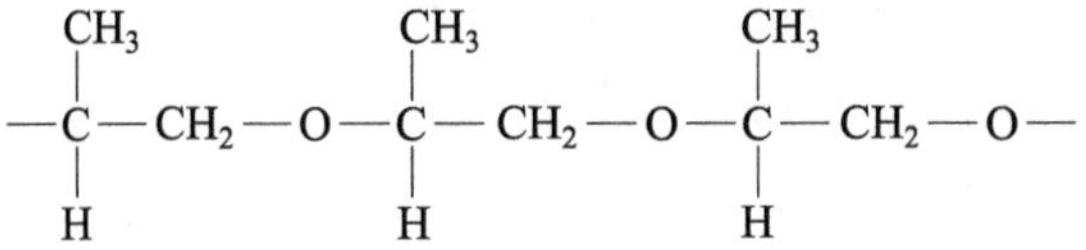

间同立构，RSR或SRS

聚环氧丙烷链具有方向性，因此存在两种不能重叠的杂同立构结构（非镜像）：

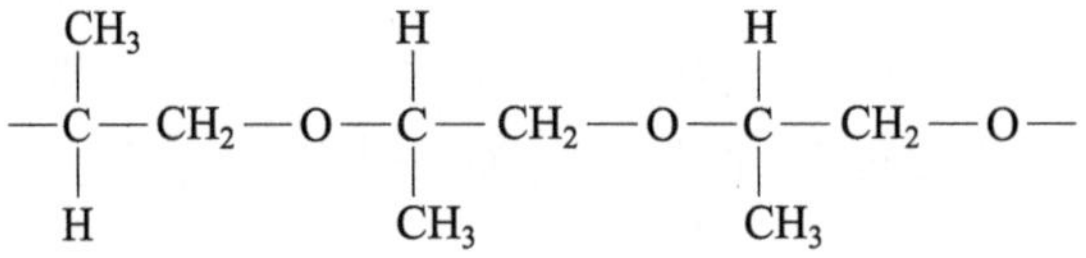

杂同立构1，RRS或SSR

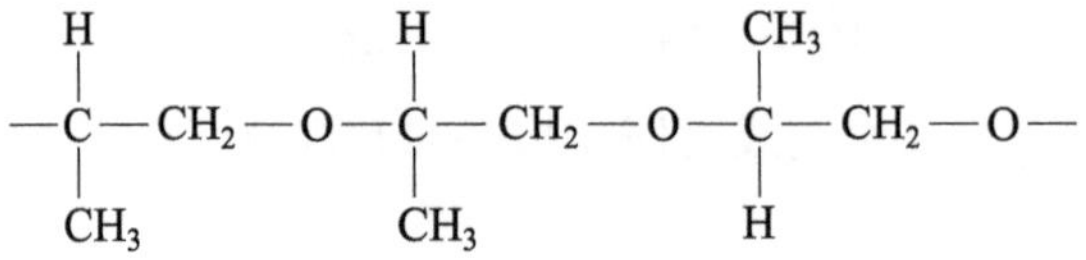

杂同立构2，SRR或RSS

在自然界中，真不对称聚合物最普遍的例子是多肽和蛋白质，如 $\left(\text{NH}-\overset{R}{\underset{}{CH}}-\overset{O}{\underset{}{C}}\right)_n$。在蛋白质中，肽残基总是具有 L-构型，但是，在小的（通常环状的）多肽中，其功能为激素、毒素、抗生素或离子载体，L 残基和 D 残基二者都有发现（Tonelli，1986 年）。

1.3.5　共聚物序列

至此，我们将聚合物微结构的讨论局限于通过一种单体聚合获得的均聚物。然而，如在自然界中常见的大分子（例如蛋白质和多核酸），可由两种或更多种不同的单体单元结合产生共聚物。共聚单体单元可以无规、有规律地交替、嵌段或以接枝结构的形式结合（见图 1.1）。

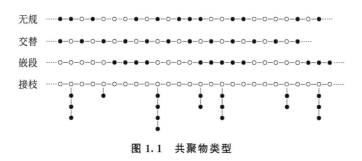

图 1.1　共聚物类型

除了共聚单体序列和连接方法之外，共聚物微结构还受到如前所述的立体和区域序列的影响。很明显，均聚物和共聚物的微结构是多种多样的，这使合成化学家在大分子主题上可以千变万化。

1.4　聚合物链的组织

尽管我们的讨论可能暗示聚合物链是线形的，但并非必定如此（见图 1.2）。聚合过程中高分子可能产生的支化，也可能通过后聚合反应接枝到其主链上。多功能单体（三官能团及更高）聚合或后聚合反应和/或辐射可产生交联高分子链。在高度交联的情况下，形成三维聚合物网络。

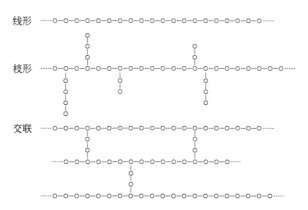

图 1.2　聚合物分子链结构

1.5 聚合物性质及其与微结构的关系

高分子科学家研究聚合物微结构的动机，是希望了解大分子这类材料所表现的惊人多样性，以及它们往往独有的一些物理性质。为什么有些聚合物刚性而坚硬，而另一些则具有弹性和可变形性，甚至可以流动？为什么有些聚合物能耐热、耐辐射和耐化学物质所致的降解，而其他聚合物会迅速降解？为什么有些聚合物在低温下会变得脆弱和破碎，而在相同条件下另一些则坚韧并保持抗冲击性？到底是什么蛋白质的微结构（肽残基的一级序列）使一些蛋白质成为牙齿、骨骼、皮肤和头发的结构成分，而其他蛋白质则作为催化人体生化反应的酶？对于这些问题和类似问题，其答案最有可能来自对聚合物微结构的详细了解。

让我们简要说明聚合物性质与聚合物微结构之间的联系。现在，众所周知（Ward，1985 年），当线形链可以高度取向形成纤维，而且纤维中它们又是结晶的，这种就是最强的聚合物。聚合物链的结晶能力取决于其微结构。例如，当用适当的催化剂聚合时，聚丙烯（PP）$+\!\!+\!\!CH_2\!\!-\!\!CH\!\!+\!\!_{n}^{\overset{CH_3}{|}}$是高度全同立构（$i$）的。在 i-PP 中的甲基侧基的立构规整的位置，使得它的链容易结晶（$T_m = 200\,℃$）。当拉伸结晶 i-PP 链时，会产生高强纤维，例如可用这种纤维生产既坚固、质量又轻的绳索。无规立构聚丙烯是一种在压力下缓慢蠕变的无定形聚合物，因为具有立构不规则分布的甲基取代基阻止结晶。

当丙烯和乙烯共聚时，在中间组成比例中形成无定形共聚物（E-P），这些 E-P 共聚物随后交联产生商业上重要的一类合成橡胶。我们发现富含乙烯的 E-P 共聚物像均聚物聚乙烯（PE）一样结晶，但长支链的含量大大降低。这些 E-P 共聚物被称为线性低密度 PE，并且比纯 PE 更容易加工。

无定形聚合物的本体性质随温度而有极大差异。在 100℃ 以下，无规立构聚苯乙烯 $+\!\!+\!\!CH_2\!\!-\!\!CH\!\!+\!\!_{n}$

（PS）是刚性的，我们大家都知道，它可以用作苯乙烯泡沫塑料杯，是热饮料很好的包装材料。在较高温度下，PS 开始失去其形状并流动。刚性（玻璃态）和柔性（橡胶状）行为之间的转变温度称为玻璃态橡胶态转变温度，T_g（Ferry，1970 年），对于 PS，$T_g = 100\,℃$。

偏氯乙烯 $+\!\!+\!\!CH_2\!\!-\!\!CCl_2\!\!+\!\!$ 与丙烯酸甲酯 $[+\!\!+\!\!CH_2\!\!-\!\!CH\!\!+\!\!]$ $O\!\!=\!\!C\!\!-\!\!O\!\!-\!\!CH_3$ 有一系列 VDC-MA 共聚物，其玻璃化转变温度随共聚单体组成的变化如图 1.3 所示。显然 VDC-MA 共聚物的 T_g 值高于两种成分组成均聚物的 T_g 值。更有趣的是观察到，规则交替的 VDC-MA 与 50∶50 共聚单体单元随机分布的 VDC-MA 共聚物相比，具有更高的 T_g。这两种共聚物的总体组成相同，但它们的微结构不同，比如它们的共聚单体序列分布就不同［见 Tonelli（1975 年）关于这种行为的可能解释］。

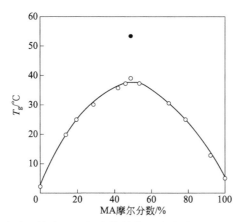

图1.3 VDC-MA 共聚物的玻璃化转变温度与共聚单体组成的关系（Hirooka 和 Kato，1974 年）：○无规的；●规律交替［得到 Tonelli（1975 年）的许可重印］

　　对于各种各样的聚合物微结构，已经稍加举例说明，并且采用几个例子讲述聚合物微结构可能如何影响聚合物的物理性质。现在我们要开始描述，如何利用核磁共振波谱学（NMR）来揭示聚合物微结构的细节。

（邱静红、王海波、杜宗良　译）

参 考 文 献

Carothers，W. H. (1931). *Chem. Rev.* **8**，353.

Clark，H. G. (1968). *J. Polym. Sci. Part C* **16**，3455.

Dworak，A.，Freeman，W. J，and Harwood，H. J. (1985). *Polymer J.* **17**，351.

Ferry，J. D. (1970). *Viscoelastic Properties of Polymers*，Second Ed.，Wiley，New York.

Flory，P. J. (1953). *Principles of Polymer Science*，Cornell University Press，Ithaca，N. Y. 中译本：P. J. 弗洛里. 聚合物化学原理(朱平平，何平笙译). 合肥：中国科学技术大学出版社. 2020，pp 1-484.

Flory，P. J. (1967). *J. Am. Chem. Soc.* **89**，1798.

Hirooka，M. and Kato，T. (1974). *J. Polym. Sci. Polym. Lett. Ed.* **12**，31.

Morawetz，H. (1985). *Polymers-The Origins and Growth of a Science*，Wiley-Interscience，New York.

Natta，G. (1955). J. *Am. Chem. Soc.* **77**，1708.

Osgan，M. and Price，C. C. (1959). *J. Polym. Sci.* **34**，153.

Price，C. C. and Osgan，M. (1956). *J. Am. Chem. Soc.* **78**，4787.

Pruitt，M. E. and Baggett，J. M. (1955). U. S. Patent ♯2,706,181.

Shepherd，L.，Chen，T. K.，and Harwood，H. J. (1979). *Polymer Bull.* **1**，445.

Staudinger，H. (1932). *Die Hochmolecularen Organischen Verbindungen*，Springer-Verlag，Berlin and New York.

Suter，U. W. and Neuenschwander，P. (1981). *Macromolecules* **14**，528.

Tonelli，A. E. (1975). *Macromolecules* **8**，544.

Tonelli，A. E. (1986). In *Cyclic Polymers*，J. A. Semlyen，Ed.，Elsevier，London，Chapter 8.

Tsuruta，T. (1967). In *The Stereochemistry of Macromolecules*，A. D. Ketley，Ed.，Marcel Dekker，New York.

Ward，I. M. (1985). *Adv. Polym. Sci.* **70**，1.

第 2 章

核磁共振

2.1 概述

本章的目的是向读者简介核磁共振（NMR）现象的物理学和测量方法。绝大多数重要的概念将用于后面各章，以分析聚合物核磁共振谱，此处仅简单介绍。因此，鼓励读者查阅本章末所列核磁共振的一些普通教科书，以便更深入理解和欣赏核磁共振波谱学。

虽然所有原子的原子核都有电荷和质量，但并非每种原子核都有角动量和磁矩。质量数为奇数的原子核具有自旋角动量量子数 I，其值是质量数取为整数的一个奇数与 $1/2$ 的乘积。质量数为偶数的原子核，如果其核电荷为偶数，则无自旋；如果其核电荷为奇数，则为整数的自旋 I。

一个自旋为 I 的原子核的角动量就是 $I\left(\dfrac{h}{2\pi}\right)$，其中 h 是普朗克常数。如果 $I \neq 0$，原子核会有磁矩 μ，它平行于角动量矢量。有一组磁量子数 m，由级数给出：

$$m = I, \ I-1, \ I-2, \ \cdots, \ -I \tag{2.1}$$

描述磁矩矢量的值，该矢量允许沿任意选定的轴。对于这里感兴趣的核（$^{1}\mathrm{H}, ^{13}\mathrm{C}, ^{15}\mathrm{N}, ^{19}\mathrm{F}, ^{29}\mathrm{Si}, ^{31}\mathrm{P}$），$I = \dfrac{1}{2}$，因此 $m = +1/2$ 和 $-1/2$。一般来说，原子核的磁矩 μ 有 $2I+1$ 个可能的取向（或称原子核的磁态）。磁矩与角动量之比称为磁旋比 γ：

$$\gamma = \frac{2\pi\mu}{hI} \tag{2.2}$$

对于某一给定的原子核，其值是特征的。

如我们所见，在核磁共振聚合物研究中常见的原子核通常具有自旋 $I=1/2$，其特征为有 $2I+1=2$ 种磁态，即 $m = +1/2$ 和 $-1/2$。在没有磁场的情况下，这两种核磁态具有相同的能量；但是，在施加均匀磁场 H_0 时，它们对应于不同势能的状态。磁矩 μ 要么沿磁场方向 H_0 排列（$m = +1/2$），要么与磁场方向相反排列（$m = -1/2$），后一种状态对应于更高的能量。核磁共振现象可以探测原子核在这些自旋态 [$m = +1/2$（平行），$m = -1/2$（反平行）]之间的跃迁。

2.2 核磁共振现象

2.2.1 共振

让我们来讨论磁场对自旋 $I=1/2$ 的原子核磁矩的相互作用。在图 2.1 中，我们示意画出沿坐标系 z 轴施加磁场 H_0 存在下的核磁矩 μ。磁矩和外加磁场之间的角 θ 不变，这是因为力矩，

$$L = \mu \cdot H_0 \tag{2.3}$$

倾向于使 μ 向 H_0 方向倾斜的磁矩正好与磁矩的旋转精确平衡，从而导致原子核沿 z 轴的进动。增大 H_0，试图迫使 μ 沿 z 轴对齐，但只会导致更快的进动。地球重力场中旋转陀螺的进动，对此提供了一个很好的类比。

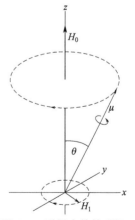

图 2.1　磁场中的核磁矩

自旋原子核的进动或 Larmor 频率（ν_0）取决于：

$$\nu_0 = \frac{\gamma}{2\pi} \cdot H_0 \qquad (2.4)$$

与 θ 无关。然而，自旋系统的能量确实依赖于 μ 和 H_0 之间的角度：

$$E = -\mu \cdot H_0 = -\mu H_0 \cos\theta \qquad (2.5)$$

通过施加垂直于 H_0 的微小旋转磁场 H_1，我们可以改变 μ 和 H_0 之间的取向角 θ（见图 2.1）。现在，如果 H_1 的角频率与自旋的进动频率 ν_0 一致，μ 就会受到 H_1 和 H_0 的共同作用。在这种情况下，原子核从 H_1 吸收能量，θ 发生变化；否则，H_1 和 μ 不会保持同相，它们之间也没有传递能量。

如果 H_1 旋转速度可变地通过原子核的 Larmor 频率，可以达到共振条件，伴随着能量从 H_1 向自旋核转移，并在 H_0 和 μ 之间某一角度 θ 发生振荡。在 $H_0 = 2.34\text{T}$（1T=1特斯拉=10千高斯）的条件下，^1H、^{19}F、^{29}Si、^{31}P、^{13}C 和 ^{15}N 核的共振频率 ν_0 分别为 100MHz、94MHz、40.5MHz、25.1MHz、19.9MHz 和 10.1MHz。

2.2.2 核自旋的相互作用和弛豫

图 2.2 说明了磁场 H_0 中自旋为 $-1/2$ 核的磁能级。核自旋态之间的能量差值：

$$\Delta E = 2\mu H_0 \qquad (2.6)$$

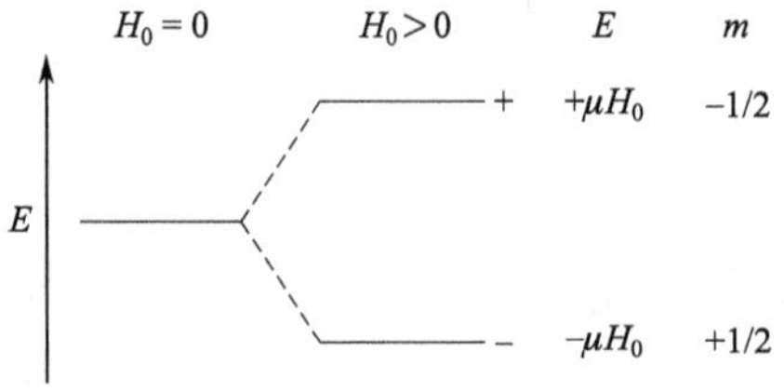

图中能态较高（+）和能态较低（-）状态的相对布居数 N 由玻尔兹曼表达式给出

$$\frac{N_+}{N_-} = \exp\left(-\frac{\Delta E}{kT}\right) = \exp\left(-\frac{2\mu H_0}{kT}\right) \qquad (2.7)$$

低能态的过剩布居数是

$$\frac{N_- - N_+}{N_-} = \frac{2\mu H_0}{kT} \qquad (2.8)$$

图 2.2 磁场 H_0 中 $-1/2$ 自旋核的能级

从式（2.7），对于小 x，再采用 $\text{e}^{-x} = 1-x$ 的近似，可得出上式。

在磁场强度 $H_0 = 2.34\text{ T}$ 时，质子核磁能级之间的差值约为 10^{-2}cal，这导致高能量自旋布居数仅为低能量自旋布居数的约 2×10^{-5}。对于原子核的集合，这种微小的自旋布居数差异会导致沿着 H_0 方向的宏观核矩相应较小。去除 H_0 会导致宏观核矩的损失，这是因为在没有磁场的情况下，磁能级会退化。施加 H_0 后，自旋态的玻尔兹曼分布是通过什么机理建立的？它需要多长时间？

可以换另一种方式提出这个问题：在施加 H_0 后，是什么机理使高能级自旋弛豫至低能级自旋，从而维持自旋和样品温度之间的同等性？这种弛豫之所以成为可能，是因为每一个自旋都不是与样品中其余的分子（称为晶格）完全孤立的。可以认为，自旋和晶格是很大程度上分离的共存系统，它们通过一个低效但非常重要的环节发生弱耦合，通过这个环节热能可以交换。构成晶格的那些邻近核发生分子运动，提供自旋与其环境之间热能传递的机理。

相邻原子核的相对运动产生波动磁场。当观测的原子核围绕施加磁场 H_0 方向进动时，会影响那个波动磁场。晶格运动产生波动磁场的频率范围很宽，因为相对于观测的原子核，这些运动几乎是随机的。沿 H_1（如图 2.1）的晶格运动将产生的波动磁场分量，

其频率 ν_0 与 H_1 一样，会在观测的原子核的磁能级之间引起跃迁。因此，这种自旋-晶格弛豫的速率必须与晶格中分子运动的速率直接相关。

过量自旋布居数与平衡自旋布居数之间的比值弛豫到 e 所需的时间，就是自旋-晶格弛豫时间 T_1。对于液体，通常在 $10^{-2} \sim 10^2$ s 范围内；而对于固体样品，T_1 可能长达数小时。通过沿外加磁场 H_0 的分量重新分布磁矩，自旋-晶格弛豫产生能量变化。因此，T_1 通常被称为纵向弛豫时间：它与沿外加磁场 H_0 方向的宏观核矩衰减有关（z 方向，如图 2.1）。

第二种模式是核磁矩可以相互作用。这种相互作用如图 2.3 所示。在这里，一对核矩围绕 H_0 轴进动，每个核矩沿着 H_0（a）分解成一个静态分量，在 xy 平面（b）分解成一个旋转分量。如果旋转分量以 Larmor 频率 ν_0 进动，那么邻近的原子核可能会发生自旋跃迁，从而导致自旋交换。相邻核自旋的交换不会产生总能量的净变化，然而十分明显，相互作用自旋的寿命受到了影响。相邻核自旋的交换称为自旋-自旋弛豫，其特征为自旋-自旋弛豫时间 T_2。T_2 也称为横向弛豫时间，因为它与 xy 平面上的磁化率变化有关，而 xy 平面与 H_0 场是横向的。

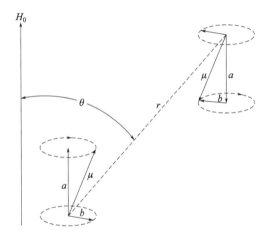

图 2.3 包含静态（a）和旋转（b）部件的一对进动核矩

2.2.3 化学位移

我们已经看到，将旋转磁场 H_1 横向施加于静止磁场 H_0，而一个旋转的核磁铁正在围绕 H_0 进动，于是通过以进动或 Larmor 频率 ν_0 旋转 H_1，我们可以翻转核自旋。如果所有相同类型的核，例如所有的质子，都在同一场强 H_0 下共振，那么核磁共振将不能作为研究分子结构的波谱工具。幸运的是，在实地演示凝聚相的核磁共振之后，人们很快发现：原子核的特征共振频率取决于它的化学环境或结构环境。

当置于磁场中时，原子核周围的电子云会产生轨道电流。这些电流产生局部微小磁场，与 H_0 成比例，但方向相反，从而有效地屏蔽了原子核不受 H_0 的影响。因此，为了实现共振，一个稍高的 H_0 值是必需的。原子核实际经历的局部场 H_{loc} 可以表示为

$$H_{loc} = H_0(1 - \sigma) \tag{2.9}$$

式中 σ 为屏蔽常数。σ 对化学结构高度敏感，但与 H_0 无关。共振 Larmor 频率是：

$$\nu_0 = \frac{\mu H_{\mathrm{loc}}}{hI} = \frac{\mu H_0(1-\sigma)}{hI} \tag{2.10}$$

磁能级之间的差值是［见式（2.6）］

$$\Delta E = 2\mu H_{\mathrm{loc}} = 2\mu H_0(1-\sigma) \tag{2.11}$$

核屏蔽降低了核磁能级的间距。由于磁屏蔽的增加，为了达到共振，需要在恒定的 ν_0 下增加 H_0，或者在恒定的磁场强度 H_0 下降低 ν_0。

对于观测的原子核，与之结合的或在其附近的原子和基团的数量及类型都影响核屏蔽。核磁共振可以用来作为分子结构探针，其核心就是 σ 对分子结构的依赖关系。当我们在第 4 章讨论聚合物的 ^{13}C 核磁共振时，我们将更多叙述 σ 的结构依赖性，即化学位移。

在核磁共振波谱中没有天然的基本尺度单位。自旋量子能级之间的跃迁能量以及由屏蔽常数 σ 产生的核屏蔽，二者都与施加外场 H_0 成正比。此外，核磁共振中没有自然参考零点。原子核的共振频率在 H_0 中的相对变化可以表示为百万分之几（ppm）。在样品中加入任意参照物质，观测样品共振频率对于参照物质共振频率的相对变化，这种共振变化亦称为共振位移，也称为化学位移，于是可以避免这些困难。对于添加到样品中的物质，例如，在 ^1H 和 ^{13}C 核磁共振波谱中，通常使用四甲基硅烷（TMS）作为参考化合物，其中 ^1H 核和 ^{13}C 核二者的化学位移 δ 均取为 0。

2.2.4 自旋-自旋耦合

核的自旋-自旋耦合有两种重要模式：直接（通过空间）偶极耦合和间接（通过化学键）标量耦合，在此我们加以叙述，以结束对核磁共振现象物理学的讨论。除了感受 H_0 之外，两个相邻的核自旋还将感受相互产生的局部磁场 H_{loc}。H_{loc} 由下式给出：

$$H_{\mathrm{loc}} = \pm \mu r^{-3}(3\cos^2\theta - 1) \tag{2.12}$$

式中 r 为原子核之间的距离，θ 是 H_0 与原子核连接线之间的角度（如图 2.3）。根据相邻磁偶极子对于 H_0 是正向还是反向排列整齐，从 H_0 中可以加上或减去 H_{loc}，反映于取正负号。这种自旋-自旋耦合的形式被称为偶极耦合，它使核的共振线变宽。

在两种重要的情况下，偶极耦合对于共振线变宽没有贡献。第一种情况是当所有相邻的原子核都以 $\theta = 54.7°$ 的魔角严格取向时，$\cos^2\theta = 1/3$，$H_{\mathrm{loc}} = 0$［见式（2.12）］。在给定自旋状态下所处的时间（即自旋弛豫时间 T_2）中，如果相邻自旋的相对方向迅速变化，于是 H_{loc} 由其空间平均给出：

$$H_{\mathrm{loc}} = \mu r^{-3}\int_0^\pi (3\cos^2\theta - 1)\sin\theta\,\mathrm{d}\theta \tag{2.13}$$

此值同样也为零。对于聚合物的高分辨核磁共振波谱的观测，这两种情况都很重要，将在后面各章中进一步讨论。

核自旋也可通过价电子的轨道运动耦合，或通过化学键间的相互作用间接发生自旋的极化。与核自旋的偶极耦合不同，这种间接的或标量的耦合不受分子转动的影响，而且不依赖于 H_0。两个自旋－1/2 的核如此耦合，将彼此的共振分裂成双重态，因为在这样核对的一个大的集合中，每一个核发现对方的自旋随（＋1/2）H_0 或随（－1/2）H_0 的概率几乎相等。如果这一核对中的一个原子核与两个全同核的另一组发生进一步耦合，则自旋取向有：＋＋、＋－（－＋）和－－，那么第一个原子核的共振将出现 1：2：1 的三重态，全同核对的共振将是双重态。单核与三个等价的相邻自旋耦合自旋取向有：＋＋＋、＋＋－、＋－＋、－＋＋（＋－－、－＋－、－－＋）和－－－，即出现 1∶3∶3∶1 的四重共振。自旋为－1/2 的核与相邻 n 个等价核（自旋 1/2）耦合，将使它的共振分裂成 $n+1$ 个峰。

在高分子的核磁共振谱中，只有 ^1H-^1H、^{13}C-^1H、^{13}C-^{19}F、^{15}N-^1H、^{19}F-^{19}F、^{19}F-^1H、^{29}Si-^1H 和 ^{31}P-^1H 的标量耦合是重要的。两个原子核标量耦合的大小和符号取决于取代基和几何结构。耦合强度用赫兹表示为 ^xJ，其中上标 x 表示耦合核之间的间隔化学键的数目。基于观测有几何依赖性的近邻 ^1H-^1H 耦合 ^3J，发现一种特别有用的关系，如图 2.4 所示。所观测到的是，当近邻质子是反式的（a）时，标量耦合较大（约 12Hz）；但在左右式排列（b）中，它明显减小（约 2Hz）。在第 6 章中将举例说明，如何利用近邻质子之间 ^3J 耦合的构象敏感性来研究聚合物的构象和微结构。

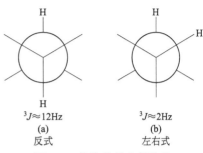

$^3J \approx 12Hz$　　　　　$^3J \approx 2Hz$
　(a)　　　　　　　　　(b)
　反式　　　　　　　　左右式

图 2.4　饱和烷烃中邻位的
^3J ^1H-^1H 标量耦合

2.3　NMR 的实验观测

在图 2.5 中，我们绘出现代高磁场核磁共振波谱仪的示意图，其中使用的是超导磁体。磁体浸泡于液氦中以保持其超导性。射频线圈提供适当的射频能量，以激发样品中的原子核进行共振。

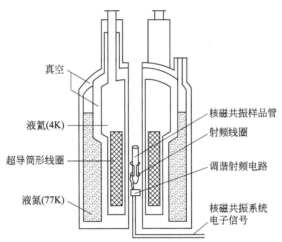

真空
液氦(4K)
超导筒形线圈
液氮(77K)
核磁共振样品管
射频线圈
调谐射频电路
核磁共振系统
电子信号

图 2.5　超导核磁共振磁体的截面磁铁组件直径为 70cm，而样管直径为 1cm
[重印经 Bovey 和 Jelinski（1987 年）允许转载]

静磁场 H_0 消除了核磁自旋能级的简并度。旋转磁场（或电磁磁场 H_1）的应用会激发这些能级之间的跃迁。当 H_1 场的频率（rf 或射频，单位为兆赫）等于被观测核的 Larmor 频率时，达到发生共振条件，即

$$H_1 = \gamma_0 = r\frac{H_0}{2\pi} \tag{2.14}$$

绝大多数样品有多个 Larmor 频率，因为大多数分子具有不止一个磁当量基团（例如 CH、CH_2、CH_3），导致多个共振频率或化学位移。用于激发原子核并实现共振的方法，必须能够准确地覆盖样品中的所有 Larmor 频率。

在核磁共振波谱中，要达到共振条件，发展出两种基本方法：连续波（CW）和傅里叶变换（FT）。在连续波方法中，通过扫场：或者扫射频场 H_1，或者扫静磁场 H_0，使每个磁等效核依次逐步发生共振。当扫场过程将每个原子核带入共振时，射频拾波线圈中会感应到一个电压（如图 2.5）。放大后，直接在频域中检测该信号，并将其记录为电压（强度）对频率的作图。

相比之下，傅里叶变换方法在时域内采用信号检测，然后再进行傅里叶变换得到频域。在 ν_0 处或其附近，施加射频信号的脉冲（短脉冲），所有 Larmor 频率同时产生激发，从而使核自旋能级的布居数均等化。跟随射频脉冲之后，在自由感应衰减（FID）过程中，重新建立自旋的平衡布居数。在图 2.6 中，射频脉冲（H_1）对核自旋的效应，及其随后趋向平衡的 FID，都用矢量图加以形象说明。

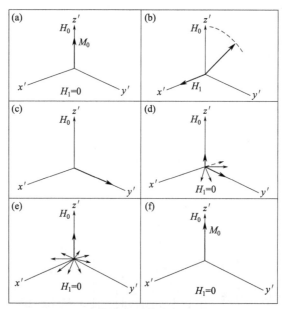

图 2.6 旋转框架内脉冲 NMR 实验。(a) 净磁化强度 M_0，沿 H_0 方向排列；(b)、(c) rf 射频场 H_1 垂直于 H_0，持续时间足够使 M_0 向 $x'y'$ 平面倾斜 90°；(d)、(e) 自旋-自旋（T_2）过程使自旋在 $x'y'$ 平面上开始松弛，自旋-晶格（T_1）过程使自旋在 z' 方向上开始松弛；(f) 平衡 M_0 沿 H_0 重新建立

在有 H_0 存在的平衡状态下，更多的自旋将沿着 H_0 排列，然后又反其向，这由图 2.6 (a) 中沿着磁场方向 z' 绘制的净磁矩 M_0 表示（注意，符号 $'$ 表示参照系 $x'y'z'$ 是按 Larmor 频率发生旋转的）。通过施加射频脉冲 H_1，净磁化向 $x'y'$ 平面倾斜 90° [图 2.6 (b)、(c)]，脉冲 H_1 的持续时间刚好足以使磁能级相等，即沿着 z' 方向，$M_0=0$。

在射频脉冲之后 [图 2.6 (d)、(e)]，通过 T_1 和 T_2 弛豫过程，自旋开始重新建立它们的初始状态。横向（$x'y'$）平面上的自旋-自旋相互作用，导致该平面上自旋的退相（dephasing）（T_2-过程），而自旋-晶格相互作用，导致自旋沿 z'-方向弛豫（T_1-过程）。通常，在获得足够的信噪比频谱之前，必须积累许多信号，特别是对于天然丰度低的原子核，如 ^{13}C、^{15}N 和 ^{29}Si。脉冲重复的速率受弛豫时间 T_1 的控制。

对于图 2.6 中的矢量图表示，图 2.7 给出了对应的脉冲序列表示。检测到的信号或 FID 是在时域中作为电压来获得。脉冲重复多次用来提高信噪比，脉冲之间的延迟时间必须足够长，从而完成 T_1 的弛豫过程。时域信号的傅里叶变换得到了通常的频域谱。傅里叶变换（FT）方法通过同时收集数据，不是缓慢的连续波扫场，从而节省时间，并且非常适合对傅里叶变换前弱信号中收集的许多 FID 再加以平均的那种信号。

最后，在图 2.8 中，我们给出了一个现代脉冲 FT NMR 波谱仪的示意框图。首先，将样品放置在磁场最均匀的部分（如图 2.5）。然后操作员指示计算机向脉冲编程器发出信号开始实验。脉冲编程器发出精确定时的数字脉冲，并将射频信号叠加在这些脉冲数字信号上产生射频脉冲。射频脉冲被放大，并发送到样品探针产生 FID。通过音频转换进行放大和检测后，这些信号被过滤，并使用模拟-数字（A-D）转换器转换为数字表示。这些数字信号最终存储在计算机中，以便进一步处理和最终绘图。

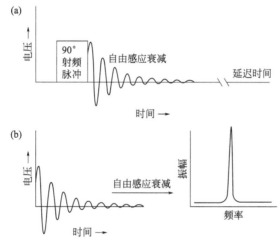

图 2.7 （a）重复射频脉冲序列；（b）时域 FID 到频域 NMR 信号的傅里叶变换

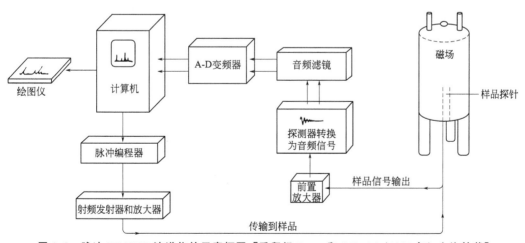

图 2.8 脉冲 FT NMR 波谱仪的示意框图［重印经 Bovey 和 Jelinski（1987 年）允许转载］

（邱静红、成煦、杜宗良 译）

参 考 文 献

Becker，E. D. (1980). *High Resolution NMR*，Second Ed. ，Academic Press，New York.

Bovey，F. A. (1972). *High Resolution NMR of Macromolecules*，Academic Press，New York.

Bovey，F. A. (1988). *Nuclear Magnetic Resonance*，Academic Press，New York.

Bovey，F. A. and Jelinski，L. W. (1987). *Nuclear Magnetic Resonance*，Encyclopedia of Polymer Science，Vol. 10，Wiley，New York，p. 254.

Stothers，J. B. (1972). *Carbon-13 NMR Spectroscopy*，Academic Press，New York.

第 3 章

聚合物的高分辨核磁共振

3.1 引言

核磁共振（NMR）波谱学虽然已有四十多年的历史，但仍处于快速发展的状态。现在的超导核磁共振波谱仪与第一代永磁原型波谱仪相比，磁场强度几乎大 40 倍。基于原子核独特结构（化学）和运动特征，脉冲程序 FT 波谱仪实现对原子核的选择性观测。几乎每天都报道新概念（二维核磁共振、交叉极化等）和新技术［非灵敏核极化转移增强（INEPT）、无畸变极化转移技术（DEPT）、魔角样品旋转（MAS）等］，并应用于各种分子体系中，包括合成聚合物和天然聚合物。

在发现本体物质核磁共振现象（Purcell 等，1946 年；Bloch 等，1946 年）之后第二年，就首次出现聚合物核磁共振的报道，即天然橡胶的宽线核磁共振氢谱（^{1}H NMR）的研究（Alpert，1947 年）。但是直到 20 世纪 50 年代末，人们才对聚合物进行了高分辨核磁共振波谱研究。即使是非常黏稠的聚合物溶液，如报道的核糖核酸酶（Saunders 等，1957 年）和聚苯乙烯（Saunders 和 Wishnia，1958 年；Odajima，1959 年；Bovey 等，1959 年）等，都可以得到分辨率较高的核磁共振谱。

对于溶解的聚合物，由于聚合物链段快速的（纳秒到皮秒范围）局部运动，可以得到高分辨核磁共振波谱。溶解的大分子所占的体积远远大于它们的分子体积，并通过聚合物分子链之间的缠结以及对周围溶剂分子的包封形成高黏度的溶液。然而，正如我们在前一章中所述（见第 2.2.2 节），核磁共振的频率和由此产生的共振峰的宽度，都取决于所观测核直接近邻的局部结构及其运动的动力学。因此，核磁共振波谱可以用作分子结构及其运动的局部微观探针，甚至可以为溶解聚合物提供高分辨波谱。它们的整体运动迟缓，但其局部链段运动快速。

3.2 核磁共振氢谱（^{1}H NMR）

从历史上看，质子（^{1}H）是聚合物核磁共振波谱中观测的第一个原子核。图 3.1（Schilling 等，1985 年）显示的是两个聚甲基丙烯酸甲酯（PMMA）样品在 500MHz、超导磁体（11.7T）条件下的核磁共振波谱。在两个样品中，一种是采用自由基引发聚合得到的间同立构样品（s-PMMA）［图 3.1 （a）］，而另一种则是通过阴离子引发得到全同立构样品（i-PMMA）［图 3.1 （b）］。从以上两种波谱中聚甲基丙烯酸甲酯的亚甲基质子部分可以明显看出，自由基和阴离子引发得到的聚甲基丙烯酸甲酯样品具有非常不同的微结构。

如图 3.1 （a）所示，外消旋（r）二单元组中的亚甲基质子是磁等效的，因为 r-二单元组中存在着双重对称轴。它们在相同的频率下共振，得到一个单峰，尽管它们之间有强的双取代二键耦合 ^2J。在图 3.1 （b）中，内消旋（m）二单元组缺乏对称轴，亚甲基质子在磁性上是不等效的，呈现为一对双峰，其间距约为 15Hz，由其双取代耦合 ^2J 产生。

由阴离子引发得到的 PMMA 样品［图 3.1 （b）］看起来几乎完全是一对双峰，表明几乎所有的二单元组都是内消旋（m），或者该 PMMA 样品是全同立构的。自由基引发制备的 PMMA 样品的主要亚甲基质子共振是 1.9 的单峰［见图 3.1 （a）］，这意味着尽管比阴离子引发的样品更不规则，它的绝大多数二单元组都是外消旋，且这个样品占优势

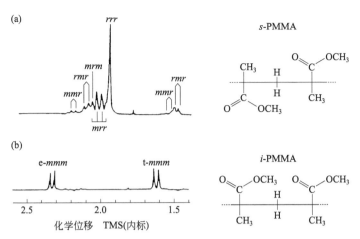

图 3.1 *s*-PMMA（a）和 *i*-PMMA（b）在 500MHz 的核磁共振氢谱。图中只表示了亚甲基质子区域 [重印已从 Schilling 等（1985 年）处获得允许]

的是间同立构。从这个例子可以明显看出，^{1}H NMR 可以提供乙烯基聚合物绝对的立体化学信息，且不需要借助其他方法，如 X 射线衍射。

图 3.2 给出了三个聚丙烯（PP）样品在 220MHz 条件下的核磁共振氢谱（Ferguson，1967 年 a，b；Heatly 和 Zambelli，1969 年）。发现（a）和（c）中立体规整（全同立构和间同立构）的图谱明显比（b）中无规立构的 PP 样品具有更好的分辨率。在无规立构样品中，存在各种各样的三单元组、四单元组立体序列，所对应的化学位移稍微有所不同，这许许多多化学位移彼此重叠，结果造成无规立构聚丙烯波谱分辨率很低的印象。在间同立构和全同立构样品中，分别都只有 *rr*（*rrr*）和 *mm*（*mmm*）的三单元组序列（四单元组序列）。

除了内消旋二单元组中亚甲基质子的耦合（[2]*J*）之外，次甲基、甲基、亚甲基以及亚甲基质子在几乎所有的立体结构中都表现出显著的邻位三键耦合（[3]*J*）。通过 [1]H-[1]H 同核解耦或双共振技术可以消除其中一些耦合。两个磁不等同核 A 和 B 之间的标量耦合 *J*，可以通过以下方法来消除：用强射频场 H_2 照射 B 使其调到共振频率，同时用较弱的场 H_1 观测 A。射频场 H_2 引起 B 在其自旋状态之间快速振荡，以至于它不再与 A 耦合。遗憾的是，在 PP 中，次甲基质子与亚甲基和甲基二者的质子都是耦合的，需要

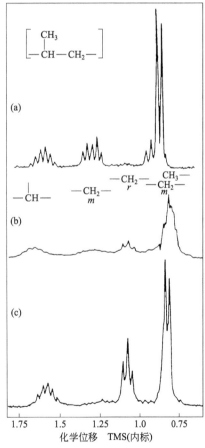

图 3.2 全同立构（a）、无规立构（b）、间同立构（c）聚丙烯在 220MHz 下的核磁共振氢谱

进行一种三重的共振实验才能同时消除所有的邻近耦合。由于内消旋的亚甲基质子在分布较宽的频率上共振，反过来这又与外消旋的亚甲基质子有所区别（如图 3.2 所示），因此完全去除 PP 的 ^{1}H NMR 中观测的相邻耦合似乎不太可能。

在下一节中，我们开始讨论聚合物的核磁共振碳谱（^{13}C NMR）。讨论后将清楚，在聚合物的微结构研究中，^{1}H NMR 为什么会被 ^{13}C NMR 取而代之。^{13}C NMR 通常不会导致波谱中属于不同立体结构的共振的广泛重叠，如图 3.2 中 PP 类聚合物的 ^{1}H NMR 发生的那种情况。

3.3　核磁共振碳谱（^{13}C NMR）

^{13}C 原子核的天然丰度仅为 ^{12}C 的 1.1%，且磁矩很小，约为质子磁矩的四分之一。这两个因素都阻碍了高分辨 ^{13}C NMR 的观测。然而，^{13}C NMR 观测灵敏度的下降可通过脉冲傅里叶变换技术结合频谱积累来补偿，如 2.3 节所述。脉冲傅里叶变换记录波谱所节省的时间，可能使积累足够多的波谱来产生合适的信噪比。

通过消除 ^{13}C 原子核与其直接结合的质子之间的核自旋耦合，以及伴随的 Overhauser 增强效应（Overhauser enhancement），实现 ^{13}C 原子核信号强度的进一步提高（Stothers，1972 年）。借助具有质子共振频率的第二个射频场，可以消除 ^{13}C-^{1}H 的强核耦合（125～250Hz），结果使 ^{13}C 多重峰解体，并使信噪比改善。附近质子的饱和使 ^{13}C 原子核产生非平衡极化，这些核有过剩的热值，并使观测的信号强度增加。已有研究证明（Kuhlmann 和 Grant，1968 年），^{13}C 同位素的偶极-偶极耦合机制占主导地位，直接结合质子产生核的 Overhauser 效应（NOE）因子的极大值为 3。

将极性从灵敏（磁旋比 γ_H 大）的 ^{1}H 核，转移到非灵敏（γ_C 小）的 ^{13}C 核，是提高 ^{13}C 核磁共振灵敏度的另一种方法。这个可以通过选择性布居数转移（Selective Population Transfer，SPT）实现（Derome，1987 年），而且可以通过 $\gamma_H/\gamma_C = 4$ 倍率提高 ^{13}C 的信号强度。应用适当的脉冲序列（非灵敏核极化转移增强和无畸变极化转移技术）不仅可以增强 ^{13}C 的信号，还可以对其进行编辑，以区分 CH、CH$_2$ 和 CH$_3$ 共振。在第 7 章中将讨论非灵敏核极化转移增强和无畸变极化转移脉冲编辑技术的应用。

已经讨论了几种方法，用以克服 ^{13}C 核固有的不灵敏性。下面让我们简单提及有机分子（包括聚合物）^{13}C NMR 的主要优点。对于中性有机物，^{13}C 屏蔽对分子结构的灵敏度增大至 200 范围内，而相比之下 ^{1}H 屏蔽的灵敏度在 10～12 范围内，这样一来，作为分子结构研究的方法，会选择 ^{13}C NMR 代替 ^{1}H NMR。

对于三种 PP 样品，通过其 25MHz 的 ^{13}C NMR 波谱与相应的 ^{1}H NMR 波谱的比较，此二波谱分别见图 3.3（Tonelli 和 Schilling，1981 年）和图 3.2，可以很容易证明 ^{13}C NMR 对分子结构优异的灵敏度。^{13}C 共振分布在大约 30 范围内，而 ^{1}H 共振分布在小于 1 范围内。与同核 ^{1}H-^{1}H 耦合不同，^{13}C-^{1}H 杂核耦合很容易去除，致使波谱简化。这两个优势都导致图 3.4 中所示的无规立构 PP 和全同立构 PP 的 ^{13}C NMR 谱中甲基区域对微结构的这种灵敏度。

在这里我们可以清楚地观测到几乎所有 10 种可能的五单元组立构序列。除了明显的全同立构共振 *mmmm*［比较图 3.4（a）和（b）］之外，单独各个立构序列的共振归属将在第六章更详细地叙述。

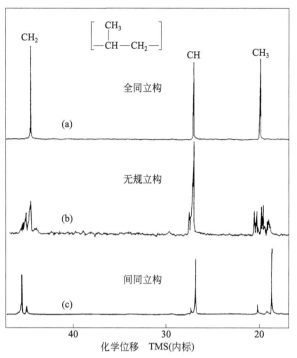

图 3.3 全同立构（a）、无规立构（b）、间同立构（c）聚丙烯在 25-MHz 下的核磁共振碳谱［重印已从 Tonelli 和 Schilling（1981 年）处获得允许］

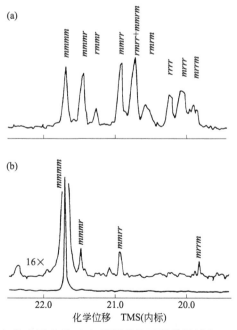

图 3.4 无规立构（a）和全同立构（b）聚丙烯扩展甲基区域在 25-MHz 的核磁共振碳谱

聚丙烯-五单元组

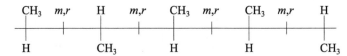

正如我们已经提到的，聚合物长链是按照链段方式运动的，至少在局部水平上是如此。因此，它们原子核的自旋-晶格弛豫与宏观的溶液黏度不成正比，而是依赖于微观的溶剂黏度。溶液中观测的线宽反映局部链段运动，它将取决于溶剂的黏度，而不取决于聚合物溶液整体的黏度。显然，应优先选择中等黏度到低黏度的溶剂。

但是为了降低偶极展宽，在高温（$T > 100℃$）下记录聚合物波谱通常是具有优势的，因为在高温下聚合物链段运动迅速。在这些高温条件下，黏度低、挥发性高的溶剂会沸腾。此外，半晶体聚合物通常难于溶解，除非将其加热至熔点附近，这是由于长链大分子溶解与混合熵的关系较小（Flory，1954 年；Morawetz，1975 年）。对于聚合物核磁共振来说，最佳折中方案是使用高沸点的溶剂来溶解所研究的聚合物，并且其本身的共振频率范围与聚合物的不同。对于大多数乙烯基聚合物，多氯苯可以作为有效的核磁共振溶剂。

TMS（tetramethyl siliane，四甲基甲硅烷）通常不能作为聚合物核磁共振波谱的参照物，因为它在高温下使用时会蒸发。六甲基硅氧烷（HMDS）是一种挥发性较低的化合物，在聚合物核磁共振中经常作为化学位移的参照。六甲基硅氧烷中的碳核对于 TMS 产生化学位移为 2 的低场共振。

为了保证[13]C NMR 波谱的定量测定，[1]H 射频场脉冲应充分分离，以实现样品中所有[13]C 核的完全自旋-晶格弛豫。如果射频脉冲的重复速率接近样品中某些[13]C 核的 T_1，结果会得出错误的相对信号强度。作为一个实用的操作指南，射频脉冲之间的延迟时间应该是样品中最慢弛豫核弛豫时间的 5 倍（Farrar 和 Becker，1971 年）。所有在后面章节中定量讨论的波谱都是用这种方法记录下来的。

3.4 固态中的高分辨[13]C NMR

3.4.1 偶极展宽

在第 2 章（第 2.2.4 节）中，我们提到了相邻核的自旋通过空间的直接耦合，这是它们彼此相互产生局部磁场的结果。对于[13]C（约 1% 的天然丰度）这样浓度不高的自旋，是高丰度的[1]H 自旋在[13]C 核上产生了局域场。在[13]C 原子核上质子偶极产生的局域场 H_{loc} 为：

$$H_{loc} = \pm \frac{hr_H}{4\pi} \times \frac{3\cos^2\theta - 1}{r^3} \tag{3.1}$$

这个局域场可以与外场 H_0 相加或相减，这取决于质子偶极的取向是与 H_0 一致或相反，所以等式中出现"加减号"。核间矢量 r 和角度 θ 如图 2.3 中所示及定义。在一个给定样品中，假如所有的[13]C 原子核都有坐标固定于相同的 r 和 θ 的相邻的质子，那么[13]C 共振就会分为两个分量，其分离取决于样品在磁场中的取向。

在像玻璃态或微晶态这样的刚性聚合物样品中，出现 r 和 θ 值范围较大的整个区域，导致局域场有宽的分布。它们加和的结果导致偶极展宽，达到数千赫兹，足以掩盖所有的化学位移的信息，也随之掩盖了微结构的信息。在聚合物溶液中，分子链段运动速率足够快，在与偶极耦合相比较短时间之内，足以产生所有偶极方向 θ 的采样。这导致偶极展宽很小，因为 $3\cos^2\theta-1$ ［见式（3.1）］的时间平均值可以被其空间平均值所代替，而且其值为零。

对于相邻[1]H 核的偶极耦合所产生的固态[13]C 谱共振，其展宽可以像在溶液中去除标量 J 耦合一样的方式（见第 3.2 节）。但是，辅助作用场 H_2 的强度现在必须是 KHz 数量级，而不是标量解耦中的 Hz 数量级。在图 3.5 的（a）和（b）中（Jelinski，1982 年），在有无高功率质子解耦条件下，我们比较了固相聚对苯二甲酸丁二酯（PBT）的[13]C NMR 谱。与[13]C-[1]H 静态的偶极-偶极相互作用相比有更快速率，必须要有一个 50kHz 左右的去耦场，以驱动[1]H 的自旋反转，其反转速率比[13]C-[1]H 静态的偶极-偶极相互作用的速率更快。虽然高功率[1]H 解耦使分辨率有显著提高，但图 3.5（b）中的谱图与溶液中记录的高分辨[13]C NMR 谱图相差甚远。剩余的线展宽主要是由于化学位移各向异性造成的。

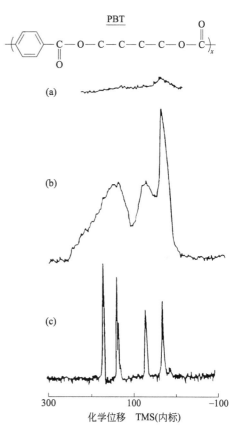

图 3.5 低功率解耦（a）、高功率（偶极）解耦（b）、快速磁角自旋样品解耦（c）得到的 PBT 本体核磁共振碳谱［重印已从 Jelinski（1982 年）处获得允许］

3.4.2 化学位移各向异性

在第 2 章（第 2.2.3 节）中，我们讨论了一个实验事实，即原子核在不同的电子环境中以不同的频率发生共振，或者说这些核具有不同的化学位移 δ，因为它们在不同程度上屏蔽了施加的外场 H_0。在本书中，我们利用化学位移的局部结构依赖性，以便表征聚合物的微结构和构象。施加外场 H_0 在分子中产生电流，这些电流反过来又在原子核上产生局部磁场。

根据化学位移张量 σ 的数值大小和分子取向，这个三维局域场可以描述为：

$$\sigma = \sigma_{11}\lambda_{11}^2 + \sigma_{22}\lambda_{22}^2 + \sigma_{33}\lambda_{33}^2 \tag{3.2}$$

式中 σ_{ii}（$i=1$，2，3）是化学位移张量 σ 的主值，给出了张量在（笛卡尔坐标中）三个相互垂直的方向上的数值大小，而 λ 是方向余弦，它界定了分子主坐标系对于施加外场的方向。在溶液中，所观测的是各向同性的化学位移 σ_i，这是由于分子的快速运动得以使 σ 在所有方向上加以平均：

$$\sigma_i = \frac{1}{3}(\sigma_{11}+\sigma_{22}+\sigma_{33}) = \frac{1}{3}\text{trace }\sigma \tag{3.3}$$

由式（3.2）可明显看到，在刚性固体样品中，一个特定原子核的化学位移取决于其相对于外加磁场的方向。对于一个具有相同取向的全碳核的样品，正如对于一个单晶那样，当晶体在磁场中旋转时，其化学位移会发生变化。在一个粉末样品中，所有可能的晶体取向都存在，核磁共振谱将由化学位移张量的粉末谱组成。

化学位移张量粉末谱的两种理论图谱可以如图 3.6 所示，图中标明了主值 σ_{11}、σ_{22} 和 σ_{33}，同时用虚线标明了它们的各向同性平均值 σ_i；在轴对称情况下，当主坐标系与所施加外场平行和垂直时，所观测的共振频率则分别对应 $\sigma_{(平行)}$ 和 $\sigma_{(垂直)}$。分子运动将使化学位移张量窄化，所得粉末谱包含有运动的轴和角度范围相关的信息。

化学位移张量粉末谱虽然有提供分子运动信息的潜力，但它使固态核磁共振谱严重展宽，而且常常掩盖了各向同性化学位移所具有的结构信息。借助样品在魔角高速旋转，固态共振的展宽可以消除。

如果样品在沿与施加外场 H_0 成 β 角的一条轴线快速旋转（见图 3.7），则式（3.2）中的方向余弦在每个旋转周期内都会发生变化。对于样品的快速旋转，式（3.2）的时间平均变为：

$$\sigma = 1/2\sin^2\beta(\sigma_{11} + \sigma_{22} + \sigma_{33}) + 1/2(3\cos^2\beta - 1) \cdot (\text{方向余弦函数}) \qquad (3.4)$$

当样品旋转轴与外加磁场夹角 β 为 54.7°（魔角）时，有 $\sin^2\beta = 2/3$ 和 $3\cos^2\theta - 1 = 0$，于是有 $\sigma = \sigma_i$，即各向同性化学位移。魔角旋转（MAS）将各向异性化学位移粉末谱（见图 3.6）简化为各向同性平均值 σ_i。图 3.5（b）中的羰基碳和芳香碳的化学位移各向异性发生广泛的重叠，简化为它们的各向同性平均，于是得到了真正的高分辨谱，如图 3.5（c）。

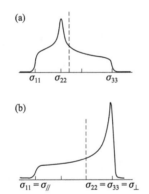

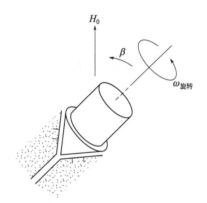

图 3.6 化学位移张量粉末谱示意图：(a) 轴向不对称和 (b) 轴向对称。各向同性化学位移值 σ_i 用虚线表示

图 3.7 典型的 Andrews 等（1959年）设计样品架（转子）在定子内的空气轴承上旋转（阴影部分）

3.4.3 交叉极化

除了高功率^{13}C-^{1}H 自旋-自旋耦合和化学位移各向异性之外，还必须克服另一个障碍，才能实际获得高分辨固态^{13}C NMR。正如我们在讨论采用脉冲傅里叶变换技术（第 2.3 和 3.3 节）进行高分辨溶液^{13}C NMR 时所提到的，信号平均重复的速率或脉冲重复的速率，由^{13}C 原子核的 T_1 值决定。由于绝大多数固体在 MHz 频率范围内几乎没有运动，自旋与周围原子核或晶格耦合又需要这一运动，因此，对于固体来说^{13}C 的弛豫时间 T_1 值很长。像^{13}C 这样稀少（天然丰度 1.1%）的原子核，需要对信号加以平均，而射频

脉冲的重复速率成为核磁共振观测的重要考虑因素。

在固体样品中，有长弛豫时间 T_1 的^{13}C 原子核采用较低的重复速率，信号积累时间需要很长，对此我们应该如何避免？答案就在于有无将其 T_1 短且丰度高的^{1}H 核的自旋极化转移至稀少^{13}C 核的能力。信号平均的重复速率由^{1}H 具有的短 T_1 决定，因为能量正是从质子转移到碳。从丰度高核的自旋到稀少核的自旋发生极化转移的这种过程，称之为交叉极化（CP），由 Pines 等引入（1972 年 a，b）。

虽然原子核^{13}C 和^{1}H 具有的 Larmor 频率相差 4 倍，Hartmann 和 Hahn（1962 年）证明，能量在旋转参照系中这两个核之间能量可以转移，只要有：

$$\gamma_C H_{1C} = \gamma_H H_{1H} \tag{3.5}$$

式（3.5）是对^{1}H 和^{13}C 的旋转坐标系能量匹配的结果，称为 Hartmann-Hahn 条件。当施加的碳射频场（H_{1C}）强度是施加的质子射频场（H_{1H}）的 4 倍时，会产生匹配，因为 $g_H / g_C = 4$。对于引起交叉极化的这种双旋转参照系实验，其矢量图和脉冲序列如图 3.8 所示（Jelinski，1982 年）。

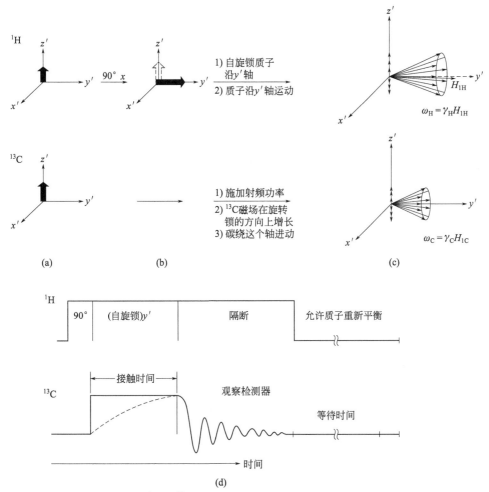

图 3.8　（a）、（b）和（c）是^{1}H 和^{13}C 的 CP 实验双旋转框架的矢量图，（d）给出了 CP 脉冲序列［重印已从 Jelinski（1982）处获得允许］

第 3 章　聚合物的高分辨核磁共振　**027**

在图 3.8（a）中，质子和碳的自旋体系在磁场中处于平衡状态。沿图 3.8（b）中的 x' 轴，按照质子的 Larmor 频率施加一个射频脉冲 H_{1H}，持续时间足够长，使质子磁化沿 y' 轴翻转 90°。在强 H_{1H} 脉冲［图 3.8（c）］的作用下，质子自旋被迫沿其旋转坐标的 y' 轴进动，频率为 $\omega_H = \gamma_H H_{1H}$，这一过程称为自旋锁定。在质子核自旋锁定的过程中，利用碳射频场 H_{1C}，使两种类型的原子核发生接触。在自旋锁场的方向（y' 轴），^{13}C 磁化增强，因为碳核围绕该轴以频率为 $\omega_C = \gamma_C H_{1C}$ 进动。

当质子和碳核二者都围绕 y' 轴进动时，通过施加外场 H_{1H} 和 H_{1C} 功率的调节，直至与 Hartmann-Hahn 条件匹配，它们之间发生极化转移。极化的转移之所以成为可能，是因为 ^1H 和 ^{13}C 磁化的 z' 分量有相同的时间依赖关系［图 3.8（c）］，导致相互自旋翻转。可以认为，交叉极化是一种极化的"流动"，从丰度高的 ^1H 自旋"流向"稀少的 ^{13}C 自旋。

既然 ^{13}C 核是从 ^1H 自旋得到极化，所以质子的 T_1 决定 CP 实验的重复速率，于是就避免了常见于固体中 ^{13}C 核有长的弛豫时间 T_1 的问题。此外，^{13}C 信号在强度上增大，它可以增大 $\gamma_H/\gamma_C = 4$ 倍。在固体样品 ^{13}C NMR 波谱中，CP 实验一举两得，既节省了时间，又提高了信噪比。

对于固体聚合物，第一个真正高分辨率的核磁共振波谱是由 Schaefer 和 Stejskal（1976 年）报道的。他们结合了之前开发的三种技术：即高功率质子解耦、交叉极化、样品的魔角旋转，以获得这些高分辨率的波谱。自他们的开创性工作以来，高分辨固态核磁领域已取得了很大的进展，包括已经提供商用高分辨率的波谱仪，它们可以完成固态核磁共振的多种实验。对于固体聚合物样品的结构和构象，想利用高分辨核磁共振进行研究，这些进展可使其实现。第 11 章中将给出几个实例。

3.5 二维核磁共振

在普通方式中（见第 2.3 节），90°射频后立即对于自由感应衰减（FID）进行变换（傅里叶变换）。现在替换为另一种方式：对于核自旋在横向平面上的进动，以及各种自旋之间相互作用的演化，假如我们允许有一个时间间隔，于是可以获得核自旋系统的重要信息。我们可以将这样的实验分为三个时域，如图 3.9 所示。在第一个准备周期中，核自旋可以通过自旋-晶格弛豫与环境达到平衡。在 90°射频脉冲之后，核自旋的 x、y 和 z 分量在所有作用于它们的力之下演化，包括它们直接通过空间的偶极-偶极耦合和通过键的标量耦合（J）。这个时域 t_1 称为演化周期，它与对于所有脉冲实验所共有的采集或检测时间称为 t_2，t_1 与 t_2 一起提供了这个实验的二维（2D）特征。演化时间 t_1 的系统增量（见图 3.9）提供了第二个时间依赖性参数。在每一个 t_1 周期后，施加第二个 90°射频脉冲，可能发生核自旋磁化的交换。FID 是在 t_2 过程中获得，并进行变换的。

图 3.9 所示的脉冲序列适用于与 COSY 谱相关的化学位移观测，其中核自旋之间的相关影响是它们的标量耦合。在一个典型的实验中，我们可能使用 1k 或者 1024 的 t_1 时间增量，取为 $t_1 = 0.5 \sim 500 ms$。每个 t_1 后面的 FID 是不同的，因为相互作用的自旋调制彼此之间的响应。在 t_2 中检测的每个 FID 都进行变换，生成 1024 矩阵行的系列；对应于

每一个 t_1 值，都有一个系列。矩阵（数据方阵）的每一行可能由 1024 个点组成，代表对于特定 t_1 值的频域的波谱，而同时矩阵的列提供出信息，了解 FID 作为 t_1 的函数是如何调制的。

借助图 3.9 中所示的被称为"转置"的操作，将数据矩阵的列向右转 90°可以构造成 1024 个新的 FID（注意在这个阶段，为了简化起见，将波谱表示为单个共振）。对转置后新的 FID 进行第二次傅里叶变换，得到一个二维数据矩阵，它实际上是三维空间中的一个平面。平面图的表示法可以用叠加图或等高线图，通常等高线图是首选，因为叠加图不能清楚地显示复杂的关系，并且记录起来非常耗时。

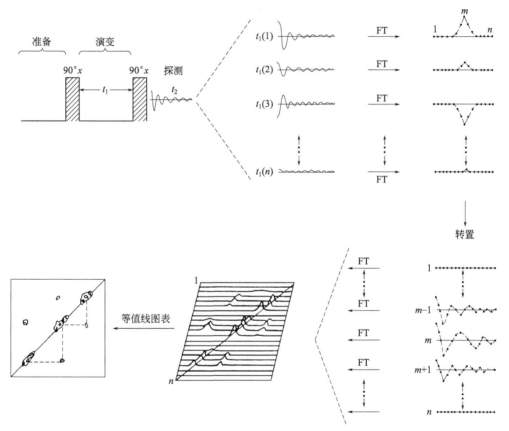

图 3.9　二维（2D）相关（COSY）实验和波谱示意图。显示了不同化学位移原子核之间耦合的相关影响［重印已从 Jelinski（1984 年）处获得允许］

不交换磁化的原子核具有相同的频率，在经历时间 t_1 和 t_2 的过程中，频率分别为 F_1 和 F_2，即 $F_1 = F_2$，并沿等高线图对角线产生法线谱。标量耦合的那些核交换它们的磁化，并具有与初始频率不同的最终频率，即 $F_1 \neq F_2$。这些耦合核形成了图 3.9 中所示的非对角等高线或交叉峰。二维 COSY 谱对于分子所有耦合的连通性提供了一种图解，对于复杂分子共振的归属解析，它因此成为一种非常有用的技术。

还有一种密切相关的二维核磁共振技术，称之为 NOESY（二维 NOE 谱），允许确定通过空间的连通性。这种技术依赖于核自旋通过空间的耦合，并视为 Overhauser 核效应（见第 3.3 节）的二维版本来使用，它实际上可以把所有分子内和分子间（通常是质子间）

的距离绘制为小于 4Å（1Å$=10^{-10}$ m）的图。在第 6 章和第 8 章中，我们将再介绍这些强大的二维核磁共振技术的每一种应用，它们在聚合物的微结构和构象的研究中十分有益。

建议读者参考 Bax 和 Lerner（1986 年）、Wüthrich（1986 年）、Bovey 和 Mirau（1988 年）对二维核磁共振技术更完整的叙述，我们可以结束这一节。二维核磁共振技术最近的伟大降临，使得核磁共振氢谱作为一种分子研究手段重获新生。质子过度的 J 耦合使一维核磁共振谱图太过于复杂，但在二维核磁共振中却是一个优势，可用来绘制分子的连通性关系图。

3.6　其他原子核——^{15}N、^{19}F、^{29}Si 和 ^{31}P

在一些重要的聚合物种类中，可能会发现有 ^{15}N、^{19}F、^{29}Si 和 ^{31}P 这些原子核，因此我们将从与更通常观测的 ^{13}C 和 ^{1}H 核的关系来简要介绍它们核磁共振谱特征。^{15}N、^{19}F、^{29}Si 和 ^{31}P 都是自旋为 $-1/2$ 的核，并且出现的天然丰度分别为 0.37%、100%、4.7% 和 100%。它们每一个展现的化学位移范围至少有 ^{13}C 原子核观测的那么宽。

因为 ^{19}F 和 ^{31}P 原子核的天然丰度高和磁旋比率大，所以和 ^{1}H 原子核一样容易观测。与 ^{1}H 核一样，^{19}F 和 ^{31}P 核表现出大范围的同核标量耦合 J；此外，^{19}F-^{1}H 和 ^{31}P-^{1}H 还有异核标量耦合 J（Emsley 和 Phillips，1971 年；Crutchfield 等，1967 年）。在后面的章节（第 6 章和第 8 章）中将会明白，对于含氟聚合物的微结构，^{19}F 的化学位移比它们的 ^{13}C 化学位移更灵敏。所以研究含氟聚合物时所选择的方法是核磁共振氟谱（^{19}F NMR）。

虽然 ^{29}Si 比 ^{13}C 的丰度高（4.7%∶1.1%），但 ^{29}Si 原子核却比 ^{13}C 拥有更小的核偶极和更大的磁旋比（γ）（Marsmann，1981 年）。当这个信息再加上 4.7% 的天然丰度时，我们就可以推断 ^{29}Si 的灵敏度将是 ^{13}C 的两倍。但是因为 ^{29}Si 核的磁矩和自旋是反平行的，所以 γ 是负值。当采用宽带质子解耦来消除 ^{29}Si-^{1}H 标量耦合时，并没有像 ^{13}C NMR 中所观测的信号增强，^{29}Si 的信号强度反而降低。此外，在溶解状态中，^{29}Si 核的自旋-晶格弛豫时间一般较长，很像 ^{13}C 的自旋-晶格弛豫时间。然而，脉冲傅里叶变换核磁共振技术已经使 ^{29}Si 核变成含硅聚合物微结构的一个有价值的探针，正如这个技术成就了 ^{13}C 核一样。

由于其固有的灵敏度及其天然丰度大大低于 ^{13}C，^{15}N NMR 波谱通常只能应用于富集样品上（Martin 等，1982 年）。但是，又是脉冲傅里叶变换核磁共振技术，才使 ^{15}N 核也成为可观测的，可以在天然丰度水平上甚至在固态中实现（见第 11 章）。

（邱静红、杜晓声、杜宗良　译）

参 考 文 献

Alpert, N. L. (1947). *Phys. Rev.* **72**, 637.

Andrews, E. R., Bradbury, A., and Eades, R. G. (1959). *Nature*(*London*) **183**, 1802.

Bax, A. and Lerner, L. (1986). *Science* **232**, 960.

Bloch, F., Hansen, W. W., and Packard, M. E. (1946). *Phys. Rev.* **69**, 127.

Bovey, F. A., Tiers, G. V. D., and Filipovich, G. (1959). *J. Polymer Sci.* **38**, 73.

Bovey, F. A. and Mirau, P. A. (1988). *Accts. Chem. Res.* **21**, 37.

Crutchfield, M. M., Dungan, C. H., Letcher, J. H., Mark, V., and Van Wazer, J. R. (1967). *^{31}P Nuclear Magnetic Resonance*, Wiley-Interscience, New York.

Derome, A. E. (1987). *Modern NMR Techniques for Chemistry Research*, Pergamon, New York, Chapter 6.

Emsley, J. and Phillips, L. (1971). Prog. in Nucl. *Magn. Reson. Spect.* 7, 1.

Farrar, T. C. and Becker, E. D. (1971). *Pulse and Fourier Transform NMR*, Academic Press, New York.

Ferguson, R. C. (1967a). *Polymer Preprints* **8**(2), 1026.

Ferguson, R. C. (1967b). *Trans. N. Y. Acad. Sci.* **29**, 495.

Flory, P. J. (1954). *Principles of Polymer Chemistry*, Cornell University Press, Ithaca, N. Y., Chapter Ⅻ. 中译本：P. J. 弗洛里，聚合物化学原理(朱平平、何平笙译). 合肥：中国科学技术大学出版社，2020，pp 1-484.

Hartmann, S. R. and Hahn, E. L. (1962). *Phys. Rev.* **128**, 2042.

Heatley, F. and Zambelli, A. (1969). *Macromolecules* **2**, 618.

Jelinski, L. W. (1982). *In Chain Structure and Conformation of Macromolecules*, F. A. Bovey, Ed., Academic Press, New York, Chapter 8.

Jelinski, L. W. (1984). *Chem. Eng. News*, Nov. 5, p. 26.

Kuhlmann, K. F. and Grant, D. M. (1968). *J. Am. Chem. Soc.* **90**, 7355.

Marsmann, H. (1981). "^{29}Si-NMR Spectroscopic Results," in *NMR Basic Principles and Progress*, Vol. 17, P. Diehl, E. Fluck, and K. Kosfeld, Eds., Springer-Verlag, New York, p. 65.

Martin, G. J., Martin, M. L., and Gouesnard, J. -P. (1982). "^{15}N-NMR Spectroscopy," in *NMR Basic Principles and Progress*, Vol. 18, P. Diehl, E. Fluck, and K. Kosfeld, Eds., Springer-Verlag, New York, p. 1.

Morawetz, H. (1975). *Macromolecules in Solution*, Second Ed., Wiley-Interscience, New York, Chapter II.

Odajima, A. (1959). *J. Phys. Soc. Jap.* **14**, 111.

Pines, A., Gibby, M. G., and Waugh, J. S. (1972a). *J. Chem. Phys.* **56**, 1776.

Pines, A., Gibby, M. G., and Waugh, J. S. (1972b). *Chem. Phys. Lett.* **15**, 373.

Purcell, E. M., Torrey, H. C., and Pound, R. V. (1946). *Phys. Rev.* **69**, 37.

Saunders, M. and Wishnia, A. (1958). *Ann. N. Y. Acad. Sci.* **70**, 870.

Saunders, M., Wishnia, A., and Kirkwood, J. G. (1957). *J. Am. Chem. Soc.* **79**, 3289.

Schaefer, J. and Stejskal, E. O. (1976). *J. Am. Chem. Soc.* **98**, 1031.

Schilling, F. C., Bovey, F. A., Bruch, M. D., and Kozlowski, S. A. (1985). *Macromolecules* **18**, 1418.

Stothers, J. B. (1972). *Carbon-13 NMR Spectroscopy*, Academic Press, New York, Chapter 2.

Tonelli, A. E. and Schilling, F. C. (1981). *Accts. Chem. Res.* **14**, 233.

Wüthrich, K. (1986). *NMR of Proteins and Nucleic Acids*, Wiley, New York.

第 4 章

聚合物的核磁共振碳谱

4.1 引言

在合成聚合物中常见的两种具有自旋的核 ^{1}H 和 ^{13}C 中，迄今为止 ^{13}C 是聚合物核磁共振研究中最敏感的自旋探针。^{13}C NMR 谱既不受损于化学位移的窄色散，也不受损于广泛的同核标量自旋耦合，而两个因素都使 ^{1}H NMR 谱的解析变得复杂。在前一章（见第 3.2 节和 3.3 节）中，通过比较不同立构规整度聚丙烯（PP）样品的 ^{13}C 和 ^{1}H 的核磁共振谱，证明聚合物的 ^{13}C 核磁共振谱显示出较高的分辨率和对微结构的敏感性。在那里观察到 ^{13}C 的化学位移分布在 30 范围内，而所有 ^{1}H 的化学位移相差小于 1。

正是这种 ^{13}C 的化学位移（δ^{13}C）对分子微结构的敏感性，使得 ^{13}C NMR 谱作为结构探针非常有用。在图 3.4 中，我们注意到在无规聚丙烯的 25MHz ^{13}C NMR 谱中观察到的甲基碳共振对五单元组立体序列敏感。在下一章中，我们将看到在较高的场强（90.5MHz）下，甲基碳共振对七单元组立体序列表现出敏感性。PP 的 ^{13}C NMR 谱对于主链间隔 4（五单元组）和 6（七单元组）个键的立体序列是敏感的。这种对微结构细节的远程灵敏度使 ^{13}C NMR 成为测定聚合物结构的一种有价值的工具。

为了充分发挥 ^{13}C NMR 在微结构研究中的潜力，必须建立微结构特征与相应化学位移之间的关联。本章的目的是讨论并建立这些关联，以便我们能够预测在所有可能的结构环境中，每种碳原子的 NMR 化学位移。这使得对聚合物 ^{13}C NMR 谱的直接解析成为可能，并直接得出一种完整的微结构表征，而无需对模型化合物和已知微结构的聚合物进行合成和光谱分析。

4.2 ^{13}C 化学位移及其对微结构的依赖性

4.2.1 ^{13}C 核屏蔽

我们已经看到（第 2.2.3 节），在特定的辐照射频 rf 频率（H_1）下，获得 i 核共振条件所需的磁场不等于外加磁场 H_0，而是由下式给出：

$$H_i = H_0(1-\sigma_i) \tag{4.1}$$

式中屏蔽常数 σ_i 依赖于原子核 i 的化学结构环境。它是围绕原子核运动的电子云，通过产生小的局部磁场使其免受外加磁场 H_0 的影响。任何改变原子核电子环境的结构特征都会影响其屏蔽常数 σ，并导致其化学位移 δ 的改变。

要预测 ^{13}C 原子核在特定分子环境中的化学位移，必须知道外加磁场作用下分子系统的电子波函数。因此，已经很难提前预测 ^{13}C NMR 化学位移 ［例如 Ditchfield（1976 年），Schastnev 和 Cheremisin（1982 年）］。作为一个例子，如果想计算甲烷和氟化甲基中 ^{13}C 原子核的相对化学位移，我们必须能够确定两个分子在 H_0 存在下的电子波函数。

迄今为止，即使用最复杂的量子力学从头算法，也不可能对 ^{13}C NMR 化学位移做出准确的预测。代替取代基和局部构象的效应，采用 ^{13}C 化学位移与分子（包括聚合物分子）的微结构相互关联（Duddeck，1986 年）。

4.2.2　取代基对^{13}C化学位移的影响

石蜡烃的^{13}C NMR研究（Spiesecke和Schneider，1961年；Grant和Paul，1964年；Lindeman和Adams，1971年；Dorman等，1974年）提出了预测^{13}C化学位移的取代基规则。根据对观察到的取代基的碳在α、β和γ位置所产生的影响，对^{13}C的化学位移进行了排序。

在表4.1中，我们看到逐渐添加α-C原子对所观察碳原子（C^0）的化学位移（$\delta^{13}C$）的影响。我们观察到，对于C^0，每添加一个α-C，产生规则的去屏蔽效应，约为9；只是新戊烷除外，它的去屏蔽效应有所降低，可能是因为空间群集。如表4.2所见，对所观察碳原子（C^0）添加β-C原子，也同样导致去屏蔽效应约为9。另一方面，当在γ位置添加碳取代基时，观察到的碳核会发生屏蔽，且这种γ-效应的数值约为-2（见表4.3）。

表 4.1　不同化合物 $\delta^{13}C$ 中的 α-取代基效应（Bovey，1974 年）

化合物		$\delta^{13}C$（TMS 内标）	α-效应
(a)	$^0CH_3$—H	-2.1	—
(b)	$^0CH_3$—$^{\alpha}CH_3$	5.9	8.0
(c)	$^0CH_2$（$^{\alpha}CH_3$, $^{\alpha}CH_3$）	16.1	10.2
(d)	^0CH（$^{\alpha}CH_3$, $^{\alpha}CH_3$, $^{\alpha}CH_3$）	25.2	9.1
(e)	^0C（$^{\alpha}CH_3$, $^{\alpha}CH_3$, $^{\alpha}CH_3$, $^{\alpha}CH_3$）	27.9	2.7

表 4.2　不同化合物 $\delta^{13}C$ 中的 β-取代基效应（Bovey，1974 年）

化合物		$\delta^{13}C$ TMS 内标	β-效应
(a)	$^0CH_3$—$^{\alpha}CH_3$	5.9	—
(b)	$^0CH_3$—$^{\alpha}CH_2$—$^{\beta}CH_3$	15.6	9.7
(c)	$^0CH_3$—$^{\alpha}CH$（$^{\beta}CH_3$, $^{\beta}CH_3$）	24.3	8.7
(d)	$^0CH_3$—$^{\alpha}C$（$^{\beta}CH_3$, $^{\beta}CH_3$, $^{\beta}CH_3$）	31.5	7.2

表 4.3　不同化合物 $\delta^{13}C$ 中的 γ-取代基效应（Bovey，1974 年）

化合物		$\delta^{13}C$（TMS 内标）	γ-效应
(a)	$^{0}CH_3 \mid\!\!\!- ^{\alpha}CH_2 - ^{\beta}CH_3$	15.6	—
(b)	$^{0}CH_3 \mid\!\!\!- ^{\alpha}CH_2 - ^{\beta}CH_2 - ^{\gamma}CH_3$	13.2	-2.4
(c)	$^{0}CH_3 \mid\!\!\!- ^{\alpha}CH_2 - ^{\beta}CH \big<^{^{\gamma}CH_3}_{_{\gamma}CH_3}$	11.5	-1.7
(d)	$^{0}CH_3 \mid\!\!\!- ^{\alpha}CH_2 - ^{\beta}C \big<^{^{\gamma}CH_3}_{_{\gamma}CH_3}\,^{\gamma}CH_3$	8.7	-2.8
(e)	$^{\alpha}CH_3 - ^{0}CH_2 \mid\!\!\!- ^{\alpha}CH_2 - ^{\beta}CH_3$	25.0	
(f)	$^{\alpha}CH_3 - ^{0}CH_2 \mid\!\!\!- ^{\alpha}CH_2 - ^{\beta}CH_2 - ^{\gamma}CH_3$	22.6	-2.4
(g)	$^{\alpha}CH_3 - ^{0}CH_2 \mid\!\!\!- ^{\alpha}CH_2 - ^{\beta}CH \big<^{^{\gamma}CH_3}_{_{\gamma}CH_3}$	20.7	-1.9
(h)	$^{\alpha}CH_3 - ^{0}CH_2 \mid\!\!\!- ^{\alpha}CH_2 - ^{\beta}C \big<^{^{\gamma}CH_3}_{_{\gamma}CH_3}\,^{\gamma}CH_3$	18.8	-1.9

　　利用这些取代基效应，即 $\alpha = \beta = +9$ 和 $\gamma = -2$，可以预测各种各样石蜡烃（包括高度支化的化合物）的 $\delta^{13}C$（参见 Lindeman 和 Adams，1971 年）。在石蜡烃分子的 ^{13}C NMR 谱中，共振对于相应碳核进行归属解析，这些取代效应起了重要的辅助作用。

　　以聚合物 ^{13}C 核磁共振波谱为例，我们假设聚丙烯（PP）除了具有占优势的头-尾相连（H-T）单体单元外，偶尔还具有头-头相连（H-H）和尾-尾相连（T-T）的单体单元。从图 4.1 可以看出，在 H-H 单元的亚甲基碳与 H-T 的亚甲基碳相比，多一个 β-取代基，少两个 γ-取代基。因此，我们预计 H-H 亚甲基碳，将对 H-T 亚甲基碳的共振高场（upfield）位移 $1\beta - 2\gamma = 1(9) - 2(-2) = 13$。T-T 亚甲基碳比 H-T 亚甲基碳少 1

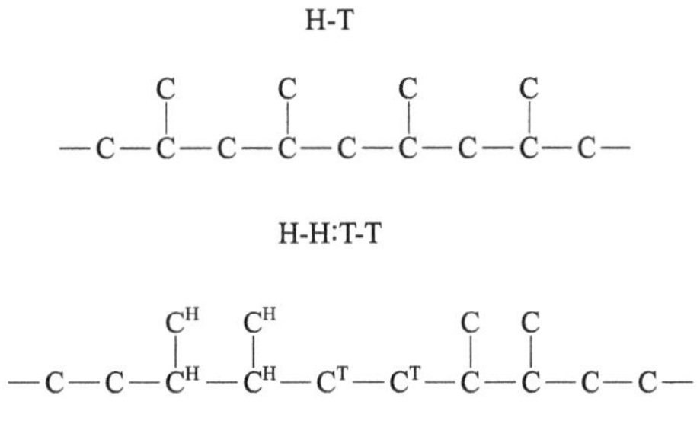

图 4.1　PP 的单体单元中可能的区域序列

个 β-取代基，多 2 个 γ-取代基。T-T 亚甲基碳，将对 H-T 亚甲基共振高场位移 $-\beta + 2\gamma = -1(9) + 2(-2) = -13$。与 H-T 甲基相比，H-H 甲基只有一个传统的 γ-取代基，它应该对 H-T 甲基共振高场位移 $1\gamma = -2$。

　　这些预期在 H-T 和 H-H：T-T PPs 的 ^{13}C NMR 谱中得到了证实（Schilling 和 Tonelli，1980 年；Möller 等，1981 年）。表 4.4 总结了这些波谱中观察到的 $\delta^{13}C$，与 α-、β- 和 γ-取代基效应预测的 $\delta^{13}C$ 相一致。

表 4.4　在 H-T 和 H-H∶T-T PPs 的谱图中观察到的 $\delta^{13}C$

碳	$\delta^{13}C$ TMS 内标[1]		
	H-T[2]	H-H[3]	T-T[3]
CH	28.5	37.0	—
CH_2	46.0	—	31.3
CH_3	20.5	15.0	—

① 所有 $\delta^{13}C$ 值在不同的立体序列上平均。
② Schilling 和 Tonelli（1980 年）。
③ Möller 等（1981 年）。

4.2.3　^{13}C NMR 中的 γ-取代基效应

石蜡烃中 γ-取代基与未取代碳相比，对于碳核有所屏蔽，我们刚刚讨论了这一观察。由于所观察的碳（C^0）与它的 γ-取代基（C^γ）之间有三个中间键分开，它们之间的相互距离和方向是可变的，这取决于中心键的构象。表示于图 4.2 中的纽曼投影式可以说明这一点。应当注意，若将中间键的排列，由反式变成左右式，C^0 与 C^γ 之间的距离（$d_{0-\gamma}$）将从 4Å 减少到 3Å。

对于 ^{13}C 化学位移（$\delta^{13}C$）的 γ-取代基效应，Grant 和 Cheney（1967 年）首次提出了构象起源。在他们的模型中，C^0-H 键和 C^γ-H 键的极化，是由于质子-质子（0-γ）斥力对键的压缩导致的，这导致了两个碳核的屏蔽。最近 Li 和 Chestnut（1985 年）提出的证据表明，屏蔽 γ-效应与范德华引力有关，而与立体排斥作用无关，尽管他们的结果仍然表明，屏蔽需要观察碳的左右式排列及其 γ-取代基效应。Seidman 和 Maciel（1977 年）利用半经验和量子力学从头算法计算得出结论，γ-取代基效应在起源上是构象的效应，但不能仅仅归因于相互作用的 C^0 和 C^γ 基团的邻近性。很明显，对 $\delta^{13}C$ 的 γ-取代基效应有构象起源，并且，正如我们将简要说明的那样，这一效应在表征聚合物的构象和微结构两方面都有潜在的用处。

为了使碳核受到 γ-取代基屏蔽，我们已经假定它们必须处于左右式排列（如图 4.2）。通过比较正烷烃中甲基碳的 $\gamma^{13}C$ 的观测值，证实了这一假定。正丁烷和较高级正烷烃中的甲基碳只有一个 γ-取代基，而正丙烷中的甲基碳没有 γ-取代基，但 α-和 β-取代基的数量和种类与较高级正烷烃的甲基碳相同。在它们的晶体中，正烷烃采用伸展的全反式构象，其中两个甲基碳对于 γ-取代基都是反式。如果在较高级固体正烷烃中 γ-取代基对于甲基碳是反式的，那么我们可以预计：δCH_3（固体 C_2H_{2n+2}，$n \geqslant 4$）$= \delta CH_3$（液体正丙烷）。VanderHart（1981 年）已经观察到：$n=19$，20，23，32 的固态正烷烃中的甲基碳的共振位移在 15～16 之间，而液体正丙烷中的甲基碳的共振位移在 15.6 处（Stothers，1972 年）。

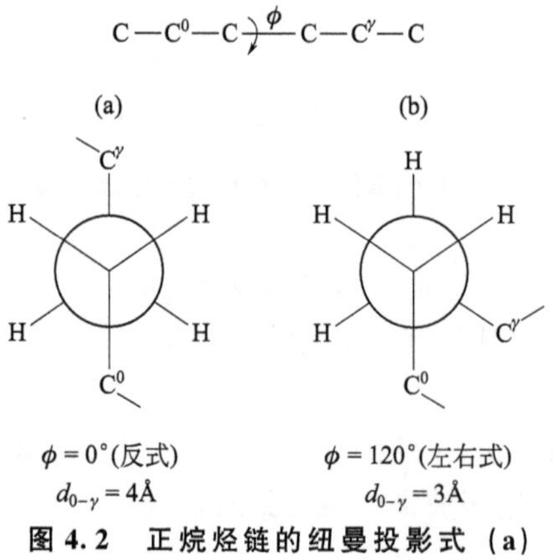

另一方面，在液态下，较高级正烷烃（$n \geqslant 4$）

$$C—C^0—C \xrightarrow{\phi} C—C^\gamma—C$$

图 4.2　正烷烃链的纽曼投影式（a）反式构象（$\phi=0°$）和（b）左右式构象（$\phi=120°$）

中的甲基碳的高场共振位移为 $13.2\sim14.1$（Stothers，1972 年）。当然，在液态中，正烷烃中的 C—C 键具有显著的左右式含量，而在正丙烷或固体较高级正烷烃中甲基碳处于全反式构象，这使得对于正丁烷和液态较高级正烷烃与正丙烷或固体较高级正烷烃相比较，δCH_3 的屏蔽作用更高。

对于 C^0 和 X^γ 之间的中心键 $(C^0-C\overset{\phi}{+}C-X^\gamma)$，如果我们知道左右式构象的比率 P_g 有多大，那么当与 C^0 成左右式排列时我们就可以估计 X^γ（即 γ_{C-X}）产生的屏蔽。这一推算步骤如图 4.3 所示，图中推导了 C、OH 和 Cl 作为 γ-取代基的左右式屏蔽效应。举一个例子，计算在正丁烷甲基碳上由其他甲基（γ-取代基）产生的屏蔽，例如 $\Delta\delta CH_3=\delta CH_3$（正丁烷）$-\delta CH_3$（正丙烷）$= 13.2 -15.6 = -2.4$，再除以中间键的左右式构象比率 $P_g=0.46$，于是得到：$\gamma_{C-C}=\Delta\delta CH_3/P_g=-2.4/0.46=-5.2$（在下一章中，我们将描述用来计算键构象布居数的方法）。

当这种推算步骤应用于正丁烷、1-丙醇和 1-氯丙烷时，得到 γ-左右式屏蔽效应如下：$\gamma_{C-C}=-5.2$，$\gamma_{C-O}=-7.2$，$\gamma_{C-Cl}=-6.8$。我们现在看到，γ-取代基在左右式排列中产生的碳核屏蔽的值为 -5

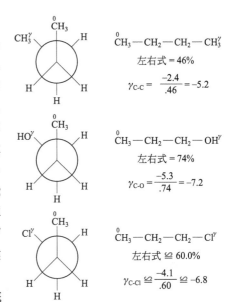

图 4.3　C、OH 和 Cl 作为 γ-取代基产生的 γ-左右式屏蔽效应的推算

到 -7，与 C^0 更接近的 α-和 β-取代基引起的去屏蔽（$+9$）在绝对数值上可以比较。然而，在 ^{13}C 核磁共振化学位移中的 γ-取代基效应，对那种构象依赖性是更为重要的。影响分子局部构象的任何微结构变化，通过 γ-左右式效应，都可以反映于分子的 $\delta^{13}C$ 中。

4.2.4　^{13}C NMR 中 γ-左右式效应

让我们通过举例说明观察到的 $\delta^{13}C$ 与微结构之间的构象关联，以便结束对 ^{13}C 核磁共振化学位移的讨论。这种关联源于构象敏感的 γ-左右式效应。表 4.5 给出了几种支链烷烃中异丙基上甲基碳的不等效 $\delta^{13}C$。尽管每个烷烃中的异丙基甲基碳具有相同的 α-、β-和 γ-取代基，但我们在第 2 列中注意到，随着从非对称中心分离末端异丙基碳数的增加，观察到的不等价性逐渐减少。如果我们关注 2,4-二甲基己烷（2,4-DMH）中异丙基甲基碳所观察到的非等效 $\delta^{13}C$ 的来源，就可以理解这种行为。

表 4.5　支链烷烃中异丙基上甲基碳的不等效 ^{13}C NMR 化学位移

烷烃	$\Delta\delta$	
	观察值[①]	计算值
C—C—C—C—C—C（带甲基支链）	1.0(1.9,1.1,0.9)[②]	1.6,1.1,0.9

烷烃	Δδ	
	观察值[①]	计算值
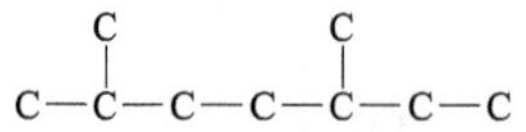 (结构式)	0.2	0.2
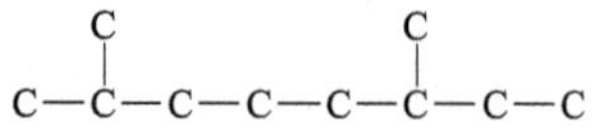 (结构式)	0.1	0.04
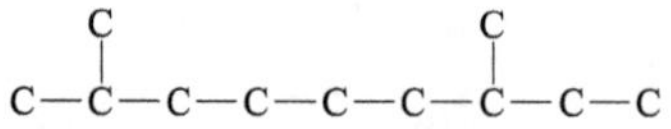 (结构式)	0.0	0.0

①在环境温度和 48℃ 之间观察（Kroschwitz 等，1969 年；Lindeman 和 Adams，1971 年；Carman 等，1973 年）。
②在 -120℃，25℃ 和 90℃ 观察（Tonelli 等，1984 年）。

在图 4.4 中，我们已经画出 2,4-DMH 中主链上 $C_2 - C_3$ 键的各种可能构象，因为这些决定了异丙基甲基碳 C^{sc}、C^{bb} 对于不对称碳 C_4 是否为 γ-左右式构象。根据 C_2-C_3 键为反式（t）、左右式$^+$（g^+）和左右式$^-$（g^-）的旋转异构态出现的概率（P_t、P_{g^+} 和 P_{g^-}），我们得到 $P_t + P_{g^+}$ 为 C^{sc} 与 C^{bb} 之间呈左右式排列的概率，而 $P_{g^+} + P_{g^-}$ 为它们的 γ-取代基 C_4 出现的概率。如第 5 章（Tonelli 等，1984 年）所述，从 Mark（1972 年）建立的乙烯-丙烯共聚物构象模型得到的键旋转概率：$P_t = 0.38$，$P_{g^+} = 0.01$，$P_{g^-} = 0.61$。因此，C_4 与 C^{sc} 的 γ-左右式构象概率为 0.39，与 C^{bb} 的 γ-左右式构象概率为 0.62。我们预计 C^{sc} 和 C^{bb} 之间的非等价性为 $\Delta\delta^{13}C = (0.39 - 0.62) \times \gamma_{C-C} = -0.23(-5) = 1.1$，其中采用正丁烷的 $\gamma_{C-C} = -5$。

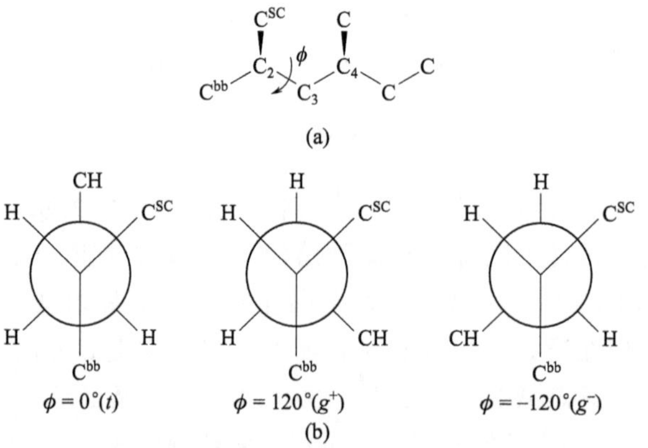

图 4.4 （a）全反式构象 2,4-DMH；（b）纽曼投影式表示围绕 2,4-DMH 中主链键 $C_2 - C_3$ 的旋转态 [经 Tonelli 同意转载（1984 年）]

观察到的非等效性（1.0—1.1）与 γ-左右式构象计算的预期值非常吻合。通过 γ-左右式效应的计算，也成功地再现了观测到的磁非等效性随温度的变化关系，几乎可以肯定它的起源是构象敏感的 γ-左右式效应。

从图 4.4（b）中的纽曼投影式可以预测，t 构象和 g^- 构象必定有相等的布居数。然而，众所周知（Flory，1969 年），线形链分子中键旋转态的概率依赖于近邻的构象或旋转态。C_4 的不对称中心产生分子内相互作用，这种作用又同时依赖于 ϕ 和近邻键的旋转 [见图 4.4（a）]，结果使得 $P_t \neq P_{g^-}$。当不对称中心进一步远离末端异丙基时，P_t 和 P_{g^-} 的值相互接近，于是异丙基甲基碳的预期非等价性降低。这一预测在表 4.5 中得到了证实，表中将观察值和预测值二者都列出，一旦异丙基甲基碳从对称中心被四个以上的碳分开，其磁性不等效性就会消失。

从这个例子可以明显看出，^{13}C NMR 化学位移的微结构敏感性可以有构象来源。δ^{13}C 取决于局部磁场，局部磁场受共振碳核附近局部构象的影响，局部构象是由近邻微结构决定的。因此，^{13}C 核磁共振的微结构敏感性是其局部构象对微结构依赖关系的基础。

回想上一章，在图 3.4 中我们给出了 25MHz ^{13}C 无规立构 PP 的 NMR 谱，我们注意到谱中甲基碳区域对五单元组等分的灵敏度。我们现在能够理解这种对微结构的远程敏感性，并认识到，这是由于一个给定的甲基碳的局部构象依赖于近邻的立体构象而造成的。聚丙烯（五单元组）中 δ^{13}C 的微结构依赖性的范围，与我们在支化的小分子例子中观察和讨论的相似。

正如我们所看到的，γ-左右式效应可以用来关联微结构和 ^{13}C NMR。然而，需要足够的构象信息，特别是局部构象如何依赖于近邻的微结构，才能完成这种关联。在下一章中，我们将概述聚合物构象模型的发展，并详细描述如何使用 γ-左右式方法来计算 ^{13}C NMR 化学位移。

（王双、王海波、杜宗良　译）

参 考 文 献

Bovey，F. A. (1974). In *Proceedings of the International Symposium on Macromolecules*，*Rio de Janerio*，*July* 26-31，1974，E. B. Mano，Ed.，Elsevier，New York，p. 169.

Carman，C. J.，Tarpley，A. R.，Jr，and Goldstein，J. H. (1973). *Macromolecules* **6**，719.

Ditchfield，R. (1976). *Nucl. Magn. Reson.* **5**，1.

Dorman，D. E，Carhart，R. E，and Roberts，J. D. (1974). Private communication cited in Bovey(1974).

Duddeck，H. (1986). In *Topics in Stereochemistry*，Vol. 16，E. L. Eliel，S. H. Wilen，and N. L. Allinger，Eds，Wiley-Interscience，New York，p. 219.

Flory，P. J. (1969). *Statistical Mechanics of Chain Molecules*，Wiley-Interscience，New York.

中译本：P. J. 弗洛里，链状分子的统计力学(吴大诚等译)成都：四川科学技术出版社，1990，pp 1-479.

Grant，D. M. and Cheney，B. V. (1967). *J. Am. Chem. Soc.* **89**，5315.

Grant，D. M. and Paul，E. G. (1964). *J. Am. Chem. Soc.* **86**，2984.

Kroschwitz，J. I，Winokur，M，Reid，H. J.，and Roberts，J. D. (1969). *J. Am. Chem. Soc.* **91**，5927.

Li，S. and Chestnut，D. B. (1985). *Magn. Reson. Chem.* **23**，625.

Lindeman，L. P. and Adams，J. Q. (1971). *Anal. Chem.* **43**，1245.

Mark，J. E. (1972). *J. Chem. Phys.* **57**，2541.

Möller，M，Ritter，W，and Cantow，H. J. (1981). *Polym. Bull.* **4**，609.

Schastnev，P. V. and Cheremisin，A. A. (1982). *J. Struct. Chem.* **23**，440.

Schilling，F. C. and Tonelli，A. E. (1980). *Macromolecules* **13**，270.

Seidman，K. and Maciel，G. E. (1977). *J. Am. Chem. Soc.* **99**，659.

Spiesecke，H. and Schneider，W. G. (1961). *J. Chem. Phys.* **35**，722.

Stothers，J. B. (1972). *Carbon-13 NMR Spectroscopy*，Academic Press，New York，Chap. 3.

Tonelli，A. E，Schilling，F. C.，and Bovey，F. A. (1984). *J. Am. Chem. Soc.* **106**，1157.

VanderHart，D. L. (1981). *J. Magn. Reson.* **44**，117.

第5章

运用γ-左右式效应方法预测^{13}C核磁共振化学位移

5.1 引言

在前一章中，我们试图建立聚合物的^{13}C核磁共振谱中观察到的化学位移与其微结构之间的联系。碳核所经历的局部磁场对其附近的局部构象很敏感，且局部构象受所观察碳核微结构环境的影响。因此，聚合物的微结构所呈现的局部构象决定其δ^{13}C的大小，从而改变产生的局部磁场H_i：

$$微结构 \rightarrow 构象 \rightarrow H_i \rightarrow \delta^{13}C$$

前一章介绍了γ-取代基在左右式结构中对^{13}C原子核的屏蔽作用（γ-左右式效应），建立了微结构与δ^{13}C的联系。在这一章中，我们讨论聚合物的构象，将发展出一种方法，使各种构象的布居数作为聚合物微结构的函数加以确定。要通过γ-左右式效应方法来计算δ^{13}C，这是必要的。这种方法依赖于键构象概率的知识，才能确定在给定的微结构环境中^{13}C原子核所经历的γ-左右式屏蔽程度：

$$微结构 \xrightarrow{\gamma-左右式效应} \delta^{13}C$$

5.2 聚合物的构象

5.2.1 聚合物的旋转异构态模型

要详细说明一条聚合物链各链段之间的空间关系，或称聚合物的构象，我们必须知道聚合物链中每个键的键长l、键角$\pi-\theta$和旋转态ϕ（见图5.1）。如图5.1所示的全碳原子主链的聚合物，所有键长$l=1.54$Å，所有键角$\pi-\theta=112°$（Flory，1969年）。围绕主链C—C键的旋转ϕ仍是聚合物中最主要的构象自由度。

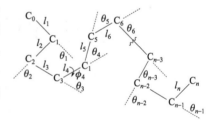

图 5.1 全碳聚合物主链示意图
[经 Tonelli 同意转载(1986 年)]

对低分子量化合物的光谱（Mizushima，1954年；Wilson，1959年，1962年；Herschback，1963年）和电子衍射（Bonham 和 Bartell，1959 年；Bartell 和 Kohl，1963 年；Kuchitsu，1959 年）研究，已经阐明了化学键受阻旋转势垒的本质。乙烷（以及更高级正烷烃）中C—C键的旋转有三重态，能量最小值对应于甲基氢原子的交错排列。正丁烷中心C—C键的旋转势$E(\phi_2)$如图5.2所示。由于末端甲基在$\phi_2=\pm120°$的左右式旋转态下的非键合相互作用，旋转势能像乙烷那样仍然是三重态，但是旋转势能不再对称（平面锯齿形或反式构象中旋转角度取0°，右手旋转角度取正值）。正丁烷中左右式（$\phi_2=\pm120°$）和反式（$\phi_2=0°$）旋转态之间分离的势垒约为 3.5kcal/mol（14.6KJ/mol）（Herschback，1963 年），大大超过了室温下的RT，其中R是气体常数。在平衡状态下，旋转角在2π范围内的分布明显不均匀，旋转角为$\phi_2=0°$、$\pm120°$远远优于旋转角为$\phi_2=180°$、$\pm60°$。

可以这样得出正丁烷内旋转态的真实图景，每个分子受限于在$\phi_2=0°$、$\pm120°$处的三个能量极小值中的某一个，仅有小的振荡（±20°）[极小值之间分离的势垒不够大，无法阻止不同构象之间的快速转变（约 $10^{10}/s$），但可以确保平衡时旋转态为 $\phi_2 = 180°$、±60° 的正丁烷分子的布居数可忽略不计]。

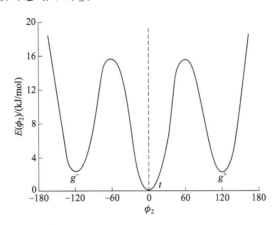

图 5.2 围绕正丁烷 $\left(\begin{smallmatrix} \phi_2 \\ CH_3 - CH_2 + CH_2 - CH_3 \end{smallmatrix} \right)$ 中心 C—C 键旋转角 ϕ_2 的势能 $E(\phi_2)$ 曲线。两个甲基位于交错位置定义为 $\phi_2 = 0$（1cal = 4.184J）[经 Tonelli 同意转载（1986 年）]

人们已经认识到旋转势能的离散本质（Volkenstein，1963 年；Birshstein 和 Ptitsyn，1966 年）。在旋转异构态（RIS）的近似中，假设聚合物主链中每个键在少数几种离散的旋转态中选取任意一个，通常选择与势能极小值（见图 5.2）一致的这些状态。对键的旋转势垒不超过 RT 的那些聚合物，通过旋转态离散势能的求和，近似估计几乎连续的旋转势能，RIS 模型仍然可以应用 [参见 Mansfield（1983 年）的讨论，他发展出一些方法，可以处理低旋转势垒聚合物，和处理键旋转可能发生的涨落]。

不仅聚合物链中的每个键通常被限制在几个离散的旋转状态下，而且给定键发生的任何旋转态的概率，取决于其最近邻键的旋转状态（Flory，1969 年；Volkenstein，1963 年；Birshstein 和 Ptitsyn，1966 年）。正戊烷的构象，清楚地说明了这种旋转相互依赖关系，如图 5.3 所示。

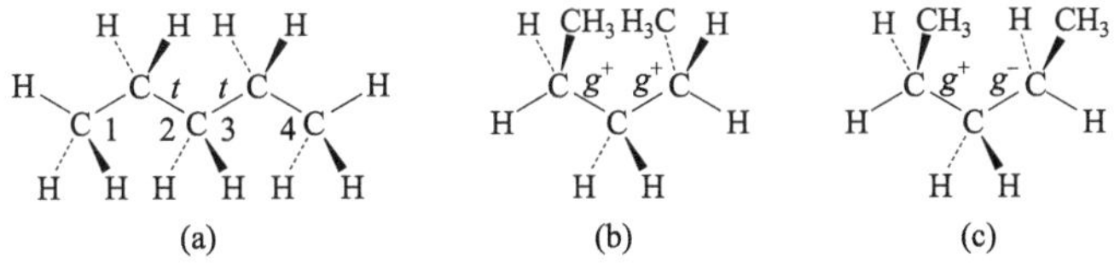

图 5.3 正戊烷构象 $\left[\begin{smallmatrix} \phi_2 & \phi_3 \\ CH_3 - CH_2 + CH_2 + CH_2 - CH_3 \end{smallmatrix} \right]$：（a）反式，反式（$\phi_2 = \phi_3 = 0°$）；（b）（左右式）左右式$^+$，左右式$^+$（$\phi_2 = \phi_3 = 120°$）；（c）左右式$^+$，左右式$^-$（$\phi_2 = 120°$，$\phi_3 = -120°$）[经 Tonelli 同意转载（1986 年）]

图 5.3（c）的 $g^+ g^-$（或 $g^- g^+$）构象中，末端甲基之间发生严重的立体排斥相互作用，而在图 5.3（b）的 $g^+ g^+$（或 $g^- g^-$）构象中，甲基足够分离（约 3.6Å = 0.36nm），

是一种近似中性（既不吸引也不排斥）的相互作用。且键 2 的旋转态 ϕ_2 的能量明显依赖于正戊烷中键 3 的旋转状态 ϕ_3。当 $\phi_3 = g^-$ 时，由于 ϕ_2，$\phi_3 = g^+$，g^- 构象中甲基之间存在强烈的相互作用，ϕ_2 更倾向于为 t 或 g^- 而不是 g^+。

在绝大多数聚合物链中，如正戊烷那样，一个给定键的旋转态的相对概率，取决于最近邻键的旋转态。与能量不同，假设一个给定键的旋转态的位置，不受相邻键旋转态的影响。对于大多数聚合物链来说，这一假设似乎是正确的，对于旋转态的位置和能量相互依赖的情况，可以合并额外的旋转态（Flory，1969 年）。由两个主链键分开的基团之间的非键合相互作用（图 5.3），是聚合物链构象最近邻相互依赖的来源。因此，大多数聚合物链可被视为一维的（线性链），由最近邻依赖单元组成的统计力学系统。采用处理铁磁性的一维 Ising 模型（Ising，1925 年）所发展的数学方法（Kramers 和 Wannier，1941 年；Newell 和 Montroll，1953 年），可以方便地处理这样的系统。

RIS 模型成功地解释了那些依赖于单个聚合物链构象和构型特征的平衡性质（Flory，1969 年；Tonelli，1986 年）。更重要的是，RIS 模型避免引入人为的模型链，这些人为的模型链虽然更简单，但忽略了每一种聚合物链的几何形状和化学结构这两个显著特征。

若假设所有的键长和键角都是固定的（图 5.1），对于 n-键聚合物链，给 $n-2$ 非末端键的每一个键指定一个旋转态，则可确定此链的构象。设 ν 为每个键的旋转态的数目（通常为 3），故有 ν^{n-2} 种可能的构象。如聚乙烯 $\{CH_2-CH_2\}_{n/2}$，代表性的链长 $n = 10000$，可能的构象总数为 $3^{10000} = 10^{4800}$，这确实是一个天文数字。由于聚乙烯中分离旋转态的势垒较低（3.5kcal/mol），因此在所有可能的构象（可能发生的构象采样）之间存在快速转变（10^{10} 种构象/s）。对所有 10^{4800} 种可能的构象进行采样所需的时间，约为 10^{4800} 种构象/（10^{10} 种构象/s）= 3×10^{4782} 年。我们的宇宙只有 $1 \times 10^{10} \sim 2 \times 10^{10}$ 年的历史。这就引出了一个有趣的观点：如果在宇宙大爆炸发生的瞬间，形成了 10000 键的聚乙烯链，那么目前只会对所有可能的构象进行一小部分的采样。

任何构象的能量 $E\{\phi\}$，可以通过对偶的最近邻相关能量 $E(\phi_{i-1}, \phi_i)$ 表示：

$$E\{\phi\} = \sum_{i=2}^{n-1} E_i(\phi_{i-1}, \phi_i) = \sum_{i=2}^{n-1} E_{\xi\eta;i} \tag{5.1}$$

式中 ξ 和 η 分别表示键 $i-1$ 和 i 的旋转态。与能量 $E_{\xi\eta}$ 对应的统计权重 $\mu_{\xi\eta}$ 或玻尔兹曼因子可定义为：

$$\mu_{\xi\eta;i} = \exp[-E_{\xi\eta;i}/(RT)] \tag{5.2}$$

并以矩阵形式表示：

$$U_i = [\mu_{\xi\eta;i}] = \begin{bmatrix} \mu_{a\alpha} & \mu_{a\beta} & \cdots & \mu_{a\nu} \\ \mu_{\beta\alpha} & \mu_{\beta\beta} & \cdots & \mu_{\beta\nu} \\ \vdots & \vdots & & \vdots \\ \mu_{\nu\alpha} & \mu_{\nu\beta} & \cdots & \mu_{\nu\nu} \end{bmatrix} \tag{5.3}$$

$\nu \times \nu$ 矩阵 U_i 的行的下标指示键 $i-1$ 的旋转态为 ξ，其列的下标指示键 i 的旋转态为 η。

于是，一个特定链构象的统计权重就很简单写为：

$$\Omega_{\{\phi\}} = \prod_{i=2}^{n-1} \mu_{\xi\eta;i} \tag{5.4}$$

式 (5.4) 对所有可能的构象求和，正式地得到构型配分函数：

$$Z = \sum_{\{\phi\}} \Omega_{\{\phi\}} = \sum_{\{\phi\}} \prod_{i=2}^{n-1} \mu_{\xi\eta;i} \tag{5.5}$$

过去用于处理 Ising 铁磁体（Ising，1925 年）的这些矩阵方法（Kramers 和 Wannier，1941 年），加以应用（Flory，1969 年）得出：

$$Z = J^* \left[\prod_{i=2}^{n-1} U_i \right] J \tag{5.6}$$

式中 J^* 和 J 是 $1 \times \nu$ 行向量和 $\nu \times 1$ 列向量

$$J^* = \begin{bmatrix} 1 & 0 & \cdots & 0 \end{bmatrix}, J = \begin{bmatrix} 1 \\ 1 \\ \vdots \\ 1 \end{bmatrix} \tag{5.7}$$

只要已知链的 RIS 模型（即键旋转态的能量），式（5.6）和式（5.7）可以估算任意长度的聚合物链的构型配分函数。

如何确定给定聚合物旋转态的位置和能量？理想的情况下，独立的光谱、热力学和衍射数据，可用来建立聚合物的 RIS 模型。然而，除了包括聚乙烯在内的正烷烃外，还没有足够的数据来建立聚合物的 RIS 模型。相反，必须使用另外两种确定聚合物构象能的方法中的一种。

半经验势函数（Flory，1969 年；Hendrickson，1961 年；Abe 等，1966 年；Borisova，1964 年；Scott 和 Scheraga，1966 年），可用来计算聚合物的构象能，其中包括估算固有扭转势、非键合范德瓦耳斯力和静电相互作用的方法。例如，Abe 等（1966 年）获得的正戊烷构象能量图（图 5.4），可用于建立聚乙烯的 RIS 模型（Flory，1969 年）。相对于 ϕ_2，$\phi_3 = 0°$，$0° = tt$ 构象，$E_{tg^\pm} = E_{g^\pm t} = 2.1 \text{kJ/mol}$，$E_{g^\pm g^\pm} = 4.2 \text{kJ/mol}$ 和 $E_{g^\pm g^\pm} = 13.4 \text{kJ/mol}$。当这些能量被用来构造玻尔兹曼因子或统计权重 $\mu_{\xi\eta;i}$ ［式（5.2）］，和构成统计权重矩阵 U_i 的元素时［式（5.3）］，得到的 RIS 模型成功地描述了聚乙烯的构象依赖性（Flory，1969 年）。不幸的是，对于其他许多聚合物，目前看来半经验能量估计中固有的不精确性，降低了对旋转态之间能量差异的准确评估，尽管它们的位置通常可以通过此类计算来确定。

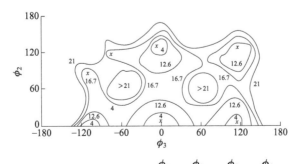

图 5.4 正戊烷构象能量图（Abe 等，1966 年），$CH_3 \!-\! CH_2 \!-\! CH_2 \!-\! CH_2 \!-\! CH_3$，$\phi_1 = \phi_4 = 0°$。极小值 X 表示，等值线用 kJ/mol 表示（1J＝4.184cal）［经 Tonelli 同意转载（1986 年）］

确定聚合物链 RIS 模型最广泛使用的方法是将旋转态统计权值作为参数，通过比较计算和测量的构象依赖性（如均方末端距 $\langle r^2 \rangle$）来确定。让我们用图 5.5 所示的乙烯基聚合物来说明这个过程。在主平面上（下）有 R 组不对称中心被称为 $d(l)$ 中心。一阶相互作用取决于单个旋转角度，如图 5.6 所示。对于像 i、t、g^+ 和 g^- 这样的 CH—CH$_2$ 键的旋转，状态被赋予统计权值 $\mu_1 = \eta$、1 和 τ，其中 η 是 CH—R 和 CH—CH$_2$ 相互作用的统计权值之比，τ 是 CH—R 和 CH—CH$_2$ 同时发生的相互作用。η、τ 和 1 是描述 CH$_2$—CH 键（如 $i+1$）的 t、g^+ 和 g^- 旋转态的一阶统计权重。对于 l 中心，g^+ 和 g^- 旋转态的一阶相互作用，及其相应的统计权值是相反的。

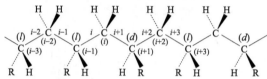

图 5.5 无规乙烯基链的一部分。根据文中约定，将非对称中心指定为 d 和 l。有关链原子的系列索引如括号所示 ［经 **Flory** 同意转载（1969 年）］

如果我们将统计权重 ω、ω' 和 ω'' 分配给 CH$_2$—CH$_2$ 或 CH—CH、R—CH$_2$ 和 R—R 之间的二阶相互作用，这些二阶相互作用依赖于两个相继的键旋转，那么我们可以为无规立构乙烯基聚合物中的每个键建立 RIS 统计权重矩阵，如图 5.5 所示。图 5.7 阐述了依赖于键旋转 ϕ_i、ϕ_{i+1} 所有的二阶相互作用 μ_2。基于一阶和二阶相互作用（μ_1，μ_2）和相应的统计权重（图 5.6 和图 5.7），我们可以引入键对 ϕ_i，ϕ_{i+1}，如图 5.5 所示，其中 U_{i+1} 的每个元素都是一阶相互作用的产物，$\mu_1 = \eta$，τ，1 取决于 ϕ_{i+1} 的二阶相互作用，$\mu_2 = 1$、ω、ω'、ω'^2、ω'' 取决于 ϕ_i 和 ϕ_{i+1}。例如，$U_{ld}(tg^+) = \mu_1(\phi_{i+1} = g^+) \times \mu_2(\phi_i = t, \phi_{i+1} = g^+) = \tau\omega''$。

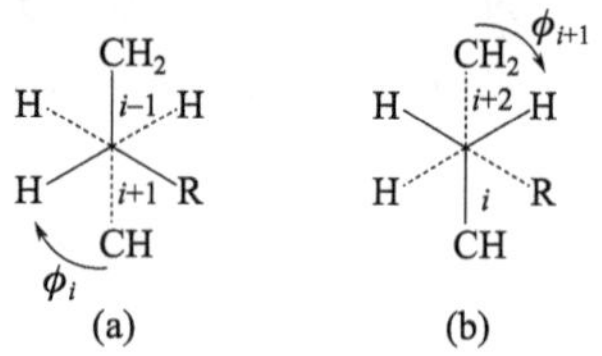

图 5.6 依赖于单个旋转角度的非键合相互作用：（a）ϕ_i；（b）ϕ_{i+1}。背景中的键，即与高索引骨架原子相连的部分 ［（a）中 $i+1$ 和（b）中 $i+2$］ 用虚线表示。两个非对称中心都表示在 d-构型中 ［经 **Flory** 同意转载（1969 年）］

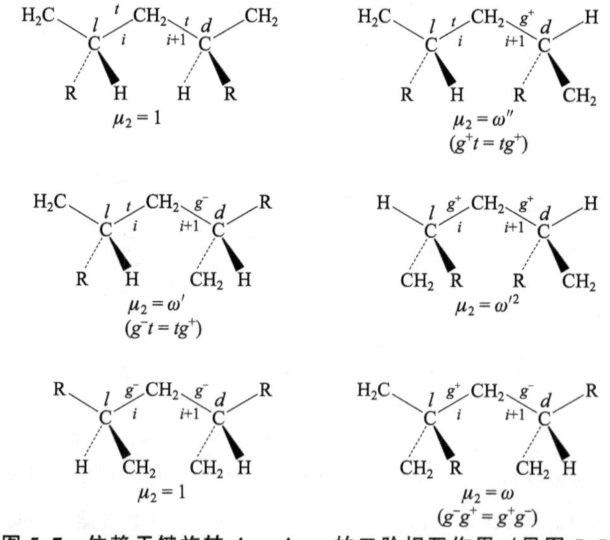

图 5.7 依赖于键旋转 ϕ_i，ϕ_{i+1} 的二阶相互作用（见图 5.5）

$$U_{i+1}=U_{ld}= \begin{array}{c} \phi_i/\phi_{i+1} \quad t \quad g^+ \quad g^- \\ \begin{array}{c} t \\ g^+ \\ g^- \end{array} \left[\begin{array}{ccc} \eta & \tau\omega'' & \omega' \\ \eta\omega'' & \tau\omega'^2 & \omega \\ \eta\omega' & \tau\omega & l \end{array} \right] \end{array} \qquad (5.8)❶$$

对于另一个外消旋二单元组（dl）和两个内消旋二单元组（dd 和 ll），可以推导出以下统计权重矩阵（Flory，1969 年；Bovey，1982 年）：

$$U_{dl}= \left[\begin{array}{ccc} \eta & \omega' & \tau\omega \\ \eta\omega' & l & \tau\omega \\ \eta\omega'' & \omega & \tau\omega'^2 \end{array} \right] \qquad (5.9)$$

$$U_{ll}= \left[\begin{array}{ccc} \eta\omega'' & l & \tau\omega' \\ \eta\omega' & \omega' & \tau\omega\omega'' \\ \eta & \omega & \tau\omega' \end{array} \right] \qquad (5.10)$$

$$U_{dd}= \left[\begin{array}{ccc} \eta\omega'' & \tau\omega' & 1 \\ \eta & \tau\omega' & \omega \\ \eta\omega' & \tau\omega\omega'' & \omega' \end{array} \right] \qquad (5.11)$$

对于不对称中心两侧的键对，可以类似地推导出两个统计权重矩阵 U_l 和 U_d：

$$U_l= \left[\begin{array}{ccc} \eta & \tau & l \\ \eta & \tau & \omega \\ \eta & \tau\omega & l \end{array} \right] \qquad (5.12)$$

$$U_d= \left[\begin{array}{ccc} \eta & l & \tau \\ \eta & l & \tau\omega \\ \eta & \omega & \tau \end{array} \right] \qquad (5.13)$$

图 5.5 表示无规立构乙烯基聚合物的一段，正是五单元组立构序列。根据式（5.6），它的构型配分函数为

$$Z=J^* U_l U_{ll} U_l U_{ld} U_d U_{dl} U_l U_{ld} U_d J \qquad (5.14)$$

在计算乙烯基聚合物的 Z 或其他构象相关性质之前，必须确定一阶 $[\mu_1(\eta,\tau)]$ 和二阶 $[\mu_2(\omega,\omega',\omega'')]$ 统计权重。这是通过比较观察到和计算得到构象相关性质，如 $\langle r^2 \rangle$、均方偶极矩 $\langle u^2 \rangle$ 等，并调整统计权重，直到一致。按照矩阵乘法（Flory，1969 年；Tonelli，1986 年）采用 RIS 统计权重矩阵 U_i，用于计算聚合物链的各种构象相关性质。

5.2.2　平均键构象

^{13}C 核磁共振化学位移的 γ-左右式效应依赖于 γ-取代基与观察的碳核在左右式排列所产生的屏蔽作用，因此我们必须确定键的构象概率，才能利用 γ-左右式效应来计算 δ^{13}C。一旦确定了给定聚合物的 RIS 模型，并用统计权重矩阵的形式表示它的每一个组成键，这就很简单了。如图 5.5 中的无规立构乙烯基聚合物片段，试问发现键 $i+2$ 为反式构象的概率是多少？答案就是比值 $Z(\phi_{i+2}=t)/Z$，Z 和 $Z(\phi_{i+2}=t)$ 由式（5.14）获得，但

❶　原文有误，已更正。——译校者注

与中央对应的键 $i+2$ 统计权重矩阵，$U_d(i+2)$，应替换为：

$$\begin{bmatrix} \eta & 0 & 0 \\ \eta & 0 & 0 \\ \eta & 0 & 0 \end{bmatrix}$$

将键 $i+2$ 的 g^+ 态和 g^- 态的统计权重赋值为 0，以获得该键处于反式构象的概率 $[P(\phi_{i+2}=t)]$。

表 5.1 给出了发现键 $i+2$（图 5.5）为反式构象的概率，计算的概率随五单元组立体序列的不同而变化（注意 ll 和 dd 二单元组为 m，ld 和 dl 单元组为 r）。在计算中假设 $R=CH_3$，即图 5.5 中的乙烯基聚合物是聚丙烯（PP）。计算中使用了 Suter 和 Flory（1975 年）为 PP 开发的 RIS 模型。依赖于含键 $i+2$ 那个五单元组的立构序列，可以得到 $P(\phi_{i+2}=t)=0.44\sim0.79$。这是局部键构象的微结构敏感性的一个代表性例子，$\gamma$-左右式效应引起 ^{13}C 核磁共振化学位移对局部聚合物微结构的敏感性。

表 5.1　发现键 ϕ 为反式构象的概率计算值

$$\begin{array}{c} \overset{\displaystyle C\quad m,r\quad C\quad m,r\quad C\quad m,r\quad C\quad m,r\quad C}{\underset{\displaystyle -C-C-C-C-C-C-C-C-C-}{\vert\quad\quad\vert\quad\quad\vert\quad\phi\vert\quad\quad\vert}} \end{array}$$

五单元组立构序列	$P(\phi=t)$
$mrmr$	0.440
$rrmr$	0.472
$mmmm$	0.523
$rmmr$	0.539
$rmmm$	0.582
$rrrr$	0.635
$mrrm$	0.685
$rrrm$	0.712
$mmrr$	0.742
$rmrm$	0.763
$mmrm$	0.792

5.3　^{13}C 核磁共振化学位移的 γ-左右式效应计算

5.3.1　小分子实例

我们选择 2,4,6-三氯庚烷（TCH）三种立体异构形式 $\delta^{13}C$ 的计算，

$$\begin{array}{c} \quad\quad Cl\quad\quad\quad Cl \\ \quad\quad\vert\quad\quad\quad\vert \\ C-C-C-C-C \end{array}$$

聚氯乙烯（PVC）的三态（t，g^+，g^-）RIS 模型是由 Williams 和 Flory（1969 年）以及 Flory 和 Pickles（1973 年）开发的，这里用来计算键旋转概率，如表 5.2 所示。PVC 的 RIS 模型特征如下：一阶和二阶相互作用的统计权重为 $\eta=4.2$，$\tau=0.45$，$\omega=\omega''=0.032$，$\omega'=0.071$；均适用于 25℃。利用这些统计权重来构造矩阵式（5.8）~式（5.13），并对 TCH 的 mm 或 I（全同立构）、$mr(rm)$ 或 H（无规立构）、和 rr 或 S（间同立构）

立体异构体的键构象概率进行估算。

表 5.2　TCH 中键旋转概率的计算值

$$\underset{\substack{\\ CH_3}}{\overset{Cl}{\underset{|}{CH}}}\ \underset{2}{\overset{Cl}{\underset{|}{CH_2}}}\ \underset{3}{\overset{Cl}{\underset{|}{CH}}}\ \underset{4}{\overset{}{CH_2}}\ \underset{5}{\overset{Cl}{\underset{|}{CH}}}\ CH_3$$

键	$P_{t,g,g}$ [①]		
	I	S	H
2	0.408	0.931	0.511
	0.571	0.065	0.471
	0.021	0.004	0.018
3	0.658	0.932	0.541
	0.320	0.063	0.441
	0.022	0.005	0.018
4	0.658	0.932	0.957
	0.320	0.063	0.039
	0.022	0.005	0.004
5	0.458	0.931	0.950
	0.521	0.065	0.046
	0.021	0.004	0.004

① $T = 25℃$。

现在来讨论 TCH 的 S 或 $rr(dld)$ 立体异构体中的中心次甲基碳（C^*），可参见图 5.8（a）所示。从纽曼投影式（b）和（c）中可看出，C^* 及其 γ-取代基（C_1、C_7、Cl）的左右式相互作用可表示如下：$\gamma_{C^*,Cl} = 1 - P(\phi_2 = t)$，$\gamma_{C^*,C7} = 1 - P(\phi_5 = t)$ 和 $\gamma_{C^*,Cl} = 2 - P(\phi_2 = g^+) - P(\phi_5 = g^-)$。因此，所有涉及 $C^*(\gamma_{C^*})$ 的 γ-左右式相互作用的净增值可表示为：

$$\gamma_{C^*} = [2 - P(\phi_2 = t) - P(\phi_5 = t)] \times \gamma_{C^*,CH_3} + [2 - P(\phi_2 = g^+) - P(\phi_5 = g^-)] \times \gamma_{C^*,Cl}$$

$$(5.15)$$

TCH 的 I 和 H 异构体中的 γ_{C^*} 也可写成类似于式（5.15）的表达式。

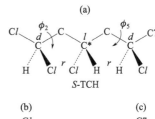

图 5.8　(a) S-TCH 为全反式平面锯齿形构象；(b) 沿 S-TCH 中键 2 的纽曼投影式；(c) 沿 S-TCH 中键 5 的纽曼投影式

图 5.9 中是对于 TCH 计算和观察到的 TCH $\delta^{13}C$ 的比较图。化学位移以棒状谱图（stick spectra）的形式表示，每一种类型碳的最远低场共振的化学位移被指定为 0.0。通过观察各种纯的立体异构体的 25-MHz 谱图，确定了 TCH 立体异构体混合物实验谱图的归属（Tonelli 等，1979 年）。用 γ-左右式效应计算得到了 $\delta^{13}C$：$\gamma_{CH,CH_2 或 CH_3} = -5$，$\gamma_{CH_2 或 CH_3,CH} = -2.5$，$\gamma_{CH,Cl} = -3$。下标 $C(S_C, H_C, I_C)$ 表示的共振对应于中心次甲基碳，并与末端次甲基共振相比出现向低场（downfield）的移动，这是因为它们有一个

额外的 β-取代基（CH）（见第 4.2.2 节），其结果为 +6.2 的去屏蔽（Tonelli 等，1979 年）。

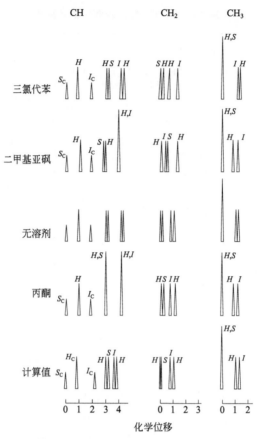

图 5.9 几种溶剂中 TCH 异构体 ^{13}C 化学位移的测定值（33℃）和计算值比较。在这三个波谱区域中，每一区域的最远低场共振的化学位移被指定为 0.0 [经 Tonelli 等同意转载（1979 年）]

注意次甲基和甲基碳所观察和计算的 δ^{13}C 之间存在密切对应关系，这与用于测量波谱的溶剂无关。另一方面，亚甲基碳的 δ^{13}C 计算值仅与丙酮中的测量值一致。亚甲基碳共振对溶剂的敏感性不是溶剂诱导构象变化的结果，因为在 TCH 中亚甲基碳和次甲基碳的 γ-左右式效应存在相同的键旋转，但是只有亚甲基碳共振对溶剂敏感。事实上，在 2,4-二氯戊烷（DCP）$C\!-\!\overset{\displaystyle Cl}{C}\!-\!C\!-\!\overset{\displaystyle Cl}{C}\!-\!C$ 中，如亚甲基碳没有 γ-取代基，但表现出对溶剂敏感的化学位移（Ando 等，1977 年）。

有趣的是 γ-左右式次甲基碳在甲基碳上产生的屏蔽 $\gamma_{CH_3,CH} = -2.5$，而 CH_3 和 CH_2 左右式排列中次甲基碳的 $\gamma_{CH,CH_2 或 CH_3} = -5$。根据我们对直链烷烃和支链烷烃的研究经验（见 4.2.3 和 4.2.4 节），我们预计 $\gamma_{CH_3,CH} = \gamma_{CH,CH_2 或 CH_3} = -5$。显然，当次甲基碳呈 γ-左右式排列时，次甲基碳上的氯原子减少了它在甲基碳上产生的屏蔽。

5.3.2 大分子实例

我们现在可以尝试计算无规立构聚氯乙烯（PVC）的 ^{13}C 核磁共振谱中所观察到的立

体序列依赖性的 $\delta^{13}C$（Tonelli 等，1979 年）。通过对 PVC 模型化合物 TCH 观测和计算的 $\delta^{13}C$ 进行比较，得出适用于 PVC 的 γ-效应，$\gamma_{CH_2, CH} = -2.5$，$\gamma_{CH, CH_2} = -5$，$\gamma_{CH, Cl} = -3$。对于次甲基碳，计算了所有五单元组立体序列的键构象概率：

$$\begin{array}{c} \text{Cl} \quad m,r \quad \text{Cl} \quad m,r \quad \text{Cl} \quad m,r \quad \text{Cl} \quad m,r \quad \text{Cl} \\ | \qquad\quad | \phi_1 \qquad | \qquad\ \phi_2 \quad | \qquad\quad | \\ \text{—C—C—C} \rangle\text{C—C}^*\text{—C} \rangle\text{C—C—C—} \end{array}$$

只考虑了影响中心次甲基（C^*）的 γ-左右式排列的键旋转 ϕ_1 和 ϕ_2。当估算控制中心亚甲基碳（C^+）γ-左右式相互作用的 ϕ_a 和 ϕ_b 的旋转状态概率时，考虑了所有的四单元组立体序列：

$$\begin{array}{c} \text{Cl} \quad\ \phi_a \text{Cl} \quad m,r \quad \text{Cl} \quad \phi_b \quad \text{Cl} \\ | \qquad | \qquad\quad | \qquad\quad | \qquad | \\ \text{—C—C} \rangle\text{C—C—C}^+\text{—C} \rangle\text{C—C—} \end{array}$$

为 PVC 开发的 RIS 模型（Williams 和 Flory，1969 年；Flory 和 Pickles，1973 年）可用来计算键的构象概率。

在图 5.10 中，将无规立构 PVC 在 90.5-MHz 下观察的 ^{13}C NMR 谱图与计算的 $\delta^{13}C$ 的棒状谱图进行比较。观察波谱上指示的归属，是从 PVC 聚合统计数据独立得到的（Carman，1973 年）（参见第 6 章对这种共振归属解析方法的解释）。通过对 TCH 异构体

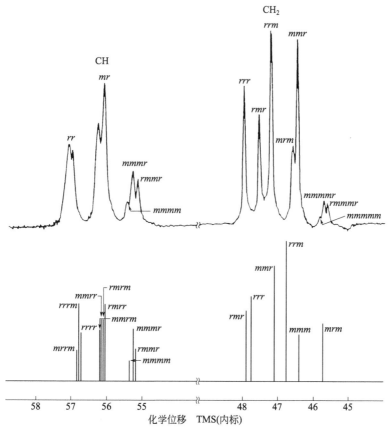

图 5.10　无规立构聚氯乙烯 120℃ 时溶解在 TCB 中的 ^{13}C NMR 实测波谱与 γ-效应计算得到的化学位移的比较［经 Tonelli 等人同意转载（1979 年）］

的^{13}C核磁共振研究，证实了计算和观察的化学位移在次甲基中的对应关系，并建立了PVC中^{13}C化学位移的γ-效应模型。

另一方面，在100% TCB（$1,2,4$-三氯苯）中测得波谱的亚甲基部分，与预估的δ^{13}C有显著差异。鉴于PVC模型化合物TCH（Tonelli等，1979年）和DCP（Ando等，1977年）的研究结果，PVC ^{13}C NMR谱中亚甲基碳的部分有溶剂依赖性并非出乎意料，有人早已指出（Ando等，1976年）。事实上，我们（Schilling和Tonelli，1979年）已经完成在TCB和二甲基亚砜的混合溶剂中的测量，可以从实验上再现对亚甲基所计算的那部分波谱。

介绍了计算^{13}C NMR化学位移的γ-左右式效应方法的几个实例之后，我们将在本书余下各章讨论这些方法在聚合物微结构测定中的应用。

（王双、成煦、杜宗良　译）

参 考 文 献

Abe, A., Jernigan, R. L, and Flory, P. J. (1966). *J. Am. Chem. Soc.* **88**, 631.

Ando, I, Kato, Y., and Nishioka, A. (1976). *Makromol. Chem.* **177**, 2759.

Ando, I, Kato, Y, Kondo, M., and Nishioka, A. (1977). *Makromol. Chem.* **178**, 803.

Bartell, L. S. and Kohl, D. A. (1963). *J. Chem. Phys.* **39**, 3097.

Birshstein, T. M. and Ptitsyn, O. B. (1966). *Conformation of acromolecules*, translated from the Russian by S. N. Timasheff and M. J. Timasheff, Wiley-Interscience, New York.

Bonham, R. A., and Bartell, L. S. (1959). *J. Am. Chem. Soc.* **81**, 3491.

Borisova, N. P. (1964). *Vysokomol. Soedin.* **6**, 135.

Bovey, F. A. (1982). *Chain Structure and Conformation of Macromolecules*, cademic Press, New York, Chapter **7**.

Carman, C. J. (1973). *Macromolecules* **6**, 725.

Flory, P. J. (1969). *Statistical Mechanics of Chain Molecules*, Wiley-Interscience, New York. 中译本：P. J. 弗洛里. 链状分子的统计力学. 吴大诚等译. 成都：四川科学技术出版社，1990, pp 1-479.

Flory, P. J. and Pickles, C. J. (1973). *J. Chem. Soc.* Faraday Trans. **269**, 632.

Hendrickson, J. B. (1961). *J. Am. Chem. Soc.* **83**, 4537.

Herschback, D. R. (1963). International Symposiun on Molecular Structure and Spectroscopy, Tokyo, 1962, Butterworths, London.

Ising, E. (1925). *Z. Phys.* **31**, 253.

Kramers, H. A. and Wannier, G. H. (1941). *Phys. Rev.* **60**, 252.

Kuchitsu, K. (1959). *J. Chem. Soc. Jpn.* **32**, 748.

Mansfield, M. L. (1983). *Macromolecules* **16**, 1863.

Mizushima, S. (1954). *Structure of Molecules and Internal Rotation*, Academic Press, New York.

Newell, G. F., and Montroll, E. W. (1953). *Rev. Mod. Phys.* **25**, 353.

Schilling, F. C. and Tonelli, A. E. (1979). Unpublished observations.

Scott, R. A. and Scheraga, H. A. (1966). *J. Chem. Phys.* **44**, 3054.

Suter, U. W. and Flory, P. J. (1975). *Macromolecules* **8**, 765.

Tonell, A. E. (1986). *Encyclopedia of Polymer Science and Engineering*, Second Ed., Wiley, New York, Vol. 4, p. 120.

Tonelli, A. E., Schillng, F. C., Starnes, W. H., Jr., Shepherd, L., and Plitz, I. M. (1979). *Macromolecules* **12**, 78.

Volkenstein, M. V. (1963). *Configurational Statistics of Polymeric Chains*, translated from the Russian by S. N. Timasheff and M. J. Timasheff, Wiley-Interscience, New York.

Williams, A. D. and Flory, P. J. (1969). *J. Am. Chem. Soc.* **91**, 3118.

Wilson, E. B., Jr. (1959). *Adv. Chem. Phys.* **2**, 367.

Wilson, E. B., Jr. (1962). *Pure Appl. Chem.* **4**, 1.

第 6 章

乙烯基聚合物中立构序列的测定

6.1 概述

对于乙烯基均聚物 $\left(CH-CH_2\right)_n$，其中 R 可以是甲基、苯基、乙酸酯、OH、Cl 和 CN 等，本章的任务是说明如何利用核磁共振波谱来确定它的立构序列构型。我们试图确定连续的次甲基碳（CH）构型的序列。乙烯基聚合物是有规立构的吗？也就是问：几乎所有单体单元是否有相同构型（全同立构），或单体单元的构型是否为交替连续（间同立构），或单体单元的立构序列是否为某种统计分布（无规立构）？正如第 1 章所述，促进探索这些问题的动力是这一事实，即乙烯基聚合物的物理性质与其微结构密切相关，其中单体单元的立构序列最为重要。

我们采用了 Bovey（1969 年）的 m，r 二单元组命名法来描述乙烯基聚合物的立构序列。在相邻单体单元对（二单元组）中，具有相同构型的称为 m（内消旋）二单元组，而具有相反构型的称为 r（外消旋）二单元组。由于对称性，碳原子核对构型序列长度的化学位移敏感性随其在单体单元中的位置而变化。亚甲基碳直接与两个不对称中心成键，因此可能对二单元组、四单元组、六单元组等具有构型敏感性，如图 6.1（a）所示。对于亚甲基和所连接的侧链碳（R）来说，下一个离其最近的碳是非对称碳，它们对构象序列的敏感性从三单元组开始，一直到五单元组、七单元组等，如图 6.1（b）部分所示。

让我们讨论每个立构序列长度可能出现的某种独特构型的数目。引入 0 和 1（或 d 和 l）来区分单体单元两种可能的构型（Price，1962 年），就很容易确定这个数目。在此基础上，有 4 种可能的二单元组：00、11、01 和 10；但事实上只有两种二单元组是独特的：m＝00＝11 和 r＝01＝10，因为次甲基碳原子并不是真正的不对称中心。孤立的 0 和 1 中心无法区分；只有相对的二单元组构型，如 00(11) 和 01(10) 是独特的。在 8(2^3) 种可能的三单元组中，只有 3 个是可区分的：mm＝111＝000，mr＝rm＝110＝001＝011＝100，rr＝101＝010。类似地，16(2^4) 种四单元组中只有 6 种是独特的：mmm＝1111＝0000，mmr＝rmm＝1110＝1000＝0111，rmr＝1001＝0110，mrm＝1100＝0011，mrr＝rrm＝1101＝0010＝0100，rrr＝1010＝0101。

一般而言（Frisch 等，1966 年），含有 n 个单体单元在观察上可区分的序列类型的数目 $N(n)$ 由下式给出

$$N(n)=2^{n-2}+2^{m-1} \tag{6.1}$$

式中对于 n 为偶数有 $m=n/2$，而 n 为奇数则有 $m=n(n-1)/2$。因此，当它们的 ^{13}C 化学位移对二单元组、三单元组、四单元组、六单元组、七单元组和更长的立构序列具有敏感性时，我们期望能够观察到，乙烯基聚合物中碳原子核的共振多达 2、3、6、10、20 和 36 种，等等（见图 6.1）。

基于初等统计学的讨论（Frisch 等，1966 年），可以得出关联各种观察到的立构序列发生概率的必要关系。表 6.1 中列出了其中一些关系。这些关系是完全普适的，并不依赖于任何特定聚合机理产生的单体加成的构型统计。因此，它们在乙烯基聚合物的核磁共振谱峰的归属上非常有用。如果任何一组归属，导致峰强度比与表 6.1 中对应的关系冲突时，则该归属不可能为正确。

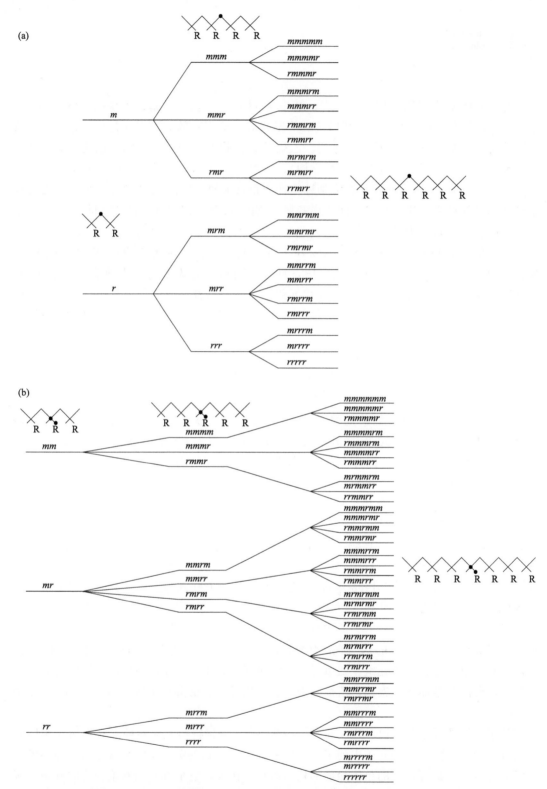

图 6.1 乙烯基聚合物 (a) 亚甲基碳从二单元组到四单元组到六单元组和 (b) 侧链碳从三单元组到五单元组到七单元组 [经 Randall 同意转载 (1977 年)]

表 6.1 序列频率之间的一些必要关系

二单元组-二单元组	$(m)+(r)=1$
三单元组-三单元组	$(mm)+(mr)+(rr)=1$
四单元组-四单元组	$sum=1$
	$(mmr)+2(rmr)=2(mrm)+(mrr)$
五单元组-五单元组	$sum=1$
	$(mmmr)+2(rmmr)=(mmrm)+(mmrr)$
	$(mrrr)+2(mrrm)=S(rrmr)+(rrmm)$
二单元组-三单元组	$(m)=(mm)+\dfrac{1}{2}(mr)$
	$(r)=(rr)+\dfrac{1}{2}(mr)$
二单元组-四单元组	$(m)=(mmm)+(mrm)+\dfrac{1}{2}(mmr)+\dfrac{1}{2}(mrr)$
	$(r)=(rrr)+(rmr)+\dfrac{1}{2}(mmr)+(mrr)$
二单元组-五单元组	$(m)=(mmmm)+(mmmr)+(rmmr)$
	$\quad+\dfrac{1}{2}(mmrm)+\dfrac{1}{2}(mmrr)+\dfrac{1}{2}(rmrm)+\dfrac{1}{2}(rmrr)$
	$(r)=(rrrr)+(mrrr)+(mrrm)$
	$\quad+\dfrac{1}{2}(mmrm)+\dfrac{1}{2}(mmrr)+\dfrac{1}{2}(rmrm)+\dfrac{1}{2}(rmrr)$
三单元组-四单元组	$(mm)=(mmmm)+\dfrac{1}{2}(mmmr)$
	$(mr)=(mmr)+2(rmr)=(rrr)+2(mrm)$
	$(rr)=(rrr)+\dfrac{1}{2}(mrr)$
三单元组-五单元组	$(mm)=(mmmm)+(mmmr)+(rmmr)$
	$(mr)=(mmrm)+(mmrr)+(rmrr)+(rmrr)$
	$(rr)=(rrrr)+(mrrr)+(mrrm)$
四单元组-五单元组	$(mmmm)=(mmmm)+\dfrac{1}{2}(mmmr)$
	$(mmr)=(mmmr)+2(rmmr)=(mmrm)+(mmrr)$
	$(rmr)=\dfrac{1}{2}(rmrm)+\dfrac{1}{2}(rmrr)$
	$(mrm)=\dfrac{1}{2}(mrmr)+\dfrac{1}{2}(mmrm)$
	$(rrm)=2(mrrm)+(mrrr)=(mmrr)+(rmrr)$
	$(rrr)=(rrrr)+\dfrac{1}{2}(mrrr)$

现在我们讨论如何利用核磁共振波谱来确定乙烯基聚合物的立构序列。可以区分为三种方法：传统方法、二维核磁共振技术和 γ-左右式效应的方法。传统方法包括模型化合物和有规立构聚合物的 NMR 观察、差向异构化研究、以及假设聚合机理的立构序列推断等，本章仅简要加以讨论。Randall（1977 年）已详细介绍，确定乙烯基聚合物立构序列的这些方法，读者可以参考 Randall 的书，以获得更多的细节和他讨论的许多实例。

现在将较详细地介绍近年来发展的二维核磁共振（2D NMR）和 γ-左右式效应测定乙烯基聚合物立构序列的方法，强调这些方法超越传统方法的优点，因此引入立构序列测定过程。这两种较新的方法不需要假设，也不需要模型化合物的研究，而这些在乙烯基聚合物立构序列的早期核磁共振研究中，通常是完全必不可少的。这些优点源于每种方法的物理基础。γ-左右式效应的方法，基于乙烯基聚合物的局部构象对其立构序列有一种依赖性，γ-左右式效应的方法正是基于这种认识；而 2D NMR 的方法（COSY），可以直接观察乙烯基聚合物的局部微结构连通性。本章下文将强调这两个特征，并将这两种方法推荐为了解乙烯基聚合物中存在的立构序列的优良方法。

6.2 传统方法

6.2.1 有规立构的聚合物

对于核磁共振测定乙烯基聚合物立构序列的传统方法，作为讨论的对象，我们选择聚丙烯（PP）。这里有如下几个原因。首先，可以合成两种有规立构形式的聚丙烯，即全同立构（i-PP）和间同立构（s-PP）。其次，已经制得 PP 的几种模型化合物，并进行^{13}C NMR 的研究。再次，有规立构聚丙烯可以差向异化来获得无规立构材料（a-PP），其立构序列为一种平衡（伯努利或随机）分布。最后，聚丙烯可以通过几种不同的方法聚合而成，得到立构序列分布差异极大的 a-PPs。基于这些原因，通过传统的核磁共振立构序列分析方法，可以完全测定 PP 的立构序列，精确到五单元组的水平。对此而言，在乙烯基聚合物中 PP 是独一无二的。随着最近高度间同立构聚苯乙烯的聚合的报道（Ishihara 等，1986 年），聚苯乙烯与聚丙烯一道成为仅有的两种乙烯基聚合物，它们能够生产两种立构规整形式，易于差向异构化。

三种 PP 样品在 25-MHz 下记录的^{13}C NMR 谱（Tonelli 和 Schilling，1981 年）示于图 6.2。利用 δ^{13}C 的 α-、β、γ-取代基效应（参见 4.2.2 节），或通过^{1}H 核共振解耦

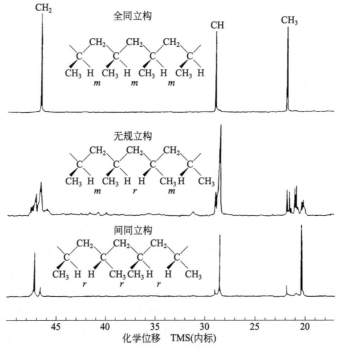

图 6.2　各种聚丙烯溶解于（0.2g/mL）1,2,4-三氯代苯（140℃）中的 25-MHz ^{13}C NMR 波谱。图中所示为 m（内消旋）和 r（外消旋）二单元组和聚合物链的立构规整度：全同立构（…$mmmmm$…），间同立构（…$rrrr$…），无规立构或称杂同立构（或称异规）（…$mmrmrrmr$…）〔经 Tonelli 和 Schilling 同意转载（1981 年）〕

（Randall，1977 年），碳类型（CH、CH_2 和 CH_3）的共振归属得以解析。通过将[1]H 解耦频率从谐振偏移约 $100 \sim 200Hz$，而不是应用宽带[1]H 噪声解耦来执行非共振[1]H 解耦，这消除了所有[13]C-[1]H 的分裂。由非共振[1]H 解耦产生的[13]C 的分裂是窄的（几赫兹），并且通常不会导致与其他碳类型的共振重叠。因为[13]C 和[1]H 都是自旋－1/2 核，它们的共振频率相差很大；[13]C-[1]H 分裂模式遵循 $n+1$ 规则（Roberts，1959 年）。因此，在非共振[1]H 解耦谱中，每个碳类型的[13]C 共振数仅为 $n+1$，即直接键合质子数加 1。

将有规立构 i-PP 和 s-PP 的[13]C NMR 谱中观察到的共振，与 a-PP 记录到的共振进行比较，可以在 a-PP 谱的每个区域识别出两个共振。这一鉴定是在 a-PP 在 90.5-MHz 记录的[13]C NMR 谱中甲基碳区域进行的，如图 6.3 所示。虽然对有规立构 PP 所观察到的共振进行比较，为阐明 a-PP 的立构序列提供了一个出发点，但在其波谱的甲基区仍有 20 多个共振有待确定。由于观察到超过 20 个共振，我们可以得出结论：在 a-PP 中的甲基碳 δ^{13}C 对七单元组立构序列是敏感的（见图 6.3 和表 6.1）。在 36 种可能的七单元组立构序列中，现在我们能够确定两种，即 $I = mmmmmm$，$S = rrrrrr$。

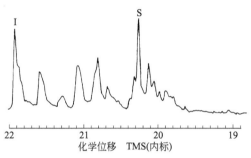

图 6.3　67℃（0.2g/mL）正庚烷溶液中无规聚丙烯甲基碳区域的 90.52-MHz ^{13}C NMR 谱 [经 Tonelli 和 Schilling 同意转载（1981 年）]

6.2.2　有规立构聚合物的差向聚合

使用适当的催化剂，一些乙烯基聚合物显示出在伪对称次甲基碳上发生构型转化（configurational inversions）的能力（Stehling 和 Knox，1975 年；Shepherd 等，1979 年；Suter 和 Neuenschwander，1981 年；Dworak 等，1985 年）。Stehling 和 Knox（1975 年）发现，在 i-PP 和 s-PP 中添加 1% 的过氧化二异丙苯和 4% 的磷酸三(2,3-二溴丙基)酯在低转化率下会导致单体单元构型发生随机的、空间确定的转化。i-PP 的差向聚合导致引入以下五单元组立构序列：

```
0  0  0  0  0    0     0  0  0  0  0
                 ↓          差向异构
0  0  0  0  0    1     0  0  0  0  0
                 ↓
0  0  0  0  1   (2)    mmmr
0  0  0  1  0   (2)    mmrr
0  0  1  0  0   (1)    mrrm
```

在 s-PP 差向聚合的情况下导致：

```
0 1 0 1 0   1   0 1 0 1 0
          ↓
0 1 0 1 0   0   0 1 0 1 0
          ↓
0 1 0 0 0   (2)      rrmm
1 0 1 0 0   (2)      rrrm
1 0 0 0 1   (1)      rmmr
```

于是，在 i-PP 和 s-PP 的 ^{13}C NMR 谱的甲基区，有规立构 PP 的差向聚合作用产生三个新的共振，其强度比为 2：2：1。因为在每一种情况下，$rmmr$ 和 $mrrm$ 共振出现在另外两个引入的五单元组共振强度的一半，所以它们很容易找到归属。通过差向异构化 i-PP 和 s-PP 的波谱的比较，可以鉴定出 $mmrr$ 共振，因为它是唯一共同产生的共振，并且出现在两个波谱中。然后默认归属为 $mrrr$ 和 $rmmm$ 的共振。在这个阶段，我们能够在十种可能的五单元组立构序列中确定七种的归属，即来自 i-PP 和 s-PP 上的 $mmmm$ 和 $rrrr$，以及差向聚合作用下的 $mmmr$、$mmrr$、$mrrm$、$rrrm$ 和 $rmmr$。

剩下的三种五单元组立构序列 $mmrm$、$rmrr$ 和 $rmrm$ 的归属，可通过五单元组-五单元组的必要关系来讨论（见表 6.1）：

$$2rmmr + mmmr = mmrm + mmrr \tag{6.2}$$

$$2mrrm + mrrr = mmrr + rmrr \tag{6.3}$$

这种归属方法的基础，是辨认 $mmrm$、$rmrr$ 和 $rmrm$ 五单元组观测强度的区别，并得出从低场到高场归属的推测：$rmrr$、$mmrm$ 和 $rmrm$。

6.2.3 模型化合物

Zambelli 等（1975 年）对 ^{13}C 标记的 PP 七单元组模型化合物进行了"精心设计"（"tour de force"）的合成和 ^{13}C NMR 研究，证实并澄清了差向聚合前后 i-PP 和 s-PP 的波谱所做的归属。对于 $3(s)$、$5(r)$、$7(rs)$、$9(rs)$、$11(rs)$、$13(r)$、$15(s)$ -七甲基十七烷（简称为 A），和 A 与 $3(s)$、$5(s)$、$7(rs)$、$9(rs)$、$11(rs)$、$13(r)$、$15(s)$-七甲基十七烷的混合物，所有 ^{13}C 富集于 9-CH$_3$ 位，允许确定 a-PP 中 9 个五单元组立构序列的归属。Zambelli 等（1975 年）结合差向聚合前后的有规立构 PP 以及 PP 七单元组模型化合物的 ^{13}C NMR 谱的结果，得出 a-PP 五单元组立构序列的归属从低场到高场排列如下：$mmmm$、$mmmr$、$rmmr$、$mmrr$、$mmrm$、$rmrr$、$rmrm$、$mrrm$、$mrrr$ 和 $rrrr$。

6.2.4 假定的聚合机理

乙烯基聚合物波谱中的 ^{13}C NMR 化学位移归属解析，通常是比较立构序列共振的观察强度与聚合机理统计模型预期的强度来辅助完成的。乙烯基聚合的两种模型如图 6.4 所示（Bovey，1972 年）。在单体的"随机加成"或伯努利聚合中，添加单体形成内消旋，或 m 二单元组的概率 P_m 与之前添加的单体单元的构型无关。因此，形成 r 二单元组的概率是 $P_r = 1 - P_m - A$。只有当 $P_m = P_r = 0.5$ 时，立构序列为伯努利分布的乙烯基聚合物，才具有构型上的随机性。各种立构序列的布居数可以从 P_m 或者 P_r 直接得出。例如，$m = P_m$，$r = 1 - P_m$，$mm = P_m^2$，$mr = 2P_m(1 - P_m)$，$rr = (1 - P_m)^2$，$mrm = P_m$

$(1-P_m)P_m=P_m^2(1-P_m)$，和 $rmmr=(1-P_m)P_mP_m(1-P_m)=P_m^2(1-P_m)^2$。为了检查乙烯基聚合物 ^{13}C 核磁共振归属与伯努利立构序列分布的一致性，我们必须将所归属峰的观测强度与伯努利实验预测的强度进行比较。

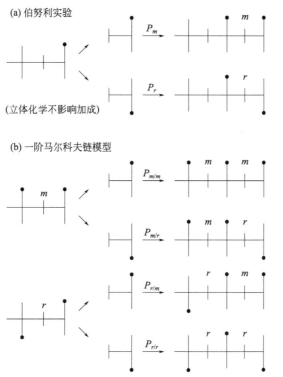

图 6.4　伯努利实验和一阶马尔科夫链增长过程示意图［经 Bovey（1972 年）同意转载］

　　在上一章（见 5.3.2 节）中，我们讨论了聚氯乙烯（PVC）的 ^{13}C NMR 谱，也提到了 Carman（1973 年）通过将观测的与聚合统计学预测的共振强度进行比较，确定了波谱归属。他发现，波谱中次甲基碳和亚甲基碳这两个区域，都可用伯努利分布描述立构序列，其 $P_m=0.45$，离完全随机的分布也不是太远。

　　如果在聚合过程中，加成单体单元的构型取决于先前加成单元的构型，那么所得的立构序列，由马尔可夫统计学控制［参见图 6.4（b）］。图 6.4（b）描述了一阶马尔可夫聚合，其中只有前一个二单元组的构型影响下一个二单元组的形成。这种聚合分类方案的特征，是条件概率 $P_{m/r}$、$P_{m/m}$、$P_{r/m}$ 和 $P_{r/r}$，例如 $P_{r/m}$ 是向 r 链末端加成 m 二单元组的概率。当然，有 $P_{m/r}+P_{m/m}=P_{r/m}+P_{r/r}=1.0$。立构序列的布居数可以用这些条件概率表示（Bovey，1972 年），如

$$mm=\frac{P_{m/m}+P_{r/m}}{P_{m/r}+P_{r/m}} \tag{6.4}$$

$$mrm=\frac{P_{m/r}P_{r/m}^2}{P_{m/r}+P_{r/m}} \tag{6.5}$$

$$mrmm=\frac{2P_{m/r}P_{r/m}^2(1-P_{m/r})}{P_{m/r}(1-P_{r/m})+2P_{m/r}P_{r/m}+P_{r/m}(1-P_{m/r})} \tag{6.6}$$

正如在聚氯乙烯[13]C NMR谱中观察的，立构序列频率（强度）与伯努利实验预测的频率相吻合，其他聚合物，尤其是离子引发聚合的聚合物，往往具有一阶马尔可夫统计学描述的立构序列（Randall，1977年）。对于无法制得有规立构形式的无规立构乙烯基聚合物，或者尚未合成适当模型化合物的情况下，将观察到的共振强度与聚合模型的统计预测进行比较，有时可以在很大程度上帮助分析它们的立构序列。

6.3 二维核磁共振测定乙烯基聚合物立构序列

自1971年由Jeener首次提出二维J-相关谱（COSY）以来，它已被广泛应用于蛋白质、多肽、核酸和合成聚合物的核磁共振波谱的共振归属［如Wüthrich（1986年）；Bovey和Mirau（1988年）］。这是2D COSY波谱学连接彼此J-耦合自旋能力的结果，产生的波谱，是分子内整个耦合网络的图谱（见第3章3.5节）。在这里，我们只讨论2D COSY波谱用于确定乙烯基聚合物的立构序列。

工业生产的聚氟乙烯（PVF）$+CH_2—CHF+$是一种高结晶的透明塑料，其中含有大量的（约10%）头-头：尾-尾单体单元［Wilson和Santee（1965年）；Tonelli等（1982年）］。Cais和Kometani（1984年）通过原脱氯前体聚合物聚1-氟，1-氯乙烯$+CH_2—CFCl+$与三正丁基锡氢化物还原脱氯，能够生产完全不含反相单体单元的全同区域（isoregic）PVF。Bruch等（1984年）将2D COSY实验应用于不同PVF的[19]F NMR谱。与[13]C核磁共振谱一样，^{19}F NMR谱对聚合物的微结构比[1]H NMR谱更敏感（见3.6节）。

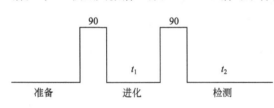

图6.5 二维J-相关脉冲序列

2D COSY实验的脉冲序列简化如图6.5所示（另见图3.9）。宽带质子去耦器在整个序列期间保持开启，以去除广泛的[19]F-[1]H标量J-耦合。随着演化时间t_1的系统增加，在t_2过程中检测到自由感应衰减，生成一个在两个维度上都是傅里叶变换的数据矩阵，给出一个二维谱，分别是t_1和t_2过程中两个进动频率f_1和f_2的函数。那些不交换磁化的氟原子具有$f_1 = f_2$，且出现在沿对应$f_1 = f_2$的对角线上的标准谱图中。通过J-耦合交换磁化的氟原子核，其最终频率与初始进动频率不同或$f_1 \neq f_2$。这些耦合的氟化物产生非对角峰。具有正常进动频率f_a和f_b的两个J-耦合氟原子核的COSY谱由（f_a，f_a）和（f_b，f_b）处的两个对角峰和（f_a，f_b）和（f_b，f_a）处的两个非对角峰组成。尽管与对角峰相比强度降低，但非对角峰或交叉峰在2D COSY谱中包含了有用的信息。通过匹配所有的交叉峰对，可以通过J-耦合建立自旋连通性。

在188-MHz测得的全同区域PVF的[19]F NMR谱（Bruch等，1984年）如图6.6所示。三单元组立构序列mm、$mr(rm)$和rr由Weigert（1971年），通过类比于无规立构聚丙烯的[13]C NMR谱，和Tonelli等（1982年）使用预测[19]F NMR化学位移的γ-左右式效应方法确定（参见第7章）。由于共振的相对强度表明几乎是随机无规的伯努利立构序列（$P_m = 0.48$），五单元组很难在此基础上进行。然而，Bruch等（1984年）通过使用[19]F 2D COSY波谱，完成了所有的十种五单元组归属。

相邻的氟原子之间的四键 J-偶联（约 7 Hz），虽然太小，而无法在常规的 ^{19}F NMR 谱中分辨（图 6.6），线宽约为 14 Hz，但足以在 COSY 谱中产生交叉峰。由于在共享一种六单元组的五单元组序列中，中心对氟原子之间存在耦合，因此这些交叉峰可以用来进行立构序列的分配。例如，在下列指定的氟原子之间的四键耦合，将导致 $rmmr$ 和 $mmrm$ 五单元组共振在 COSY 谱中的交叉峰。所有的十种五单元组归属都可以从这样的 J-耦合中明确地得到。

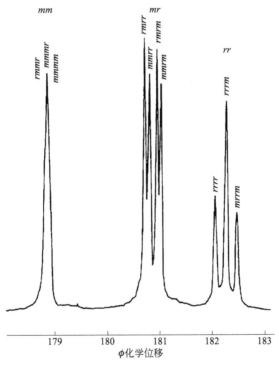

图 6.7 为同分异构 PVF 的 ^{19}F 2D COSY 谱。Cais 和 Komentani（1984 年）已经证明，三个高场核磁共振对应于以 rr-为中心的五单元组。没有这个独立的归属，很难在 rr- 和 mm-中心的五单元组中进行选择，因为这个 PVF 的 $P_m = 0.48$。因为 $rrrr$ 五单元组只能与 $rrrm$ 五单元组耦联，所以它很容易识别，因此 $rrrm$ 必须是中心峰。此时，$mrrm$ 共振必须是最远的高场。

图 6.6 中的五单元组谱图

图 6.6　11% 的全同区域聚氟乙烯 DMF-d$_7$ 溶液在 130℃ 的 188MHz ^{19}F 能谱。采用宽带质子解耦技术去除 ^{19}F-^{1}H 耦合［经 Bruch 等（1984 年）同意转载］。ϕ 与 CFCl$_3$ 比较

在以 $mmrr$ 为中心的中心区域，预计只有一个五单元组 $mmrr$ 分别通过 $rrrm$、$mrrm$ 和 mmmr、$rmmr$ 五单元组耦合到以 rr-和 mm-为中心的区域。这是第二远的低场 mr 共振。唯一可以耦合到 rr 区域的其他共振是 $rmrr$，因此它必须是最远的低场峰值。类似地，$mmrm$ 是最远的高场共振，因为除了 $mmrr$，它是唯一可以耦合到 mm 区域的其他峰

值。此时，第二远的高场共振是 rmrm，并且正如预期的那样，它只耦合到 mr 区域。

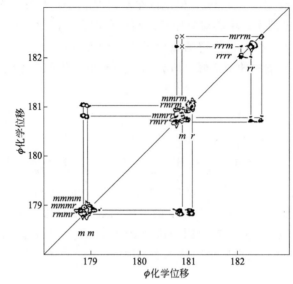

图 6.7　11％的全同区域聚氟乙烯 DMF-d7 溶液在 130℃ 的 188-MHz ¹⁹F 二维 J-相关谱［经 Bruch 等（1984 年）许可转载］

在正常的 ¹⁹F NMR 谱（图 6.6）中，所有以 mm 为中心的五单元组，似乎具有相同的化学位移。然而，在 COSY 谱中发现了以 mm 为中心的五单元组精细结构。图 6.7mm 区域的切片如图 6.8 所示，其中沿着虚线、对角线的三个峰是明显的。只有最远的高场峰被解耦联到 mr 区域，因此被分配到 mmmm 五单元组。根据相对强度，即 mmmr： rmmr＝2∶1，mmmr 必须为中心峰，并且为最远的低场共振。

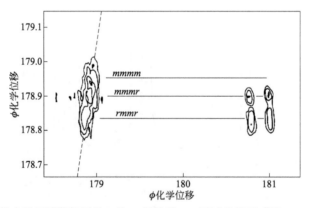

图 6.8　图 6.7 所示的全同区域聚氟乙烯二维 J-相关谱 mm 区域的扩展［经 Bruch 等（1984 年）许可转载］

除了在这个几乎随机的 PVF（P_m＝0.48）中发现的，以 mm 和 rr 为中心的共振之间的模糊性外，所有的五单元组共振分配都是在单一的 2D COSY 实验。这是在没有合成 PVF 模型化合物，或有规立构 PVF 的情况下实现的，并且生动地说明了 2D NMR 在确定聚合物微结构方面的能力。此外，目前存在 ¹H-¹³C 异核位移相关的二维核磁共振技术

（Bax，1983 年），它允许明确分配属于乙烯基聚合物中 m 和 r 二单元组的共振。这些技术的成功在于，观察到 m-二单元组中的亚甲基质子是磁不等价的，而属于 r-二单元组的亚甲基质子是简并的（见第 3.2 节）。Chang 等（1985 年）最近应用这些技术来识别聚酯（乙烯胺）中属于 m 和 r 二单元组的 ^{1}H 和 ^{13}C 共振。

6.4 γ-左右式效应方法的应用

通过 γ-左右式效应预测并确定 ^{13}C 化学位移归属的例子，我们来结束利用核磁共振技术确定乙烯基聚合物立构序列的讨论。研究表明（6.2.1 节，图 6.3），无规立构聚丙烯（a-PP）的 ^{13}C NMR 谱对甲基区域的七单元组立构序列具有灵敏性。在图 6.9 中，对于 a-PP 的七单元组，用纽曼投影式，详细说明甲基参与的 γ-左右式相互作用。十分明显，在 t 和 g^- 主链构象中，甲基对于 γ-取代基，或主链的 α-亚甲基是左右式的。为了预测 a-PP 中甲基碳预期的 ^{13}C 化学位移，我们只需要计算 36 种七单元组立构序列中，每个主链键反式和左右式的概率。

采用 Suter-Flory（1975 年）对 PP 的 RIS 模型，将 CH_3 对其 γ-取代基（C_α）呈左右式排列的最终概率，乘以这种排列产生的屏蔽（$\gamma_{CH_3,C_\alpha} = -5$），我们得出预测的甲基 ^{13}C 化学位移，以棒状波谱形式示于图 6.10 的底部。

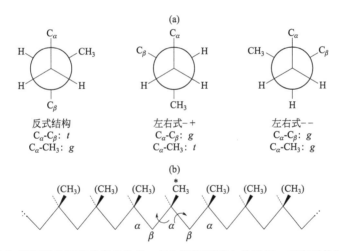

图 6.9　（a）聚丙烯链四碳片段的构象；（b）聚丙烯链七单元组，观察到的甲基标记为 *

因为计算 ^{13}C 化学位移的 γ-左右式效应方法只能预测依赖于立构序列的相对化学位移，所以，我们可以自由地平移计算的位移并与观察的波谱进行比较，使其与观察的 δ^{13}C 最佳吻合。在图 6.10 中已经这样做了，其中观察与计算的甲基 δ^{13}C 之间的一致性已用于立构序列的归属解析，并在图上标出。在 a-PP 的 ^{13}C NMR 波谱的甲基区域，已经实现将共振的 γ-左右式效应方法，按照七单元组立构序列进行归属解析，无需依赖 PP 模型化合物或有规立构 PP 的研究，也无需假设一个特定的统计模型，来描述在聚合过程中产生立构序列的频率。

借助使观测的 ^{13}C 化学位移与 γ-左右式效应方法预测的化学位移值达到一致，我们不仅确定了这种聚合物的微结构（立构序列），而且还严格地检验了包含在 RIS 模型中的构象特征。显然，将观察的^{13}C核磁共振谱，与用γ-左右式效应方法计算的δ^{13}C的波谱进行比较，有可能推测出乙烯基聚合物的构象特征。这种方法已成功地用于检验几种乙烯基聚合物的局部构象特征（Tonelli，1978年a，b；1979年；1985年；Tonelli 和 Schilling，1981年）。

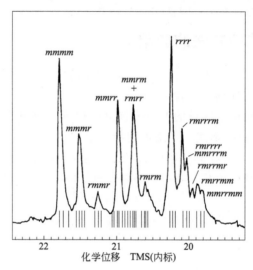

图 6.10 在 100℃ 的 1, 2, 4-三氯苯中观察到的无规聚丙烯的 90-MHz 甲基^{13}C 谱 ［经 **Schilling** 和 **Tonelli** （1980 年）许可转载］

6.5 从立构序列分析确定乙烯基聚合机理

在对于a-PP^{13}C核磁共振谱的甲基区域中观察的共振，按照适当的七单元组立构序列建立归属解析后，有人可能会问，这种详细的构型信息有什么用？通过分析观察的共振强度，我们可以确定是否有简单的统计模型可以描述a-PP的聚合，如伯努利或马尔可夫统计（见 6.2.4 节）。在图 6.11 中，通过假设洛伦兹峰在半高度小于 0.1 宽度，从而获得模拟波谱（Tonelli 和 Schilling，1981 年），使用γ-左右式效应方法，计算了 36 种七单元组的化学位移。然后调整这些七单元组峰的相对强度或高度，以获得对观测波谱的最佳模拟。

比较图 6.11 上的谱线清楚表明，基于对七单元组立构序列的所有共振，都可能计算并进行归属解析，我们已经成功模拟了a-PP 的^{13}C NMR 谱的甲基区域。因此，通过这个成功的模拟，我们知道，在a-PP 样品中，七单元组立构序列的每一种究竟有多少。当我们将这些七单元组立构序列平均频率，与第 6.2.4 节中提到的简单统计模型预测的七单元组立构序列平均频率进行比较时，我们可以得出，我们的a-PP 样品，不能用任何简单的统计聚合模型来描述，例如伯努利统计或一阶马尔可夫统计（Schilling 和 Tonelli，1980 年）。

Inoue 等 （1984 年）随后证明，丙烯 Ziegler-Natta 聚合的双位点模型 （Zakharov 等，1983 年），适合描述在a-PP 中观察的立构序列分布。在其中一个位点上，单体加成符合伯努利统计；而在另一个位点，多数单体单元只可能采用两种构型 （0，1 或 d，l） 中的一种进行加成。

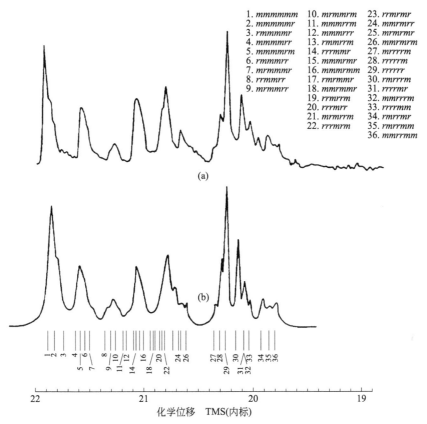

1. *mmmmmm*　10. *mrmmrm*　23. *rrmrmr*
2. *mmmmmr*　11. *mmmrrm*　24. *mmrmrr*
3. *rmmmmr*　12. *mmmrrr*　25. *mrmrmr*
4. *mmmmrr*　13. *rmmrrm*　26. *mmrmrm*
5. *mmmmrm*　14. *rrrmmr*　27. *mrrrrm*
6. *rmmmrr*　15. *mmmrmr*　28. *rrrrrm*
7. *mrmmrr*　16. *mmmrrm*　29. *rrrrrr*
8. *rrmmrr*　17. *rmmrmr*　30. *rmrrrm*
9. *mrmmrr*　18. *mmrrmr*　31. *rrrrmr*
　　　　　19. *rrmrrm*　32. *mrrrrm*
　　　　　20. *rrrmrr*　33. *rrrrmm*
　　　　　21. *mrmrrm*　34. *rmrmrr*
　　　　　22. *rrrmrm*　35. *mmmrrm*
　　　　　　　　　　　36. *mmrrmm*

(a)

(b)

22　　　　21　　化学位移　TMS(内标)　20　　　　19

图 6.11　（a）无规聚丙烯中甲基碳区域在 67℃ （0.2g/mL）正庚烷溶液中的 90.52-MHz[13]C NMR 谱；（b）由计算的化学位移得到的模拟波谱，如下面的线谱所示。假设洛伦兹峰在半高处的宽度小于 0.1 ［经 Tonelli 和 Schilling （1981 年）许可转载］

　　我们可以看到，乙烯基聚合物的 γ-左右式效应预测[13]C NMR 化学位移，可对其[13]C NMR 波谱进行归属解析，也提供了一次机会，去检验或推导 RIS 模型所需的构象特征，还可能对其聚合统计也进行检验。

（王双、杜晓声、杜宗良　译）

参 考 文 献

Bax，A.（1983）. *J. Magn. Reson.* **53**，517.

Bovey，F. A.（1969）. *Polymer Conformation and Configuration*，Academic Press，New York.

Bovey，F. A.（1972）. *High Resolution NMR of Macromolecules*，Academic Press，New York.

Bovey，F. A.（1982）. *Chain Structure and Conformation of Macromolecules*，Academic Press，New York.

Bovey，F. A. and Mirau，P. A.（1988）. *Accts. Chem.* Res. **21**，37.

Bruch，M. D. Bovey，F. A.，and Cais，R. E.（1984）. *Macromolecules* **17**，2547.

Cais，R. Eand Kometani，J. M.（1984）. *In NMR and Macromolecules*，J. C. Randall，Ed，Symp. Ser. No. 247，Am. Chem. Soc. ，Washington，D. C. ，p. 153.

Carman，C. J.（1973）. *Macromolecules* **6**，725.

Chang，C，Muccio，D. D，and St. Pierre，T.（1985）. *Macromolecules* **18**，2334.

Dworak, A, Freeman, W. J, and Harwood, H. J. (1985). *Polymer J.* **17**, 351.

Frisch, H. L. , Mallows, C. L, and Bovey, F. A(1966). *J. Chem. Phys.* **45**, 1565.

Inoue, Y, Itabashi, Y, Chaja, R, and Doi, Y. (1984). *Polymer* **25**,1640.

Ishihara, N, Semimiya, T, Kuramoto, M, and Uoi, M. (1986). *Macromolecules* **19**, 2464.

Jeener, J. (1971). Presented at Ampere International Summer School, Basko Polje, Yugoslavia.

Price, F. P. (1962). *J. Chem. Phys.* **36**, 209.

Randall, J. C. (1977). *Polymer Sequence Determination*, Academic Press, New York.

Roberts, J. D. (1959). *Nuclear Magnetic Resonance: Applications to Organic Chemistry*, McGraw-Hill, New York, Chapter 3.

Schilling, F. C. and Tonelli, A. E. (1980). *Macromolecules* **13**, 270.

Shepherd, L, Chen, T. K, and Harwood, H. J. (1979). *Polym. Bul.* **1**, 445.

Stehling, F. C. and Knox, J. R. (1975). *Macromolecules* **8**, 595.

Suter, U. W . and Flory, P. J. (1975). *Macromolecules* **8**, 765.

Suter, U. W. and Neuenschwander, P. (1981). *Macromolecules* **14**, 528.

Tonelli, A. E. (1978a). *Macromolecules* **11**, 565.

Tonelli, A. E. (1978b). *Macromolecules* **11**, 634.

Tonelli, A. E. (1979). *Macromolecules* **12**, 255.

Tonelli, A. E. (1985). *Macromolecules* **18**, 1086.

Tonelli, A. E. and Schilling, F. C. (1981). *Accts. Chem. Res.* **14**, 233.

Tonelli, A. E, Schilling, F. C, and Cais, R. E. (1982). *Macromolecules* **15**, 849.

Weigert, F. (1971). *J. Org. Magn. Reson.* **3**, 373.

Wilson, C. W, III, and Santee, E. R, Jr. (1965). *J. Polym. Sci. Part C* **8**, 97.

Withrich, K. (1986). *NMR of Proteins and Nucleic Acids*, Wiley, New York. Zakharov, V. A. , Bukatov, G. P, and Yermakov, Y. I. (1983). *Adv. Polym. Sci.* **51**, 61.

Zambelli, A. , Locatelli, P, Bajo, G, and Bovey, F. A. (1975). *Macromolecules* **8**, 687.

第 7 章

聚合物的微结构缺陷

7.1 引言

在聚合过程中，当每个单体单元加入增长的聚合物链端时，单体可能以非单一结构进入聚合物链。如第 6 章所讨论的，以乙烯基聚合物中单体单元链增长的立构序列为例，每个单体可能以两种不同的方式加成，形成 m 和 r 二单元组。如果所有单体的加成均以同样的方式，即全部为 m 或全部为 r，则得到全同立构或间同立构的乙烯基聚合物。而无规立构的乙烯基聚合物，其 m 或 r 二单元组的序列具有某种分布，它们被认为具有微结构缺陷。

非对称取代乙烯基单体（CHR＝CH_2）加成进入增长链，或者称为链增长，原则上可取下列两种方式之一：

$$(a)\ \cdots\!-\!CH_2\!-\!\underset{\underset{\textstyle R}{\big|}}{CH}\!-\!CH_2\!-\!\underset{\underset{\textstyle R}{\big|}}{CH}\!-\!CH_2\!-\!\underset{\underset{\textstyle R}{\big|}}{CH}\!-\!CH_2\!-\!\underset{\underset{\textstyle R}{\big|}}{CH}\!-\!\cdots$$

$$(b)\ \cdots\!-\!CH_2\!-\!\underset{\underset{\textstyle R}{\big|}}{CH}\!-\!\underset{\underset{\textstyle R}{\big|}}{CH}\!-\!CH_2\!-\!CH_2\!-\!\underset{\underset{\textstyle R}{\big|}}{CH}\!-\!\underset{\underset{\textstyle R}{\big|}}{CH}\!-\!CH_2\!-\!\cdots$$

其中（a）是头-尾（H-T），（b）是头-头：尾-尾（H-H：T-T）。按实际观察，非对称取代乙烯基单体单元更加倾向于以头-尾（H-T）连接的方式链增长，而头-头：尾-尾（H-H：T-T）链增长通常归结于偶然反向的单元：

$$\cdots\!-\!CH_2\!-\!\underset{\underset{\textstyle R}{\big|}}{CH}\!-\!CH_2\!-\!\underset{\underset{\textstyle R}{\big|}}{CH}\!-\!\underset{\underset{\textstyle R}{\big|}}{CH}\!-\!CH_2\!-\!CH_2\!-\!\underset{\underset{\textstyle R}{\big|}}{CH}\!-\!CH_2\!-\!\underset{\underset{\textstyle R}{\big|}}{CH}\!-\!\cdots$$

当讨论含氟聚乙烯（PVF）的立构序列时，已经提到在工业聚合过程中约 10% 的单体加成是反向的。这种含氟聚乙烯立构序列是不常见的（Tonelli 等，1982 年），因为绝大多数非对称取代乙烯基单体聚合物占优势是全同区域（isoregic）的序列，仅包含极少的反向单体单元。

在聚合过程中支化反应通常导致另一种微结构缺陷。例如，假若在乙烯（CH_2＝CH_2）聚合过程中，聚合物链生长端的自由基，可通过脱氢反应转移到聚合物链内部的单元，则在随后的单体聚合过程中形成支链：

$$\sim\!CH_2\!-\!CH_2\!-\!CH_2\!-\!CH_2\!-\!CH_2\cdot \longrightarrow \sim\!\underset{\underset{\textstyle CH_2}{\underset{\big|}{\overset{\textstyle CH_2}{\overset{\big|}{}}}}}{CH_2}\ \ \underset{\underset{\big|}{\textstyle CH_2}}{\overset{}{}}\!\cdot\ \longrightarrow \sim\!\underset{\underset{\textstyle (CH_2)_3}{\underset{\big|}{\overset{\textstyle CH_3}{\overset{\big|}{}}}}}{CH}\cdot\ \xrightarrow{+C_2H_4}\ \sim\!\underset{\underset{\textstyle (CH_2)_3}{\underset{\big|}{\overset{\textstyle CH_3}{\overset{\big|}{}}}}}{CH}\!-\!CH_2\!-\!CH_2\cdot$$

如此引入聚乙烯中的支化频率和类型如表 7.1 所示。显然，长支链不仅可视为微结构缺陷，而且是聚合物整体三维宏观结构的重要组成部分。

表 7.1　高压聚乙烯中的支化[①]

支化形式	支化数量/1000 主链碳
—CH_3	0.0
—CH_2CH_3	1.0

支化形式	支化数量/1000 主链碳
—$CH_2CH_2CH_3$	0.0
—$CH_2CH_2CH_2CH_3$	9.6
—$CH_2CH_2CH_2CH_2CH_3$	3.6
己基或更长	$\dfrac{5.6}{19.8}$

①Bovey 和 Kwei（1979 年）。

尽管我们不再进一步讨论这类聚合物，但二烯类单体的聚合还可以产生几何异构、立体化学异构和区域化学异构的各种组合。丁二烯（$CH_2 = CH—CH = CH_2$）可以 1,4-(a)或 1,2-(b) 的方式链增长，得到（a）顺式（Z）或（b）反式（E）结构；还有全同立构序列（c）或间同立构序列（d）：

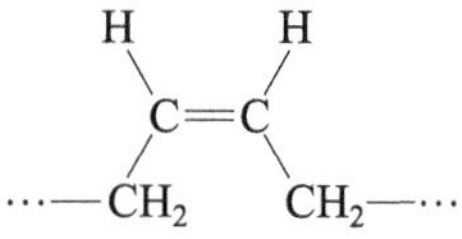

1,4-顺式(Z)　　　　　　　1,4-反式(E)
(a)　　　　　　　　　　　(b)

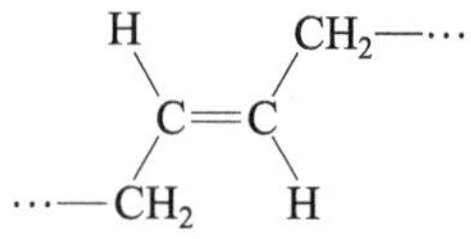

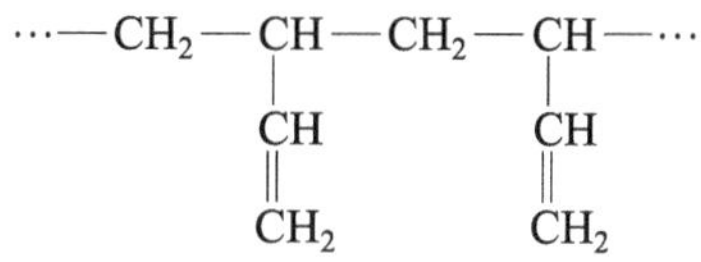

1,2-全同立构　　　　　　　1,2-间同立构
(c)　　　　　　　　　　　(d)

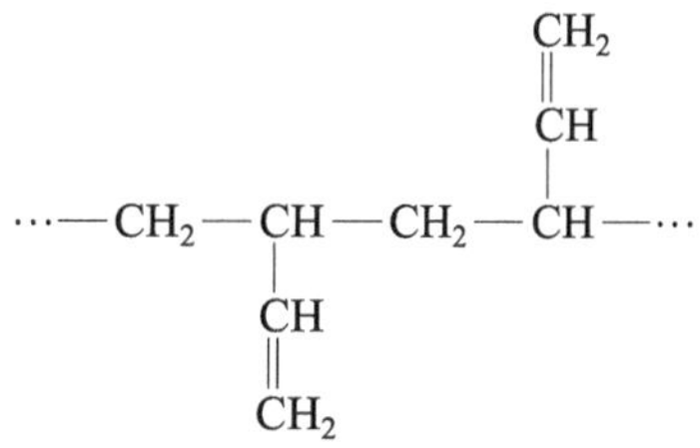

取代二烯单体甚至可以产生更复杂的结构，组合所有三种异构形式（Bovey 等，1982 年）。

在本章中，我们集中讨论利用 NMR 研究单体反向以及由此产生的各种微结构或区域序列。聚偏氟乙烯（PVF_2）和聚环氧丙烷（PPO）这两种聚合物将作为对象，来举例说明用于解析含有反向单体单元聚合物的区域序列的技术。在这些技术中，将强调预测 ^{13}C 和 ^{19}F 化学位移的 γ-左右式效应方法及其在确定聚合物区域序列中的用途。

7.2　确定 PVF_2 的区域序列

通常，通过自由基聚合获得的聚偏氟乙烯（PVF_2）$+CF_2—CH_2+$ 不是完全区域规整的（regioregular）。在聚合过程中引入偶然反向的单体，导致产生 3.5%～6% 比例的缺陷或区域不规整度（regioirregularity）（Görlitz 等，1973 年）。Cais 和 Kometani（1983 年，1985 年）通过还原聚（1,1-二氯-2,2-二氟乙烯），合成了完全区域规整的 PVF_2。该

PVF$_2$ 没有反向单体单元。共聚偏氟乙烯样品中含有多达 23％的缺陷为 1-氯-2,2-二氟乙烯或 1-溴-2,2-二氟乙烯，然后用三正丁基锡氢化物还原脱卤。正如随后将讨论的那样，对于具有高缺陷含量的样品，用二维 NMR（^{19}F COSY）研究 PVF$_2$ 中的区域序列的方法是可靠的。

7.2.1 ^{13}C NMR

直接键合的 ^{13}C 和 ^{19}F 核之间的自旋-自旋耦合通常消除了由不同含氟聚合物微结构产生的 ^{13}C NMR 化学位移色散的详细结构。只有在 PVF$_2$ 和 PVF 的常见 ^{1}H-解耦 ^{13}C 核磁共振谱的亚甲基碳区域才能区分 ^{19}F 耦合和微结构对 ^{13}C 化学位移色散的影响。通常的 PVF$_2$ 的 ^{1}H-解耦 ^{13}C NMR 谱如图 7.1 所示（Bovey 等，1977 年）。注意缺陷共振为 E、F 和 G：

$$\cdots\!-\!\mathrm{CH_2CF_2CH_2CF_2CH_2CF_2CF_2CH_2CH_2CF_2CH_2CF_2}\!-\!\cdots$$

（上方标注：E G F）

与反向单体单元相对应（其归属将在下面列出）。

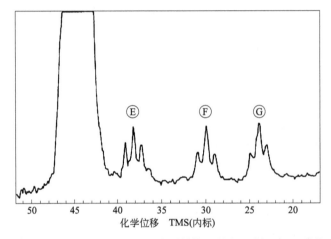

图 7.1　0.3g/mL 的碳酸亚乙酯溶液在 90℃ 下观察到的聚（偏氟乙烯）CH$_2$ 碳的 25MHz 谱。中心在大约 45 的非常宽的共振峰是正常的头-尾相连序列。文本中确定了"缺陷"的共振峰信号为 E、F 和 G［经 Bovey 等（1977 年）许可转载］

每个亚甲基碳共振都是多重态的；H-T 和 E 共振是五重态的，因为有四个相邻的氟；而 F 和 G 是三重态的，因为它们只有两个相邻的氟。Schilling（1982 年）开发了一种三重态共振方法来测量含氟聚合物的 ^{13}C NMR 谱，可以消除 ^{13}C-^{1}H 和 ^{13}C-^{19}F 二者的 J-耦合。这是通过同时观察碳核对质子核和氟核进行宽带解耦来实现的，并由此产生 ^{13}C NMR 谱，其中所有碳核完全解耦并且表现为单一共振。图 7.2 为 Schilling（1982 年）通过三重态共振技术获得的 PVF$_2$（Tonelli 等，1981 年）完全解耦的 ^{13}C NMR 谱。该谱图中没有出现通常的 ^{19}F 耦合 ^{13}C 共振的多重态模式。甚至 CF$_2$ 中两个直接键合的氟没有共振信号，而且其碳共振信号也显示为单峰。基于消除 ^{1}H 和 ^{19}F J-耦合的 ^{13}C NMR 谱，如图 7.2 所示，我们现在可以开始分析 PVF$_2$ 的区域序列结构。

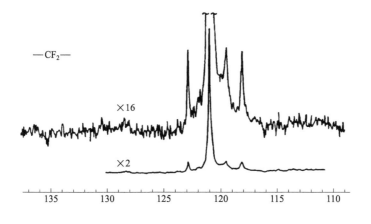

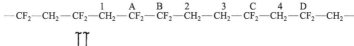

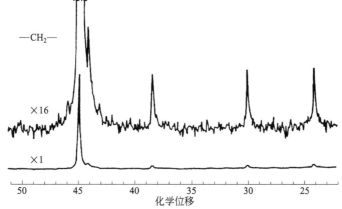

图 7.2　PVF$_2$ 的 22.5-MHz ^{13}C NMR 三重共振波谱［经 Tonelli 等（1981 年）许可转载］

由于在 PVF$_2$ 中没有不对称性中心，这简化了对其区域序列缺陷结构的分析。偶然的单体反向产生头-头：尾-尾（H-H：T-T）缺陷，清楚显示从亚甲基碳区的区域规整的头-尾（H-T）共振向高场位移的 4 个共振 -0.8、-8、-15 和 -21，以及相对于 H-T CF 峰在 1.8、-1.5 和 -2.9 处的 3 个共振（见图 7.2）。基于下列 PVF$_2$ 片段，

$$-\mathrm{CF_2}\overset{a}{-}\mathrm{CH_2}\overset{b}{-}\mathrm{CF_2}\overset{c}{-}\overset{1}{\mathrm{CH_2}}\overset{d}{-}\overset{A}{\mathrm{CF_2}}\overset{e}{-}\overset{B}{\mathrm{CF_2}}\overset{f}{-}\overset{2}{\mathrm{CH_2}}\overset{g}{-}\overset{3}{\mathrm{CH_2}}\overset{h}{-}\overset{C}{\mathrm{CF_2}}\overset{i}{-}\overset{4}{\mathrm{CH_2}}\overset{j}{-}\overset{D}{\mathrm{CF_2}}\overset{k}{-}\mathrm{CH_2}-$$

对于 H-T 亚甲基碳的化学位移 $\delta_{\mathrm{CH_2}}$，以及在 H-H：T-T 缺陷附近甲基碳的化学位移，根据基于 β- 和 γ-取代基效应，以及确定 γ-左右式效应频率的键旋转概率 P，我们（Tonelli 等，1981 年）可以写出下列表达式：

$$\delta_{\mathrm{CH_2}}^{\mathrm{H\text{-}T}}=2(1-P_{\mathrm{t}})\gamma_{\mathrm{CH_2,CF_2}} \tag{7.1}$$

$$\delta_{\mathrm{CH_2}}^{1}=(1-P_{\mathrm{b,t}})\gamma_{\mathrm{CH_2,CF_2}}+(1-P_{\mathrm{e,t}})\gamma_{\mathrm{CH_2,CH_2}}+(1+P_{\mathrm{e,t}})\gamma_{\mathrm{CH_2,F}} \tag{7.2}$$

$$\delta_{\mathrm{CH_2}}^{2}=(2-P_{\mathrm{e,t}}-P_{\mathrm{h,t}})\gamma_{\mathrm{CH_2,CH_2}}+(2+P_{\mathrm{e,t}}+P_{\mathrm{h,t}})\gamma_{\mathrm{CH_2,F}}-\beta_{\mathrm{CH_2,F_2}} \tag{7.3}$$

$$\delta_{\mathrm{CH_2}}^{3}=(2-P_{\mathrm{f,t}}-P_{\mathrm{i,t}})\gamma_{\mathrm{CH_2,CF_2}}+(1+P_{\mathrm{f,t}})\gamma_{\mathrm{CH_2,F}}-\beta_{\mathrm{CH_2,F_2}} \tag{7.4}$$

$$\delta_{\mathrm{CH_2}}^{4}=(1-P_{\mathrm{h,t}})\gamma_{\mathrm{CH_2,CH_2}}+(1-P_{\mathrm{k,t}})\gamma_{\mathrm{CH_2,CF_2}} \tag{7.5}$$

作为一个例子，让我们来推导 T-T 亚甲基碳 CH_2 的 ^{13}C 化学位移的表达式（7.4）。上面显示的 PVF_2 片段中的键 f 和 i 的纽曼投影式如图 7.3 所示。这些键的旋转控制着 $\overset{3}{C}H_2$ 的 γ-左右式相互作用。当键 f 和 i 处于旋转状态（$g^\pm$）时，$\overset{3}{C}H_2$ 对 $\overset{A}{C}F_2$ 和 $\overset{D}{C}F_2$ 有 γ-左右式相互作用。因此，在式 7.4 中，一项为 $(2-P_{f,t}-P_{i,t}) \times \gamma_{CH_2,CF_2}$。另外，当 $\phi_f=g^\pm$ 时，$\overset{3}{C}H_2$ 对 F 有 γ-左右式相互作用，当 $\phi_f=t$ 时，$\overset{3}{C}H_2$ 对两个 F 有 γ-左右式相互作用。因此，一项 $(1+P_{f,t}) \times \gamma_{CH_2,F}$ 归因于所有的氟在 $\overset{3}{C}H_2$ 处屏蔽。与 H-T 亚甲基碳相比，T-T CH_2（2 和 3）具有两个更少的 β-氟取代基，这得出式（7.4）中的一项 $-\beta_{CH_2,F_2}$。

由 H-T 和 H-H：T-T PVF_2 发展的 RIS 构象模型，已经获得键旋转概率 P_t、$P_{b,t}$、$P_{e,t}$、$P_{f,t}$、$P_{h,t}$、$P_{i,t}$ 和 $P_{k,t}$（Tonelli，1976 年）。由于 P_t(H-T)$=P_{k,t}$(H-H：T-T)（见图 7.3），H-H：T-T 亚甲基碳 4 与 H-T 亚甲基的 ^{13}C 化学位移之差减小为 $\delta^4_{CH_2}-\delta^{H-T}_{CH_2}=(1-P_{h,t}) \times \gamma_{CH_2,CH_2}-(1-P_t) \times \gamma_{CH_2,CF_2}=0.348\gamma_{CH_2,CH_2}-0.48\gamma_{CH_2,CF_2}$。正如从烃类聚合物的 ^{13}C 核磁共振研究中所得到的结果（见第 4 章）：$\gamma_{CH_2,CH_2}=-5.3$，于是得出 $\delta^4_{CH_2}-\delta^{H-T}_{CH_2}=-1.85-0.48\gamma_{CH_2,CF_2}$。假如 $\delta^{H-T}_{CH_2}$ 缺陷共振的归属较 $\delta^4_{CH_2}$ 向高场移动 -7、-15 或 -21（见图 7.2），那么 γ_{CH_2,CF_2} 将分别应为 -11、-27 或 -40，结果才能必须使 $\delta^4_{CH_2}-\delta^{H-T}_{CH_2}$ 等于 -0.8。根据氯乙烯低聚物、均聚物和共聚物的核磁分析经验（Tonelli 等，1979 年；Tonelli 和 Schilling，1981 年），γ-左右式 CF_2 基团（γ_{CH_2,CF_2}）对 CH_2 产生的屏蔽值如此之大（-11 至 -40）显然是不合理的。因此，根据 $\delta^4_{CH_2}-\delta^{H-T}_{CH_2}=-0.8=-1.85-0.48\gamma_{CH_2,CF_2}$，得到 $\gamma_{CH_2,CF_2}=-2.2$。

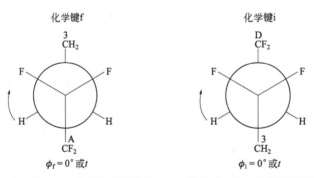

$$-CF_2\overset{a}{-}CH_2\overset{b}{-}CF_2\overset{c}{-}\overset{1}{C}H_2\overset{d}{-}\overset{A}{C}F_2\overset{e}{-}\overset{B}{C}F_2\overset{f}{-}\overset{2}{C}H_2\overset{g}{-}\overset{3}{C}H_2\overset{h}{-}\overset{C}{C}F_2\overset{i}{-}\overset{4}{C}H_2\overset{j}{-}\overset{D}{C}F_2\overset{k}{-}CH_2-$$

图 7.3　含反向单体单元 PVF_2 片段中 f 和 i 键的纽曼投影式

H-H：T-T 亚甲基 2 和 3 在高场方向必须离 H-T CH_2 最远，因为它们具有两个屏蔽较小的 β-氟取代基。通过扣除 $\delta^1_{CH_2}-\delta^{H-T}_{CH_2}=-7$，结果得出 $\gamma_{CH_2,F}=-3.8$。对于 γ-氟烷的屏蔽，$\overset{2}{C}H_2$ 的作用是 $\overset{3}{C}H_2$ 的两倍，所以得出 $\delta^2_{CH_2}-\delta^{H-T}_{CH_2}=-21$，以及 $\delta^3_{CH_2}-\delta^{H-T}_{CH_2}=-15$。这些表达式结果得出 $\beta_{CH_2,F_2}=+8$。在下列图 7.4 所示的 PVF_2 亚甲基 ^{13}C 核磁共振的线谱图中，通过比较 H-T 和 H-H：T-T 亚甲基碳的观测化学位移，得出 β-效应和 γ-效应（$\beta_{CH_2,F_2}=+8$，$\gamma_{CH_2,CF_2}=-2.2$ 以及 $\gamma_{CH_2,CF}=-3.8$）。

与上述对 CH_2 碳进行的分析类似，当将其应用于 CF_2 的季碳[13]C 化学位移时，可得出计算线波谱，绘于图 7.4 PVF_2 波谱图中观测 CF_2 区域的下方。通过比较观测和计算的 CF_2 化学位移，可以推导出取代基效应如下：$\gamma_{CF_2,C} = -2.1$，$\gamma_{CF_2,F} = -1.4$ 和 $\beta_{CF_2,F_2} = -5$。CF_2 碳的 γ-效应只有控制 CH_2 碳化学位移的 γ-效应的二分之一。

对于在 PVF_2 中 CH_2 的碳和 CF_2 的碳的化学位移，在 β-位置的一对氟原子产生的效应存在更为显著的差异：$\beta_{CH_2,F_2} = +8$ 和 $\beta_{CF_2,F_2} = -5$。正如通常对于 β-取代基观测的（Stothers，1972 年），β-氟原子能使 CH_2 碳去屏蔽；但是 CF_2 碳却能被 β-氟原子屏蔽。这种 β-氟取代基效应对所观测的碳上氟取代度的依赖性，把氟换成氯也同样观测得到（Tonelli 等，1981 年）。乙烷及其所有九种氯化衍生物的[13]C 核磁共振波谱的测量得出以下实验结果：$\beta_{1,2,3}^0 = +12.2$、$+26.3$ 和 $+40.0$；$\beta_{1,2,3}^1 = +4.0$、$+10.4$ 和 $+19.0$；$\beta_{1,2,3}^2 = +1.3$、$+4.9$ 和 $+10.6$；以及 $\beta_{1,2,3}^3 = +1.0$、$+4.4$ 和 $+9.9$，这里举一个例，β_2^1 代表两个 β-Cl 取代基对 α-Cl 单取代碳的[13]C 化学位移的效应。

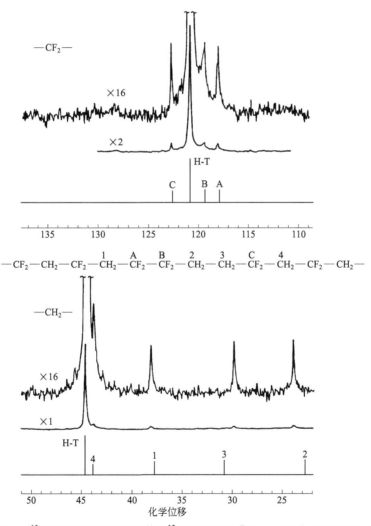

图 7.4　PVF_2 的[13]C 核磁共振谱以及计算的[13]C 化学位移［经 Tonelli 等（1981 年）许可转载］

为了进一步验证由一对 β-氟原子产生的对 CF_2 碳的屏蔽效应的有效性，以及 γ-碳和氟原子对 CF_2 的屏蔽效应，我们计算了全氟辛烷中的中心碳原子预期的 ^{13}C 化学位移，并将其与 PVF_2 中的 CF_2 化学位移进行了比较。PVF_2 中推测的 CF_2 碳 β- 和 γ-效应，可以与 Bates 和 Stockmayer（1968 年）对于全氟烷烃和聚四氟乙烯推导和试验的构象 RIS 模型一起使用。PVF_2 中的 H-T CF_2 碳和 H-H：T-T CF_2 碳没有 β-氟取代基（见图 7.4），而 PVF_2 中的 H-H：T-T CF_2 碳 A 和 B 以及中心碳全氟辛烷（PFO）中分别含有两个和四个 β-氟原子。对于 H-T CF_2（PVF_2）、H-H：T-T(A、B、C)(PVF_2) 和 PFO，计算了其中 CF_2 碳的 ^{13}C 相对化学位移如下：$\delta_{CF_2}^{PFO} - \delta_{CF_2}^{A} = -6.6$，$\delta_{CF_2}^{PFO} - \delta_{CF_2}^{B} = -8.1$，$\delta_{CF_2}^{PFO} - \delta_{CF_2}^{H-T} = -9.5$ 和 $\delta_{CF_2}^{PFO} - \delta_{CF_2}^{C} = -11.3$。这些 ^{13}C 化学位移与 Lyerla 和 VanderHart（1976 年）曾报道，PVF_2 中的 CF_2 碳和纯 PFO 中的中心 CF_2 碳有：$\delta_{CF_2}^{PFO} - \delta_{CF_2}^{A} = -6.2$，$\delta_{CF_2}^{PFO} - \delta_{CF_2}^{B} = -7.7$，$\delta_{CF_2}^{PFO} - \delta_{CF_2}^{H-T} = -9.1$ 和 $\delta_{CF_2}^{PFO} - \delta_{CF_2}^{C} = -11.0$；与上述计算值十分相近。这个比较增强了我们的信心，PVF_2 中对于 CF_2 碳的确产生 β- 和 γ-取代基效应，并可用于分析其他含氟聚合物的 ^{13}C NMR 谱（Tonelli 等，1981 年）。

7.2.2　^{19}F NMR

对于含有少量反向单元的 PVF_2〔含有 3.2% H-H：T-T 单体单元，通过缺陷（H-H：T-T）和正常（H-T）单元共振的积分而获得（Tonelli 等，1981 年）〕的 ^{13}C NMR 谱图，已经成功分析，对于相同 PVF_2 样品，我们现在尝试解析它的 ^{19}F NMR 谱，确定归属。在 84.6MHz 下测量的 PVF_2 的 ^{19}F NMR 波谱如图 7.5（a）所示。H-T 氟的主共振为 91.6（相对于 $CFCl_3$），三个小共振出现在由此向高场位移 3.2、22.0 和 24.0 处，它们归属于 H-H：T-T 反向单元的氟原子核（Wilson，1963 年；Wilson 和 Santee，1965 年）。

对于 PVF_2 的结构片段表示如下：

$$-CF_2\overset{a}{-}CH_2\overset{b}{-}\overset{1}{CF_2}\overset{c}{-}CH_2\overset{d}{-}\overset{2}{CF_2}\overset{e}{-}\overset{3}{CF_2}\overset{f}{-}CH_2\overset{g}{-}CH_2\overset{h}{-}\overset{4}{CF_2}\overset{i}{-}CH_2\overset{j}{-}CF_2\overset{k}{-}CH_2-$$

根据 γ-效应（$\gamma_{F,F}$ 和 $\gamma_{F,C}$）以及决定它们的 γ-左右式效应的频率的键旋转概率（P），我们可以写出在 H-T 和 H-H：T-T 中氟原子的 ^{19}F NMR 相对化学位移（δ_F）的表达式：

$$\delta_F^{H-T} = (1 + P_t)\gamma_{F,C} \tag{7.6}$$

$$\delta_F^2 = (1 + 0.5P_{t,d} + 0.5P_{t,e})\gamma_{F,C} + (1.5 - 0.5P_{t,e})\gamma_{F,F} \tag{7.7}$$

$$\delta_F^3 = (1 + 0.5P_{t,e} + 0.5P_{t,f})\gamma_{F,C} + (1.5 - 0.5P_{t,e})\gamma_{F,F} \tag{7.8}$$

$$\delta_F^4 = (1 + 0.5P_{t,h} + 0.5P_{t,i})\gamma_{F,C} \tag{7.9}$$

比较式（7.6）与式（7.9）表明：δ_F^{H-T} 和 δ_F^4 最相近。因此，$\delta_F^4 - \delta_F^{H-T} = 3.2$，这直接得出 $\gamma_{F,C} = +30$（屏蔽）。通过扣除 $|\delta_F^2 - \delta_F^3| = 2$，得出 $\gamma_{F,F} = +15$。将 $\gamma_{F,F} = 15$ 和 $\gamma_{F,C} = 30$ 代入式 7.6~7.9，得到图 7.5（c）中计算的 δ_F，与低场强度下的实测波谱（a）有很高的匹配性。

在 188-MHz 时，PVF_2 的 ^{19}F 核磁共振谱中出现了四个额外的缺陷共振（1、5、6 和 7）〔参见图 7.5（b）〕。Ferguson 和 Brame（1979 年）报道称也观察到了这些额外的缺陷峰，并根据各种饱和、部分氟化的线形烷烃中观察到的 CF_2 共振产生的 α-、β 和 γ-取代基效应，将它们暂时归属于图 7.5（b）绘出的缺陷结构。除 δ_F^{H-T}、δ_F^2、δ_F^3 和 δ_F^4 之外，还计算了 1、5、6 和 7 位的缺陷 CF_2 氟的 ^{19}F 化学位移。^{19}F 化学位移的 γ-效应（γ_{F,CH_2}、γ_{F,CF_2} 和 $\gamma_{F,F}$）由最小二乘法拟合，以使观测与计算的 δ_F 产生最好的一致性〔见图 7.5（b）和（c）〕。采用 $\gamma_{F,CH_2}=\gamma_{F,CF_2}=\gamma_{F,C}=25\sim30$ 和 $\gamma_{F,F}=15$，得出了最好的一致性，证实了 Ferguson 和 Brame（1979 年）提出的归属假定，也证实了在较低场强度下观察到的 2、3 和 4 位缺陷共振产生的 γ-左右式效应。

测定缺陷共振的强度，并与所有观测得到的共振总强度比较，得出在该 PVF_2 样品中存在 3.4％的 H-H：T-T 预估缺陷。这与前面使用 ^{13}C 核磁共振分析描述的 3.2％缺陷估计值有很好的吻合性。

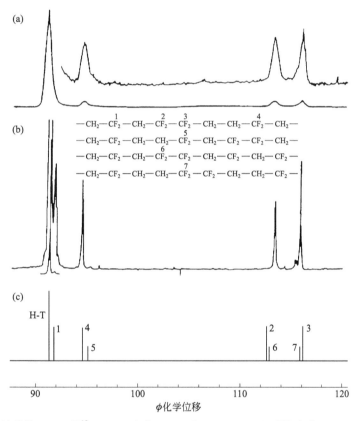

图 7.5　观测和计算的 PVF2 的 ^{19}F NMR 波谱：（a）在 84.6-MHz 观测的波谱；（b）在 188.2-MHz 观测的波谱；（c）计算的波谱。（a）中的垂直扩展为 ×8，（b）为 ×40〔经 Tonelli 等（1982 年）许可转载〕

7.2.3　2D ^{19}F NMR

2D ^{19}F NMR J-耦合（COSY）实验很难在含有 3％～6％反向单元的商业 PVF_2 样品上进行（Ferguson 和 Ovenall，1984 年；Cais 和 Kometani，1985 年）。H-H：T-T 共振峰强度很弱，因此 2D 交叉峰容易与由主 H-T 等峰辐射的强脊（Bax，1982 年）产生的伪

影相混淆。然而，Cais 和 Kometani（1985 年）合成了高灵敏度的 PVF$_2$（高达 23％ 的缺陷），并且能够通过使用 J-耦合（2D COSY）^{19}F NMR 波谱，以绝对的方式验证其 ^{19}F NMR 波谱中的主要立构序列归属。

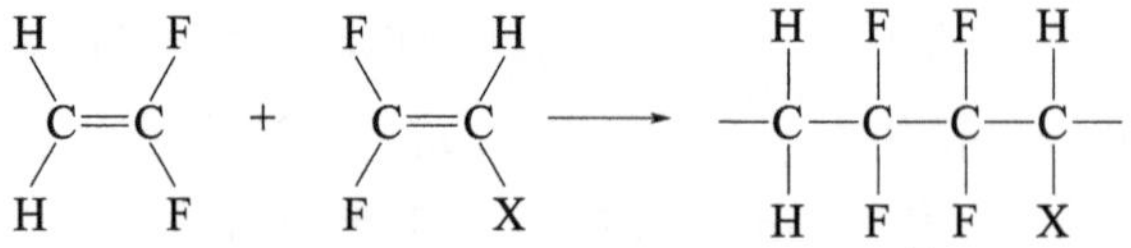

Cais 和 Kometani（1985 年）利用上列图示 I 所述合成方法获得高灵敏度的 PVF$_2$。他们发现，当氯化和溴化单体受到生长自由基 CH$_2$—CF$_2$· 攻击反应时，只是排他性地攻击 CF$_2$ 的碳原子，因此在用三正丁基锡氢化物还原脱卤后，它们在上列图示 II 聚合物中变成反向的 VF$_2$ 单元，这是 PVF$_2$ 的一种区域异构体。可以通过改变初始共聚物单体的投料比来控制引入的反向 H-H：T-T 单元所占的比例。三种可溶性 PVF$_2$ 样品的 470-MHz ^{19}F NMR 波谱如图 7.6 所示。PVF$_2$ 区域序列的共振归属与 Ferguson 和 Brame（1979 年）和 Tonelli 等（1982 年）提出的相同。

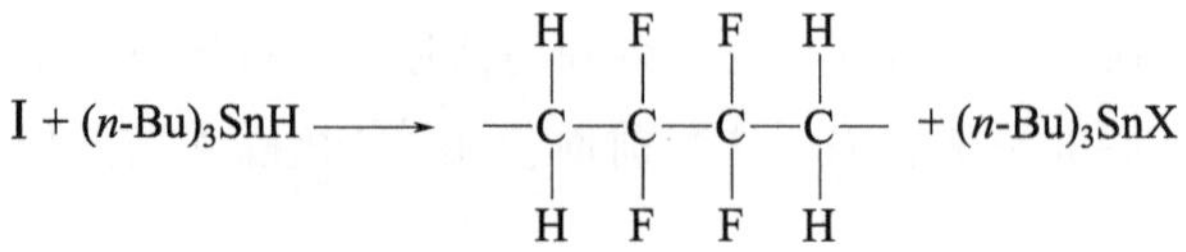

具有 18％ 反向单位缺陷的 PVF 的二维 J-耦合（2D COSY）^{19}F NMR 谱如图 7.7 所示。非对角线或交叉峰表现出氟原子对之间的连通性，其具有通过三个（连位）或四个键传递的非零标量耦合（Bruch 等，1984 年）。长程耦合可以忽略不计，而且由于 PVF$_2$ 中的氟原子对在磁性上是等效的，因此没有观察到预期的大双键耦合（Cais 和 Kometani，1984 年）。观察到的交叉峰可以根据图 7.6 所示的一维 ^{19}F NMR 谱图中指定的七单元组区域序列进行合理化。

当允许三键和四键同核 ^{19}F 耦合时，可以方便地检测出七单元组的区域序列并确定它们的连通图。必要的连接是 A-B、A-C、B-C、B-E、B-F、D-E、D-F（四键）和 E-H（三键）。由 Ferguson 和 Brame（1979 年）提出同时，由 Tonelli 等（1982 年）根据经验计算如图 7.6 所示的 A-H 区域序列归属的正确性，现在可以通过 2D COSY 实验进行严格测试。

除 B-F 之外，在图 7.7 中观测到所有预期的关联，只能在有两个相邻反向单元的区域序列 0202022020（0＝CH$_2$，2＝CF$_2$）中才能建立 B-F 的关联。因为—CF$_2$—CHX—单元在前体共聚物中从不相邻（Cais 和 Kometani，1985 年），两次连续单体反向的可能性很低，因此交叉峰很弱，并且在 2D COSY 实验中没有观测到。

峰 A 和峰 G（Cais 和 Kometani，1983 年和 1985 年）的归属是从全同区域和间同区域（交替乙烯-四氟乙烯共聚物）模型聚合物获得的。在确定了这两个归属并使用图 7.7 中观测的关联之后，Cais 和 Kometani（1985 年）能够唯一地确定 B、C、D、E、F 和 H 峰的归属，如图中所示。这些结果与过去发表的工作完全一致（Ferguson 和 Brame，1979 年；Tonelli 等，1982 年；Cais 和 Sloane，1983 年）。

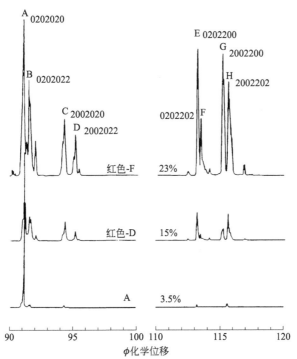

图 7.6 具有 3.5%（样品 A）、15%（红色-D）和 23%（红色-F）缺陷的 PVF$_2$ 质子去耦 470-MHz ^{19}F NMR 波谱。样品浓度为 10% 的二甲基甲酰胺-d_7 溶液在 25℃ 和 JEOL GX-500 波谱仪上进行测量。扫描宽度为 20kHz，132K 点，并且使用 90°（8-μs）脉冲累积 800 次瞬态，脉冲延迟为 10s。根据 Cais 和 Sloane（1983 年）的报道，八个不同的区域序列七单元组（A-H）被指定为所示的碳序列（0＝CH$_2$，2＝CF$_2$）。大多数七单元组峰具有四重精细结构，表明对 11-碳序列（单体序列-六价原子）具有更高阶的灵敏度。这三个波谱是垂直缩放的，因此每个等深峰 A 具有相同的强度 ［经 Cais 和 Kometani（1985 年）许可转载］

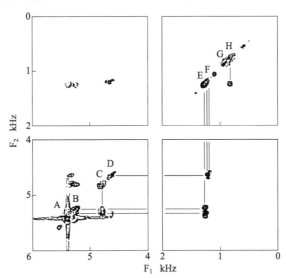

图 7.7 18% 缺陷的 10%PVF$_2$ 二甲基酰胺-d_7 聚合物溶液的 188-MHz^{19}F 二维 J-核相关波谱的绝对值等高线图。在 30℃ 和带有宽带质子去耦的 Varidn XL-200 上进行测量。256 个波谱中的每一个有 64 个瞬态，共有 1024 个点，在两个维度上均覆盖 7000Hz。中心区域（2000Hz×2000Hz）不包含信号，为了清晰起见已移除 ［经 Cais 和 Kometani（1985 年）许可转载］

7.3 PPO 中的区域序列缺陷

环氧丙烷（CH₃CHCH₂，结构带有一个O环）由于具有不对称的次甲基碳，因此存在 R 和 S 两种光学形态。如果在聚合过程中，只有环状单体中只有一个 C—O 键被切开，那么就可能在区域规则头-尾（H-T）PPO 聚合物中生成四种不同的立体化学三单元组。这些 H-T 三单元组以平面锯齿形投影如下所示：

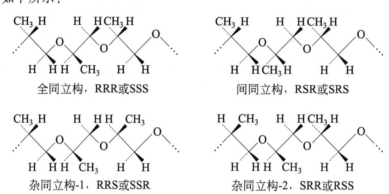

然而，如果在开环聚合中（Price 和 Osgan，1956 年；Price 等，1967 年），环氧丙烷中的两个 C—O 键都被切开，那么除了上面的 H-T PPO 三单元组外，对于 PPO 还可能有三种加成结构，三单元组或区域序列。下图举例说明所有 R 区域异构体，其中 H-T、H-H、T-T 和 T-H 标明相邻单体的方向，而 H 是单体单元的次甲基末端，T 是它的亚甲基末端。具有 H-H 和 T-T 加成的这些区域不规则三单元组的每一种，可以在立体化学基础上进一步细分，如上面针对区域规则 H-T 三单元组所分析的那样。因此，当区域序列和立构序列二者都要考虑时，在 PPO 中可能存在 16 种独特的结构三单元组。

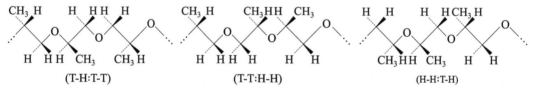

值得一提的是，与区域序列（H-T、H-H、T-T）无关，m-二单元组由 RR 或 SS 相邻单元组成，而 r-二单元组由 RS 或 SR 相邻单元组成。但是，H-T m-二单元组中的甲基位于平面锯齿形投影的对侧，而在 H-H 和 T-T m-二单元组中的甲基则位于同侧。当二单元组是 H-T 时，二单元组中的甲基在主链的同一侧；但当二元体是 H-H 和 T-T 时，甲基则在反侧。在区域序列中的不对称中心有数个键隔开，H-T 有 3 个键，而 H-H 或 T-T 有 2 个或 4 个键，直接导致出这样的结果。

因为 PPO 重复单元含有三个质子（两个亚甲基和一个次甲基），其共振重叠很多，要确定 PPO 的微结构，不可能使用[1]H NMR 波谱（Ramey 和 Field，1964 年；Tani 等，1968 年；Hirano 等，1972 年；Oguni 等，1973 年 a，b；Bruch 等，1985 年），甚至在 500-MHz 也不行（Bruch 等，1985 年）。次甲基碳的氘化简化了 PPO 的[1]H NMR 波谱

（Tani 等，1968 年；Hirano 等，1972 年；Oguni 等，1973 年 a，b），同样二维 ^{1}H NMR 波谱（Bruch 等，1985 年）也可以使重叠质子共振更加明显分离。然而，即使应用这些专门的合成和波谱技术，也未能完全成功地确认 PPO 中存在的微结构。

正如我们已经看到，一般来说，^{13}C NMR 比 ^{1}H NMR 有波谱分辨率更高的潜力，可能更适合分析 PPO 微结构（Schaefer，1969 年；Oguni 等，1972 年，1979 年；Lapeyre 等，1973 年；Uryu，1973 年）。对于区域规整（全部为 H-T）的 PPO，已经实现这种预期的实验，其中 CH 和 CH_2 碳共振相隔约 2，并且能够明确无误解析 PPO 立构序列的归属（Oguni 等，1979 年）。然而，正如我们在此将会指出的那样，区域不规则（H-T、H-H、T-T）PPO 中的次甲基和亚甲基碳共振确实存在重叠（Schilling 和 Tonelli，1986 年）。

PPO 中的次甲基和亚甲基碳具有相同数量和类型的 α- 和 β-取代基（CH→2α-C，1α-O，1β-C 和 1β-O；CH_2→1α-C，1α-O，2β-C 和 1β-O），与它们是否为 H-T、H-H 或 T-T 单元的一部分完全无关（参见上述三单元组表示）。由于 α- 和 β-碳取代基产生的碳核去屏蔽效应几乎相同（约 +9；参见第 4.2.2 节），PPO 中 CH 和 CH_2 碳的相对 ^{13}C 化学位移应仅取决于它们 γ-左右式相互作用。在区域规则的 PPO 中，H-T 次甲基碳具有两个 γ-取代基（2CH），亚甲基碳具有三个 γ-取代基（2CH_2，1CH_3）。因此我们期望，亚甲基碳相对于次甲基碳的共振信号向高场位移（约 2），所观测的正是如此（Oguni 等，1979 年）。我们在区域不规则的 PPO 中，H-H 次甲基碳具有三个 γ-取代基（2 个 CH_2 和 1 个 CH_3 或是 1 个 CH，1 个 CH_2 和 1 个 CH_3），H-T 亚甲基碳也是如此，并且 T-T 亚甲基碳具有两个 γ-取代基（2 个 CH 或 1 个 CH 和 1 个 CH_2），如 H-T 次甲基碳一样。

因此，基于它们具有相同数量和类型的 α-、β- 和 γ-取代基，我们期望：H-H 次甲基与 H-T 亚甲基碳共振以及 T-T 亚甲基与 H-T 次甲基共振发生重叠。在对于 PPO 使用 ^{13}C NMR 的早期研究中（Oguni 等，1979 年），在解析 H-H：T-T 缺陷碳的共振信号归属中产生了混淆，当环氧丙烷开环时，催化剂偶然断开 CH—O 键，而不是断开 CH_2—O 键，就生成出这些缺陷。对于次甲基和亚甲基共振混合的可能性，也没有考虑。此外，低分子量样品的波谱分析必须考虑链端结构上碳核的贡献。

在 PPO 的 ^{13}C NMR 波谱中，我们的方法（Schilling 和 Tonelli，1986 年）的第一步是定义出每种共振所代表的碳的类型，即次甲基、亚甲基或甲基。应用 DEPT 和 INEPT 脉冲编辑技术［参见第 3.3 节和 Derome（1987 年）］允许实现这一目标。第二步是通过分析不同分子量的 PPO 样品，能够解析属于端基碳核共振信号的归属。第三步，即是最后一步，是使用下述 γ-左右式效应对 δ^{13}C 的计算，来解析 H-H 和 T-T 缺陷共振的归属。

PPO 中的碳核被碳和氧的 γ-取代基所屏蔽。通过对烷烃及其含氧衍生物的 ^{13}C 核磁共振研究［见第 4.2.3 节和 Stothers（1972 年）］，当碳原子核在 PPO 中呈左右式排列时，C 和 O 的 γ-取代基产生的屏蔽可能为 $\gamma_{C,C}$＝−4 到−5 和 $\gamma_{C,O}$＝−6 到−8。

根据 Abe 等（1979 年）开发的 RIS 模型，计算 PPO 的键构象概率，从而确定了此类 γ-左右式的排列数目。对区域规整（H-T）PPO 开发的构象表述进行了修改，以便计算在 PPO 的 H-H 和 T-T 部分中键的概率。通过用 γ-左右式效应方法计算 PPO 中的 ^{13}C 核磁共振相对化学位移，明确考虑了区域序列和立构序列二者的影响。对于在 PPO 中 H-H 和 T-T 缺陷结构的碳核，这些计算结果列于表 7.2。值得注意的是：对于规则 H-T 的碳、以及缺陷 H-H 和 T-T 的碳，预测的 δ^{13}C 存在显著差异。

表 7.2 聚环氧丙烷在 23℃下 ^{13}C NMR 化学位移的计算值

$$
\begin{array}{c}
\overset{1}{CH_3}\quad \underline{a}\quad \overset{2}{CH_3}\quad \underline{b}\quad \overset{3}{CH_3}\quad \underline{c}\quad \overset{4}{CH_3}\quad \underline{d}\quad \overset{5}{CH_3}
\end{array}
$$

—CH₂—CH—O—CH₂—CH—O—CH—CH₂—O—CH₂—CH—O—CH₂—CH—O—
（1 1   2   2   3   3   4   4   5   5）

碳	二单元组[①]				化学位移[②]
	a	b	c	d	
CH₃ 1	m	—	—	—	0.00
2	r	r	—	—	+0.45
2	m	r	—	—	+0.49
2	r	m	—	—	+0.75
2	m	m	—	—	+0.79
3	—	r	—	—	+0.53
3	—	m	—	—	+0.82
4	—	—	—	m	+0.02
4	—	—	—	r	+0.04
5	—	—	—	m	0.00
CH₂ 1	m	—	—	—	0.00
2	m	m	—	—	−0.15
2	r	m	—	—	−0.19
2	r	r	—	—	+0.20
2	m	r	—	—	+0.25
3	—	m	—	—	+4.40
3	—	r	—	—	+4.73
4	—	—	—	r	+4.75
4	—	—	—	r	+4.78
5	—	—	—	m	0.00
CH 1	m	—	—	—	0.00
2	m	m	—	—	−4.49
2	r	m	—	—	−4.45
2	m	r	—	—	−4.49
2	r	r	—	—	−4.45
3	—	m	—	—	−4.48
3	—	r	—	—	−4.48
4	—	—	—	r	−0.25
4	—	—	—	m	−0.27
5	—	—	—	m	0.00

①—表示既可为 m 亦可为 r。
②＋和－号分别表示相对于 1 或 5 位（H-T）碳向低场和高场的位移。

无规立构 PPO 4000（$M_n = 4000$）和全同立构 PPO（$M_v = 14500$）的 ^{13}C NMR 波谱如图 7.8 所示。对于这三种类型的碳，其化学位移都对聚合物链的立体化学表现出敏感性。PPO 区域规整 H-T 部分的归属（见表 7.3）可由两种波谱的比较得出，与早期工作一致（Oguni 等，1972 年，1979 年）。与绝大多数乙烯基聚合物的 ^{13}C NMR 观测相比，PPO 碳化学位移对立体化学的敏感性观测值很小。对于甲基、次甲基和亚甲基的碳原子，δ^{13}C 的总位移量分别只有 0.12、0.20 和 0.25 。这可以与聚丙烯形成对比（Schilling 和 Tonelli，1980 年），对于相同的碳类型，聚丙烯立构序列所至的化学位移范围为 2.0、0.5 和 2.0。PPO 中的灵敏度降低反映出一个原因，它的手性中心之间存在三个键，与此对比，乙烯基聚合物中只存在两个键。PPO 的 RIS 模型预测它的化学位移灵敏度有限（Abe 等，1979 年）。基于 γ-左右式屏蔽的相互作用，预测三种类型碳每一种的 H-T 化学位移约移动 0.05。

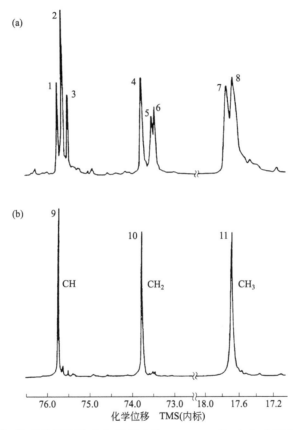

图 7.8 50.31-MHz [13]C 核磁共振波谱（a）无规立构 PPO 4000 和（b）全同立构 PPO，在 C_6D_6 中，23℃下测得。见表 7.3 [经 Schilling 和 Tonelli 等（1982 年）许可转载]

表 7.3 在 23℃下聚环氧丙烷中头-尾碳的 ^{13}C NMR 化学位移和弛豫数据[①]

共振	化学位移	T_1/s	碳类型	立构规整序列
1	75.75	0.78	CH	*mm*
2	75.64	0.80	CH	*mr + rm*

共振	化学位移	T_1/s	碳类型	立构规整序列
3	75.50	0.81	CH	*rr*
4	73.78	0.51	CH_2	*m*
5	73.54	0.50	CH_2	*r*
6	73.47	0.50	CH_2	*r*
7	17.79	1.03	CH_3	*rm*,*mr*,*rr*
8	17.71	1.03	CH_3	*mm*,*rm*,*mr*,*rr*
9	75.73		CH	*mm*
10	73.77		CH_2	*m*
11	17.72		CH_3	*mm*

①图 7.8。

DEPT 技术（Turner，1984 年；Derome，1987 年）允许以一种只能产生特定类型碳波谱的方式进行波谱编辑。图 7.9 表示无规立构 PPO 4000 的 DEPT 测量结果，仅针对次甲基和亚甲基碳。在绘制这些谱图中采用垂直放大，H-T 共振信号并不成比例，而且我们还同时在观察缺陷 H-H 和 T-T 结构以及链端碳的共振信号。在图 7.9（a）中，所有 CH 和 CH_2 共振信号都被观测到；而在图 7.9（b）或（c）中，分别只观察到 CH 或 CH_2 共振信号。

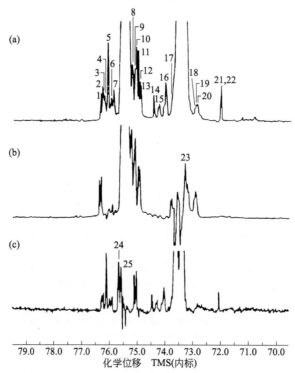

图 7.9 无规立构 PPO 4000 于 23℃ 下和在 C_6D_6 溶剂中的 50.31-MHz ^{13}C NMR DEPT 观测谱图：（a）次甲基和亚甲基，（b）仅次甲基，（c）仅亚甲基 ［经 Schilling 和 Tonelli （1986 年）许可转载］

这些 DEPT 编辑波谱中最引人注目的特征是：先前认为仅包含亚甲基共振的高场区域中，存在明显的次甲基碳共振信号，以及在先前认为仅包含次甲基波谱的低场部分中，也存在亚甲基共振信号 [这些观察结果通过 INEPT 波谱证实（未显示），其中亚甲基共振观测到负强度，而次甲基信号表现为正波峰]。某些 H-H：T-T 和/或端基碳核共振信号在约 73.5 和 75.6，而且只能在编辑的波谱中观测到它们，因为它们在正常的 FT 波谱中完全被 H-T 峰屏蔽。对图 7.9 的三个波谱中的共振加以比较，允许我们识别每一共振是属于次甲基的或是亚甲基的碳类型。

为了解析不同端基产生的各种共振的归属，我们比较了图 7.10 所示的 PPO 4000（DP＝69）和 PPO 1000（DP＝17）的波谱。PPO 1000 的 DEPT 测量结果与 PPO 4000 已确定每个共振信号所代表的碳类型一致。图 7.10 （a）中除标记的 H-T 峰以外的所有可见共振信号都可归因于端基，因为这些端基的数量大约是低分子量 PPO 1000 中 H-H：T-T 缺陷的 3 倍。所有的 CH 和 CH_2 端基共振信号都出现在 75.0 到 76.5 之间的 H-T 甲基区域。

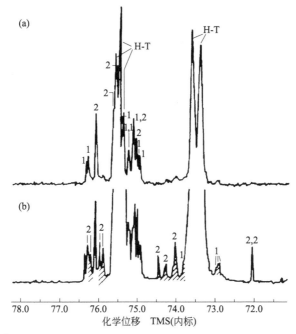

图 7.10　50.31-MHz ^{13}C NMR 谱：（a）无规 PPO 1000 和 （b）无规 PPO 4000 在 C_6D_6 中 23℃下所测试的谱图（1 表示甲基，2 表示亚甲基）。H-H：T-T 结构的交叉反应结果 [经 Schilling 和 Tonelli（1986 年）许可转载]

PPO 1000 的 DEPT 波谱（未显示）表明，在 73.5 处的 H-T 亚甲基共振没有遮盖端基的 CH 共振。通过比较 DEPT 波谱，可以解析端基次甲基（1）和亚甲基（2）共振的特定归属。图 7.10 （a）特定表明端亚甲基共振约为 75.6，这增加了 H-T CH 区的复杂性。通过比较图 7.10 中波谱，可以确定 PPO 4000 中的端基共振信号；而且经排除可得知交叉阴影的共振信号必由 H-H：T-T 结构中的碳引起。这些在图 7.9 中的 DEPT 波谱的碳类型确立了 H-H：T-T 峰信号。次甲基和亚甲基碳共振，以及对 H-H：T-T 缺陷或端基的归属，都汇总于表 7.4。

表 7.4　无规立构 PPO 4000 在 23℃ 时的 ^{13}C NMR 化学位移归属和弛豫数据[①]

共振	化学位移	归属[②]		T_1/s
1	76.36	—CH—	E	0.93
2	76.29	—CH—	E	0.80
3	76.26	—CH$_2$—	3,4	0.80
4	76.21	—CH$_2$—	3,4	0.77
5	76.10	—CH$_2$—	E	1.19
6	75.98	—CH$_2$—	3,4	0.56
7	75.88	—CH$_2$—	3,4	0.59
8	75.24	—CH—	E	0.82
9	75.13	—CH—	E	0.81
10	75.08	—CH—,—CH$_2$—	E	0.81
11	75.02	—CH$_2$—	E	0.90
12	74.96	—CH—	E	1.08
13	74.91	—CH—	E	1.18
14	74.46	—CH$_2$—	2	1.04
15	74.26	—CH$_2$—	2	0.50
16	74.02	—CH$_2$—	2	0.51
17	73.82	—CH—	2,3	
18	72.97	—CH—	2,3	0.61
19	72.93	—CH—	2,3	0.64
20	72.87	—CH—	2,3	0.68
21	72.06	—CH$_2$—	E	2.16
22	72.03	—CH$_2$—	E	2.16
23	73.30	—CH—	2,3	
24	75.65	—CH$_2$—	E	
25	75.57	—CH$_2$—	E	

①图 7.9。
②E 代表端基结构；2、3、4 代表 H-H：T-T 缺陷结构（见表 7.2）。

　　图 7.11 表示两种无规立构 PPO 样品的甲基区域。可通过比较（a）和（b）来确定端基内或邻近端基的甲基碳的共振信号峰，其中可以看出所有 H-H：T-T 缺陷共振都发生在 H-T 共振峰的低场。表 7.5 总结了甲基碳共振信号数据。

　　为了解析 H-H：T-T 结构中碳核的归属，需要比较实验得出的化学位移数据（图 7.9 与 7.11 以及表 7.4 与表 7.5），以及 γ-左右式效应计算得出的每种类型碳的相对化学位移（表 7.2）。计算数据表明，所有碳共振信号对聚合物链中的 T-T 部分（表 7.2 中的二单元组 c）的立体化学缺乏敏感性。此外，对于 H-H 甲基和亚甲基碳 2 和 3，二单元组 b 对它们的化学位移有很强的影响，而二单元组 a 的影响却要小得多。然而，H-H 次甲基碳只表现出很小的立体化学依赖性。

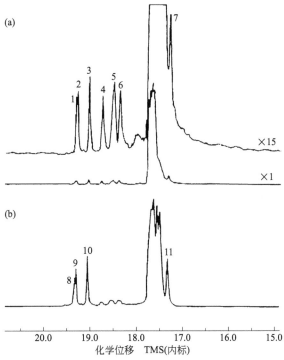

图 7.11 无规立构 PPO 4000（a）和无规立构 PPO 1000（b）于 23℃ 在 C_6D_6 溶剂中测量的 50.31-MHz ^{13}C NMR 波谱的甲基区域，见表 7.5 [经 Schilling 和 Tonelli 许可转载（1986 年）]

使用表 7.2 中计算的化学位移数据，可以得到表 7.4 和表 7.5 给出的特定归属。H-H 次甲基碳 2 和 3 预计产生明显的 H-T CH 共振向高场位移（约 $72.8 \sim 73.8$），并且在 DEPT 波谱中能够最为清楚地观测到 [图 7.9（b）]。而次甲基碳 4 从 H-T CH 共振信号中不能分辨。

对于 CH_2 碳 [图 7.9（a）]，H-T 亚甲基共振信号轻微向低场位移，归属于碳 2，而亚甲基共振（3，4，6，7）向 H-T CH 区向高场位移，归属于碳 3 和 4。尽管 H-H：T-T 与 H-T 次甲基碳和亚甲基碳化学位移的计算值和观测值的数值不同（见下文），但每个碳的预测方向却与表 7.4 中给出的归属集合是一致的。

表 7.5 无规立构 PPO 4000 甲基碳的 ^{13}C NMR 化学位移归属和弛豫数据（23℃）[1]

共振	化学位移	归属[2]	T_1/s
1	19.27	E	1.65
2	19.24	E	1.65
3	18.99	E	1.80
4	18.74	2，3	0.99
5	18.51	2，3	0.96

共振	化学位移	归属[②]	T_1/s
6	18.38	2,3	0.92
7	17.29	E	1.09
8	19.31	E	
9	19.26	E	
10	19.02	E	
11	17.31	E	

①图7.11。
②E 代表端基结构；2、3 代表 H-H：T-T 缺陷结构（见表7.2）。

这些结果表明，早期研究人员在确定 PPO 的 ^{13}C NMR 波谱归属中所面临的困难。乍一看，研究者试图将 δ^{13}C 为 73-76 区域简单地分为两部分，即次甲基部分和亚甲基部分。然而，对 H-H：T-T 结构产生的化学位移效应进行仔细分析表明：大量的次甲基和亚甲基共振信号应该重叠，碳类型的识别只能通过 DEPT 或 INEPT 编辑实验来确定（Turner，1984 年）。此外，要识别链端碳共振信号，对不同分子量的 PPO 样品进行比较必不可少。

在 H-H：T-T 和 H-T 结构中，次甲基和亚甲基碳的观测和计算的 δ^{13}C 的数值差异，可能源于这些结构环境中存在的轻微不同的 β-取代基（Stothers，1972 年）。H-T 和 H-H：T-T 结构中的次甲基和亚甲基碳对于氧原子（CH—CH$_2$—O 和 CH$_2$—CH—O）都是 β 位，亚甲基碳是甲基碳（CH$_2$—CH—CH$_3$）的 β 位。但是，H-T 次甲基碳和 H-H：T-T 亚甲基碳是亚甲基（CH—O—CH$_2$ 和 CH$_2$—O—CH$_2$）的 β 位，而 H-T 亚甲基碳和 H-H：T-T 次甲基碳是亚甲基碳（CH$_2$—O—CH 和 CH—O—CH）的 β 位（见表7.2）。另一方面，H-H：T-T 和 H-T 甲基碳具有完全相同的 α- 和 β-取代基。甲基碳的计算和检测的 δ^{13}C 结果非常接近（见下文），此事实支持这种假设，即 H-T 和 H-H：T-T 次甲基碳和亚甲基碳的 β-取代基略有差异，这可能导致测定和计算的 δ^{13}C 的数值之间出现差异。

H-H：T-T 结构的甲基碳共振信号的归属如表7.5所示。H-T 甲基共振的计算数值和方向与观测结果一致 [图7.11（a）]。三个缺陷共振（峰4、5、6）被归属于碳 2 和碳 3（表7.2）。由于立构序列产生的预测重叠，我们不能在这个区域进一步解析特定归属。

表7.3、表7.4 和表7.5 中给出了每个共振的自旋-晶格弛豫时间 T_1 值。这些值是通过反转恢复法（Farrar 和 Becker，1971 年）确定的，并用于确保获得定量的波谱。根据甲基碳数据 [图7.11（a）]，我们能够估计 PPO 4000 含有 2.2% 的反向或缺陷单体单元；根据分析端基共振信号强度，确定了 PPO 的数均分子量 M_n 为 5400 或 DP=93。这一分子量测试结果与制造商提供的基于氢氧化钾羟基值测定的 M_n=4000 或 DP=69 数据基本一致。

借助于多脉冲编辑技术（DEPT、INEPT）和 ^{13}C NMR 相对化学位移的 γ-左右式效应计算，我们（Schilling 和 Tonelli，1986 年）解析了 PPO 的 ^{13}C NMR 谱图，包括链端结构引起的碳共振信号的归属。对 H-T 和 H-H：T-T PPO 结构中次甲基和亚甲基碳的 γ-左右式作用的预期差异的分析表明，H-H：T-T 亚甲基和 H-T 次甲基峰应该重叠。这个分析促使我们重新研究，并解析 PPO 的 ^{13}C NMR 谱的归属。从这些归属有可能定量测定 PPO 中的 H-H：H-T 缺陷的数目，缺陷与环氧丙烷单体的 CH-O 键随机的开环过程有关。此外，链端结构的分析可以估算数均分子量；并且通过特定端基结构的测定同样可以阐明 PPO 聚合机理（尽管此处不再讨论）。

（方远来、王海波、杜宗良　译）

参 考 文 献

Ab. A：Hirano，T，and Tsurata，T. (1979). *Mccromolecles* **12**，1092.

Bates，T. W. and stockmayer，W. H. (1968). *Macromolecules* **1**，12，17.

Bax，A. (1982). *Two-Dimensional Nuclear Magnetic Resonance in Liquids*，Delt Univ. Press and Reidel Publ. Co.，Dordrecht，Netherlands.

Bovey，F. A. (1982). *Chain Structure and Conformation of Macronmalecules*，Academic Press，New York，Chanper 1.

Bovey，F. A. and Kwei，T. K. (1979). *In Macromolecule：An Introduction to Poadymer Science*，F. A. Bovey and F，H. Winslow，Eds，Academic Press，New York，Chapter 3.

Bovey，F. A，Schilling，F. C，Kwei，T. K，and Frisch，H. L. (1977). *Macromolecules* **10**，559.

Bruch，M. D，Bovey，F. A.，and Cais，R. E. (1984). *Macromolecules* **17**，1400.

Bruch，M. D，Bovey，F. A.，Cais，R. E，and Noggle，J. H. (1985). *Macromolecules* **18**，1253.

Cais，R. E. and Kometani，J. M. (1983). *Org. Coat. Appl. Palym. Sci. Proc. Am. Chem. Soc.* **48**，216.

Cais，R. E. and Kometani，J. M. (1984). *Macromolecules* **17**，1887.

Cais，R. E，and Kometani，J. M. (1985). *Macromolecules* **18**，1354.

Cais，R. E. and Sloane，N. J. A. (1983). *Polymer*（*British*）**24**，179.

Derome，A. E. (1987). *Madern NMR Techniques for Chemisty Research*，Pergamon，New York，Chapter 4.

Farrar，T. C. and Becker，E. D. (1971). *Pulse and Fourier Transform NMR*，Academic Press，New York.

Ferguson，R. C. and Brame，E. G，Jr. (1979). *J. Phys. Chem.* **83**，1397.

Ferguson，R. C. and Ovenall，D. W. (1984). *Polym. Prepr. Am. Chem. Soc. Div. Polym. Chem.* **25**(1)，340.

Görlitz，M，Minke，R，Troutvetter，W，and Weisgerber，G. (1973). *Angew. Makromol. Chem.* **29/30**，137.

Hirano，T，Khanh，P. H.，and Tsurata，T. (1972). *Makromol. Chem.* **153**，331.

Lapeyre，W.，Cheradame，H，Spassky，N，and Sigwalt，P. (1973). *J. Chim. Phys.* **70**，838.

Lyerla，J. R. and VanderHart，D. L. (1976). *J. Am. Chem.* Soc. **98**，1697.

Oguni，N.，Lee，K，and Tani，H. (1972). *Macromolecules* **5**，819.

Oguni，N.，Maeda，S，and Tani，H. (1973a). *Macromolecules* **6**，459.

Oguni，N，Watanabe，S，Maki，M，and Tani，H. (1973b). *Macromolecules* **6**，195.

Oguni，N.，Shinohara，S，and Lee，K. (1979). *Polym. J.*（*Tolbyo*）**11**，755.

Price，C. C. and Osgan，M. (1956). *J. Am. Chem. Soc.* **78**，4787.

Price，C. C，Spectro，R，and Tunolo，A. C. (1967). *J. Polym. Sci. Part A*-1 **5**，407.

Raey，K. C. and Field，N. D. (1964). *Polym. Lett.* **2**，461.

Schaefer，J. (1969). *Macromolecules* **2**，533.

Schiling，F. C. (1982). *J. Magn. Reson.* **47**，61.

Schiling，F. C. and Tonelli，A. E. (1980). *Macromolecules* **13**，270.

Schilling，F. C. and Tonelli，A. E. (1986). **19**，1337.

Stothers，J. B. (1972). *Carbon*-13 *NMR Spectroscopy*，Academic Press，New York，Chaps. 3 and 5.

Tani，H，Oguni，N，and Watanabe，S. (1968). *Polym. Lett.* **6**，577.

Tonelli，A. E. (1976). *Macromolecules* **9**，547.

Tonelli，A. E. and Schilling，F. C. (1981). *Macromolecules* **14**，74.

Tonell，A. E，Schiing，F. C，Starnes，W. H，Jr.，Shepherd，L.，and Pliz，I. M. (1979). *Macromolecules* **12**，78.

Tonelli，A. E，Schilling，F. C.，and Cais，R. E. (1981). *Macromolecules* **14**，560.

Tonelli，A. E，Schilling，F. C，and Cais，R. E. (1982). *Macromolecules* **15**，849.

Turner，C. J. (1984). Prog. *Nucl. Magn. Reson. Spectrosc.* **16**，27.

Uryu，T，Shimazu，H.，and Matsuzaki，K. (1973). *Polym. Lett.* **11**，275.

Wilson，C. W.，III. (1963). *J. Polym. Sci. Part A* **1**，1305.

Wilson，C. W，III and Santee，E. R，Jr. (1965). *J. Polym. Sci. Part C* **8**，97.

第 8 章

共聚物的微结构

8.1 引言

在第 1 章对聚合物微结构的简介讨论中，提到了一个重要的结构变量，即由超过一种类型单体单元合成聚合物链的能力。其链由两种或多种不同的单体单元组成的共聚物，可能具有均聚物的所有结构要素，即立体异构、区域异构、几何异构、支化等；除此之外，还具有共聚单体组成（数量）和序列分布（次序）的结构变量。第 1 章（第 1.3.5 节）说明了可能存在的共聚物类型，并将无规共聚物和规则交替共聚物与嵌段和接枝共聚物举例加以对比。

我们对共聚物微结构的讨论将限于"无规型"的共聚物，其中共聚单体单元紧密连接或分散在共聚物的链中。嵌段共聚物和接枝共聚物同时含有一种单体的相对较长序列以及另一种单体的相似较长序列，虽然在科学和技术上很有意义，但由于它们的 NMR 谱图实际上与它们各自均聚物的 NMR 谱图相同，因此不在这里进行讨论。但有望从它们的 NMR 波谱中得到单种单体序列的平均长度。

另一方面，与相同组分均聚物的 NMR 谱图相比，无规共聚物的 NMR 谱图有很大的不同。共聚单体序列的无规分布导致共聚单体单元之间结构紧密连接在一起，这就是谱图不同的直接原因。正是这种共聚单体序列的紧密性使得 NMR 波谱技术对局部分子结构和构象十分敏感，这对确定无规共聚物中微结构非常有价值。

8.2 共聚单体序列

接下来让我们讨论，共聚单体单元如何沿共聚物链分布以及如何使用 NMR 谱图来确定共聚单体序列。以偏二氯乙烯和异丁烯的自由基共聚得到的聚合物为例，因为这两种单体均不会在共聚物链中形成不对称中心，可以避免因立构序列效应造成的 NMR 谱复杂化。此外，因为该体系没有标量 ^{1}H-^{1}H J-耦合，所以 ^{1}H NMR 分析偏氯乙烯-异丁烯（V-I）共聚物很有效。这里有：

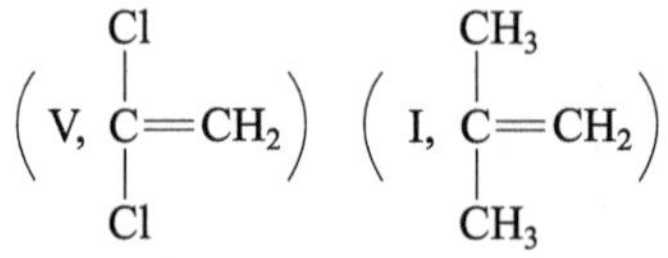

$$\left(\text{V}, \; \underset{\overset{|}{\text{Cl}}}{\overset{\overset{\text{Cl}}{|}}{\text{C}}} {=} \text{CH}_2 \right) \left(\text{I}, \; \underset{\overset{|}{\text{CH}_3}}{\overset{\overset{\text{CH}_3}{|}}{\text{C}}} {=} \text{CH}_2 \right)$$

Hellwege 等（1966 年）和 Kinsinger 等（1966 年和 1967 年）最早采用低场（60-MHz）^{1}H NMR 研究了偏氯乙烯-异丁烯共聚体系。Bruch 和 Bovey（1984 年）在 200-MHz 下测量的 V-I 共聚物（V 摩尔分数 65%）的 NMR 谱图，如图 8.1 所示。其中谱图顶部的线对应于聚偏氯乙烯和聚异丁烯均聚物的共振信号。V-I 四单元组的 [1]H 共振归属（Bruch 和 Bovey，1984 年）如表 8.1 所示。该结果基于 Hellwege 等（1966 年）和 Kinsinger 等（1966 年和 1967 年）的早期工作，并经 2D NOE 波谱验证和校正。

2D NOE 波谱学（Bax，1982 年）是一种 2D NMR 技术（参见第 3.5 和 6.3 节），它能得到一个分子中由质子之间的核 Overhauser 效应而导致的整个网络图。它的执行方式与 2D J-相关波谱（COSY）大致相同（见第 3.5、6.3 和 7.2.3 节），除了质子核之间的相互作用是核 Overhauser 效应（参见第 3.3 和 3.5 节），而不是质子核间的标量 J-耦合。

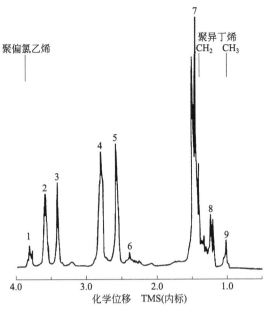

图 8.1　偏氯乙烯-异丁烯共聚物（偏氯乙烯摩尔分数 65%）200-MHz 质子核磁谱图（40℃，20% CDCl$_3$ 溶液）。质子共振归属如表 8.1 所示［经 Bruch 和 Bovey（1984 年）许可转载］

表 8.1　在偏氯乙烯-异丁烯共聚物波谱中质子共振的归属[1]

峰编号	序列分配	化学位移 Me$_4$Si(内标)
1	VVVV CH$_2$	3.80
2	VVVI CH$_2$	3.58
3	IVVI CH$_2$	3.41
4	VVIV CH$_2$	2.80
5	VVII+IVIV CH$_2$	2.59
6	IVII CH$_2$	2.33
7	VIV CH$_3$	1.46
8	VII CH$_3$	1.24
9	III CH$_3$	1.03

[1]Bruch 和 Bovey（1984 年）。

2D NOE 脉冲序列如图 8.2 所示。在 T_1 附近的混合期间，那些没有交换磁化的质子具有相同的初始和最终频率，并沿对角线产生正常波谱（见图 7.1）。在 τ_m 期间，由于偶极-偶极交叉弛豫使得最终的频率不同于初始值，质子间距离足够接近（<4Å）使磁场强度发生了改变。这将产生与质子相互作用相关的非对角线交叉峰。通过匹配所有成对的非对角线交叉峰，可以获得完整的核 Overhauser 相互作用系统。

例如，如果在下面的 V-I 五单元组中，

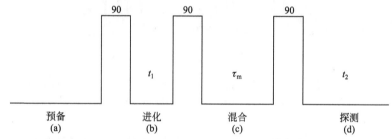

在两个亚甲基中心之间存在质子-质子 Overhauser 效应，那么可以预计在构成 VVVIV 五单元组的 VVVI 和 VVIV 四单元组的重叠部分会出现一个核磁共振交叉峰。从 Bruch 和 Bovey（1984 年）报道中的 V-I 共聚物的 2D NOE 波谱中（以图 8.3 所示）可以看出，确实存在一对与重叠四单元组相应的交叉峰（2,4）。以这种方式，Bruch 和 Bovey（1984 年）已经完成了 V-I 共聚物的完整共聚单体序列归属，如图 8.1 和表 8.1 所示。在谱图中能观测四单元组共聚单体所有可能存在的十种序列，从这个意义上讲，该 V-I 共聚物具有"无规"共聚的单体序列。在本章的后面（参见第 8.5 节），将通过共聚单体序列的 ^{1}H NMR 结果对 V-I 共聚机理进行分析。

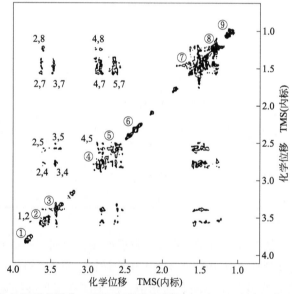

图 8.2 2D NOE 脉冲序列：（a）系统恢复平衡；（b）质子被初始旋进频率标记；（c）偶极耦合自旋交换磁化；（d）检测到最终旋进频率［经 Bruch 和 Bovey（1984 年）许可转载］

图 8.3 氯化偏氯乙烯-异丁烯共聚物（偏氯乙烯摩尔分数 65%）在 CDCl₃ 中 200-MHZ 2D NOE 波谱的等高线图。温度 40℃，混合时间 500ms。交叉峰表示指示峰之间的核 Overhauser 效应［经 Bruch 和 Bovey（1984 年）许可转载］

8.3 共聚物立构序列

尽管丙烯（P）在自由基引发下不发生均聚反应（Deanin，1967 年），但少量丙烯可以与氯乙烯（VC）发生共聚反应，得到丙烯-氯乙烯（P-VC）共聚物，其丙烯单元摩尔分数最高可以达到 15%。在低 P 含量和此条件下 P 没有均聚反应能力这两方面的共同作用下，P-VC 共聚物中 VC 单元不间断地结合为长段，而所有 P 单元都被孤立于其间。因此，我们可能研究含有孤立 P 单元的共聚单体序列的立体结构化学，即···VC-VC-VC-VC-VC-P-VC-VC-VC-VC-VC···，并将它们与 PP 和 PVC 这两种均聚物的立构序列（见第 5 章和第 6 章）相比较，从而深入研究 P 和 VC 单体共聚的机理。

图 8.4 中对 PVC 和 P-VC 共聚物的 ^{13}C NMR 谱进行了比较。从（b）中 P 与 VC 次甲基-碳共振峰强度的比值，发现（Tonelli 和 Schilling，1984 年）该 P-VC 共聚物中 5.1%（摩尔分数）的重复单元是 P。将两个 PP 样品的 ^{13}C NMR 波谱的甲基碳区域与图 8.5 中的 P-VC 共聚物的甲基碳区域进行比较，（a）中样品 A 是一种典型的无规立构商品 PP（Schilling 和 Tonelli，1980 年），而（b）中样品 B 是研究级的 PP 在庚烷中的可溶部分（Plazek，1983 年）。（b）中的棒状波谱按照第 6 章中的描述计算，而 P-VC 共聚物（c）中甲基碳的 γ-左右式效应 ^{13}C 化学位移是通过应用 Mark（1973 年）RIS 的 P-VC 共聚物构象模型得到的。

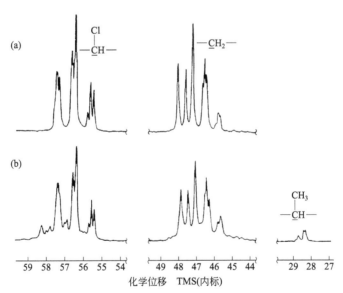

图 8.4　（a）PVC 的 50-MHz ^{13}C NMR 谱；（b）P-VC 共聚物的 VC 和 P 次甲基和亚甲基碳 50-MHz ^{13}C NMR 谱［经 Tonelli 和 Schilling（1984 年）许可转载］

P-VC 和 PP 中甲基共振的比较表明 P-VC 共聚物对立构序列的敏感性较低。P-VC 中的甲基-碳共振对五单元组立构序列敏感，PP 是对七单元组立构序列较敏感。在表 8.2 中比较了在 P-VC 和 PP 的几个七单元组立构序列中甲基-碳的 ^{13}C NMR 化学位移的计算结果。正如观测的结果，计算得到的 P-VC 的甲基-碳化学位移对五单元组敏感，而 PP 甲基-碳表现出显著的七单元组敏感性。P-VC 和 PP 中甲基碳的立构序列敏感性差异直接归因于它们的 RIS 模型中体现的构象行为差异。局部键构象反映了 P-VC 的五单元组敏感性和 PP 的七单元组依赖性。此外，值得注意的是，在 P-VC 和 PP 中观测的甲基-碳化学位移的总体范围分别为 2.7 和 2.0，P-VC 中的甲基碳比 PP 高场位移 1。这些观测结果与计算的化学位移一致，其采用相同的 γ 效应（$\gamma_{CH_3,CH} = -5$），并进一步表明 P-VC 共聚物（Mark，1973 年）和 PP 均聚物（Suter 和 Flory，1975 年）之间的构象差异。

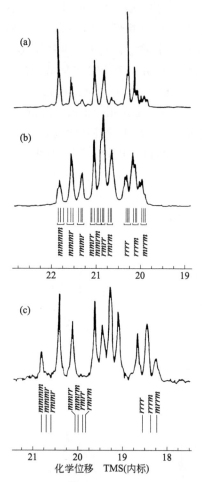

图 8.5　（a）PP 样品 A 的甲基碳 50-MHz ^{13}C NMR 波谱；（b）PP 样品 B 中甲基碳的 50-MHz^{13}C NMR 波谱及无规 PP 的^{13}C 化学位移计算的棒状图；（c）P-VC 共聚物的 P-甲基-碳区域 50-MHz ^{13}C NMR 波谱及 P-VC 中甲基碳计算的^{13}C 化学位移的棒状图 [经 Tonelli 和 Schilling（1984 年）许可转载]

表 8.2　P-VC 和 PP 的几种七单元组立构序列中甲基碳的^{13}C NMR 化学位移[①]

七单元组	$\Delta\delta$[②]	
	P-VC	PP
$r(rmrm)r$	0	0
$m(rmrm)r$	-0.01	-0.07
$r(rmrm)m$	-0.01	-0.05

七单元组	$\Delta\delta$[②]	
	P-VC	PP
$m(rmrm)m$	-0.03	-0.10
$r(mrrm)r$	0	0
$m(mrrm)r$	-0.04	-0.07
$m(mrrm)m$	-0.07	-0.12

[①]Tonelli 和 Schilling（1984 年）。

[②]$\Delta\delta$ 是含有相同中心五单元组立构序列的各种七单元组之间化学位移的差异。PP 和 P-VC 采用 $\gamma_{CH_3,CH}=-5$。

聚丙烯[13]C NMR 谱的次甲基区如图 8.6（a）所示，图 8.6（b）则表示 P-VC 的[13]C NMR 谱的这个区域，它归属于 P 单元中的次甲基。对于下图带星号的次甲基碳，

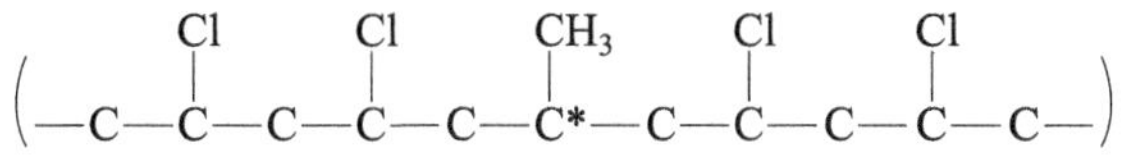

$$\left(-C-\overset{\overset{\displaystyle Cl}{|}}{C}-C-\overset{\overset{\displaystyle Cl}{|}}{C}-C-\overset{\overset{\displaystyle CH_3}{|}}{C^*}-C-\overset{\overset{\displaystyle Cl}{|}}{C}-C-\overset{\overset{\displaystyle Cl}{|}}{C}-C-\right)$$

其计算化学位移分别如同一图中（c）和（d）所示，对应 $\gamma_{CH(CH_3),CH_2}=-5$ 和 $\gamma_{CH(CH_3),Cl}=-7$、-3。正如第 5 章中所述，PVC 及其低聚物的[13]C NMR 研究（Tonelli 等，1979 年）表明 $\gamma_{CH(CH_3),Cl}=-3$，而在第 4 章中，与在烷烃及其氯化衍生物中观测的[13]C NMR 化学位移（Stothers，1972 年）比较，其 $\gamma_{CH(CH_3),Cl}=-7$。

通过观测的 CH（CH$_3$）共振与计算的化学位移的比较，发现对 $\gamma_{CH(CH_3),Cl}=-7$ 有密切的对应关系［见图 8.6（b）、（c）］；而 $\gamma_{CH(CH_3),Cl}=-3$ 的计算化学位移与观测的相去甚远［见图 8.6（b）、（d）］。观测的甲基共振 $P_m=P_r=0.5$，从而得到 mm：$(mr+rr)$ 为中心的五单元组强度比为 1：3，这与使用 $\gamma_{CH(CH_3),Cl}=-7$ 计算 P 次甲基碳的化学位移结果［见图 8.6（b）、（c）］一致，进一步证明了这一现象。

如果我们关注甲基碳和甲基化次甲基碳所对应 P-VC ^{13}C NMR 谱的区域，P 单元立体化学可以加成到 VC 单元的长序列，以及一个 VC 单元也加成到孤立的 P 单元，有可能测定对此加以支配的统计学量。图 8.5（c）中 10 个 CH$_3$ 五单元组的峰的积分可以评估以孤立 P 单元为中心的 mm、mr（rm）和 rr 三单元组的浓度。如果立体化学分布是伯努利型的（见第 6 章），那么 $P_m^2=mm$，$P_r^2=rr$ 和 $P_m+P_r=1.0$。当 $P_m=P_r=0.5$（Tonelli 和 Schilling，1984 年），表明 P 单元添加到 VC 单元和 VC 单元添加到孤立的 P 单元是完全立构无规的。

图 8.6（b）中 P-VC 的[13]C NMR 谱的甲基化次甲基区域的共振强度也证明了这一结论，对于 P 和下一个 VC 单元的加成，得到 $P_m=P_r=0.5$。相比之下，尽管 PVC 中 VC 单元组成长链同样也用伯努利统计学描述，但更倾向于外消旋单元的加成，有 $P_r=1-P_m=0.56$［见第 6 章和 Tonelli 等（1979 年）］。根据甲基五单元组共振的面积测量值（Tonelli 和 Schilling，1984 年）发现，前面一个 VC-VC 二单元组后面接一个 P 单元的立体化学不是伯努利型的，因此不能得出 P-VC 共聚物中 VC 长链的 P_m 测量值。

显然，P 和 VC 共聚反应的立体化学统计学占优势是伯努利型的，正如 PVC 均聚反应（Tonelli 等，1979 年）。另一方面，P 的均聚反应通常不是伯努利过程（Schilling 和 Tonelli，1980 年；Inoue 等，1984 年）。因此，P 和 VC 对 VC 的加成反应立体化学上是

伯努利型的；同时，P 对 P 以及 VC 对 P-VC 的加成反应是不可能的，从而不能形成前面一个 VC-VC 二单元组邻接一个孤立 P 单元。

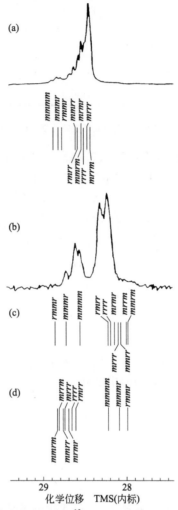

图 8.6 (a) PP 样品 B 的甲基碳区域 50-MHz ^{13}C NMR 波谱，下方为 PP 的 ^{13}C 计算化学位移棒状波谱；(b) P-VC 共聚物的 P 次甲基碳区域 50-MHz ^{13}C NMR 谱；(c)、(d) 分别为 P-VC 中的 P 次甲基碳原子 $\gamma_{CH(CH_3),Cl}=-7$ 和 -3 的 ^{13}C 计算化学位移的棒状波谱 [经 Tonelli 和 Schilling（1984 年）许可转载]

8.4 共聚物的构象

由苯乙烯（S）和甲基丙烯酸甲酯（MM）自由基共聚反应形成的共聚物，是最早也是最常用 NMR 来进行研究的对象（Bovey，1962 年；Nishioka 等，1962 年；Kato 等，1964 年；Harwood，1965 年；Harwood 和 Ritchey，1965 年；Ito 和 Yamashita，1965 年和 1968 年；Overberger 和 Yamamoto，1965 年；Bauer 等，1966 年；Ito 等，1967 年；Yambumoto 等，1970 年；Katritzky 等，1974 年；Katritzky 和 Weiss，1976 年；Yokota

和 Hirabayashi, 1976 年; Hirai 等, 1979 年; Koinuma 等, 1980 年; Heffner 等, 1986 年)。如表 8.3 所示, 在一个共聚物中, 如 S-MM, 其中两种单体都能够引入不对称中心, 共聚物中可能存在的结构的数量极其巨大。对于 n 个前后相继连接的共聚单体单元, 其可分辨结构数 $N'(n)$ 可由下列公式表示 $N'(n) = 2^{2(n-1)} + 2^{(n-1)}$。因此, 共聚单体的二单元组、三单元组、四单元组、五单元组和六单元组分别存在 6、20、72、272 和 1056 个不同的结构。

S-MM 共聚物的 ^{13}C NMR 波谱对共聚单体和立构序列的分辨率 (Katritzky 等, 1974 年) 优于其 ^{1}H NMR 波谱, 并且其 MM 单元的 α-CH$_3$ 共振和下图所示 S 单元的芳环 C-1 的共振对于立构规整度最灵敏。

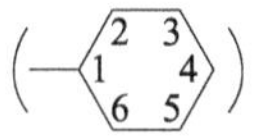

表 8.3　共聚物中的构型序列[1]

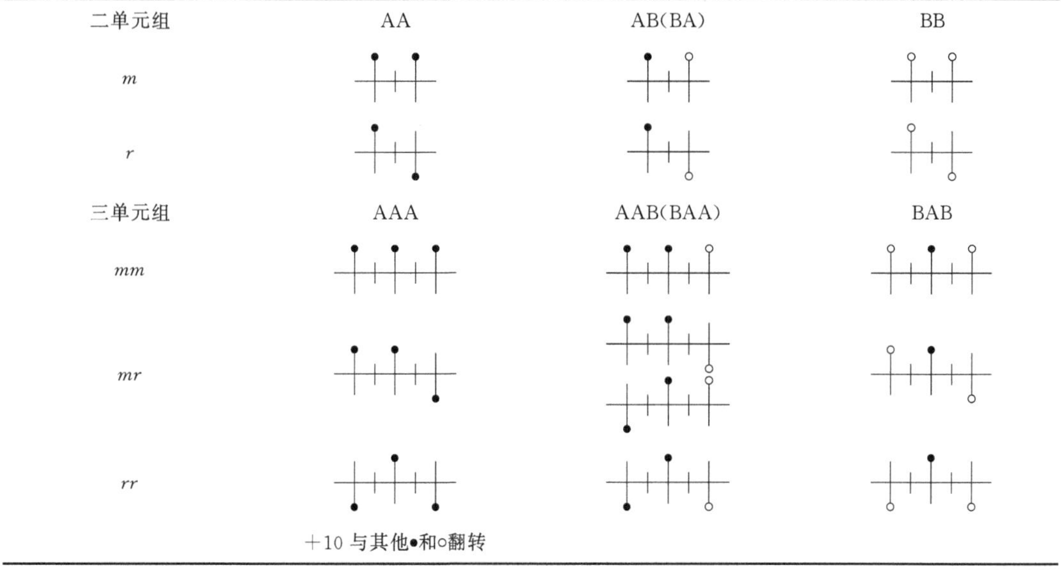

二单元组	AA	AB(BA)	BB
m			
r			
三单元组	AAA	AAB(BAA)	BAB
mm			
mr			
rr			

+10 与其他●和○翻转

[1] Bovey (1982 年)。

已经发现 S-MM 的序列在构型上几乎是无规的, 而每个单体的加成或形成嵌段占优势的是间同立构。对于自由基或阴离子引发形成的两种均聚物, 其 NMR 波谱中观测的立构序列与这两个观测结果一致 [最近以来 (Khanarian 等, 1982 年; Sato 等, 1982 年; Tonelli, 1983 年), 已经确定通过自由基或阴离子引发制备的聚苯乙烯样品通常是无规立构的]。

更有趣的是由络合单体制备的 S-MM 共聚物。Hirai 等 (1979 年) 和 Koinuma 等 (1980 年) 研究发现: 在单体络合剂氯化锡或乙基倍半氯化物存在下, 通过光化学制备的 S-MM 共聚物与普通自由基聚合产物的 NMR 波谱完全不同。图 8.7 显示了两种 50∶50 比例 S-MM 共聚物的 500-MHz ^{1}H NMR 波谱, 一种是通过自由基共聚合获得的, 另一种是通过络合单体共聚合获得。无规的 50∶50 S-MM 共聚物有较宽共振峰 [见图 8.7 (a)], 是由于大量在空间紧密堆积的、未解析的化学位移引起的, 这反映了该共聚物中存在大量的共聚单体和立构序列。将共聚单体序列限制为规则交替的结构, 可以使波谱简化为图 8.7（b）。在这里，共振仅由不同共聚单体立构序列来区分，在共聚单体三单元组的水平上可以表示如下。

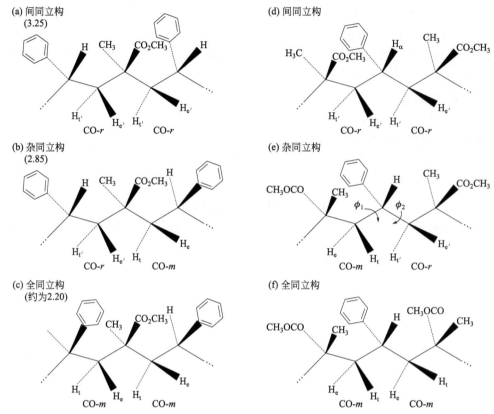

下面举例说明如何将 2D NMR 技术 NOESY，即 NOE 相关波谱［见 8.2 节和 Wüthrich（1986 年）］应用于规则交替的 S-MM 共聚物，以了解其构象特征。核极化（Overhauser）效应（NOE）取决于核自旋之间的直接通过空间的偶极-偶极相互作用（Noggle 和 Schirmer，1971 年）。在混合时间 τ_m 期间（参见图 8.2），对于观测的质子其数量级为 T_1，由于直接偶极-偶极相互作用在空间交换磁化中闭合自旋。在演化过程中自旋通过频率标记，如通常的 J-相关或 COSY 实验（见第 3 章和第 6 章），并且可在 τ_m 结束时按不同的频率旋动。质子自旋间的交叉峰的距离约为 4Å。

规则交替的 S-MM 共聚物 500-MHz 2D-NOESY 波谱亚甲基区域如图 8.8 所示（Heffner 等，1986 年）。在上文三单元组图 8.8（e）中，S 为中心的共聚 S-MM 三单元组中亚甲基之间相互作用对应于点状交叉峰。这些亚甲基之间相互作用 NOE 交叉峰基于其强度可分为三类：第一类为强峰（S），即 $H_{e'}$-H_t；第二类为两个中等峰（M），即 $H_{e'}$-H_e 和 H_t-$H_{t'}$；第三类为弱峰（W），即 H_e-$H_{t'}$。三类的质子间距分别对应于短、中、长的距离［Heffner 等（1986 年）关于质子峰归属的细节］。

结合对于苯乙烯、丙烯酸甲酯和甲基丙烯酸甲酯均聚物的构象分析（Yoon 等，1975 年 a，b；Sundararajan 和 Flory，1974 年和 1977 年），Koinuma 等（1980 年）发展了 1∶1 交替 S-MM 共聚物的 RIS 模型。当利用该 RIS 模型计算上图 8.8（e）所绘杂同立构 S-MM 三单元组中苯乙烯次甲基碳的侧面键对的构象概率时，可以计算出（Heffner 等，

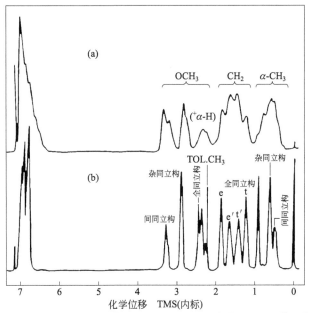

图 8.7 80℃ 下 0.1g/mL 六氯丁二烯溶液的（a）无规和（b）交替 50∶50 苯乙烯-甲基丙烯酸甲酯共聚物 500-MHz 质子波谱 [经 Heffner 等 1986 年（许可转载）]

1986 年）图 8.8 中四个交叉峰对应的亚甲基质子间的平均距离。该过程如图 8.9 和表 8.4 所示。图 8.9 中绘制了杂同立构 S-MM 三单元组仅有的三种构象，同时计算了每种构象的概率。表 8.4 中列出了对于相同的 S-MM 三单元组，计算得到的亚甲基质子间距离 r_{HH}。

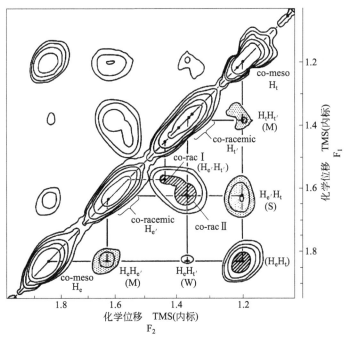

图 8.8 在 500-MHz 和 80℃ 下，相敏感质子 NOESY 波谱的亚甲基区域。阴影交叉峰表示双子的相互作用，通过点交叉峰表示间甲基相互作用。代号 S、M 和 W 是指亚甲基质子间相互作用的强度 [经 Heffner 等（1986 年）许可转载]

当 r_{HH} 值按照 -6 次幂增大，并根据图 8.9 所列出的三种可能构象异构体，按照同样已经列出的计算概率加权平均，可得出表 8.4 倒数第二行中的数据。这些数值应当与图 8.8 中亚甲基的质子-质子交叉峰的强度成正比，而实际情况的确如此。

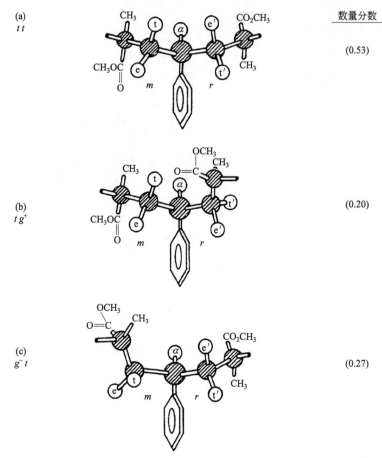

图 8.9 以苯乙烯为中心的 MM-S-MM 同-异三单元组的球棒模型，显示了 tt、tg^+ 和 g^-t 构象与确切的交错角度相差 20°〔经 Heffner 等（1986 年）许可转载〕

表 8.4 以苯乙烯为中心的杂同立构三单元组计算的两个亚甲基上 H-H 距离 (r_{HH})
〔见图 8.9 和第 138 页上画出的结构（e）〕

ϕ_1,ϕ_2	r_{HH}/Å			
	H_e-$H_{t'}$	H_e-$H_{e'}$	H_t-$H_{t'}$	$H_{e'}$-H_t
$t,t(-20°,20°)$	2.89	3.10	3.10	2.20
$t,g^+(-20°,100°)$	3.74	2.63	3.68	2.59
$g^-,t(-100°,20°)$	3.74	3.68	2.63	2.59
$[\phi_1,\phi_2]$	0.0010[1]	0.0016[1]	0.0016[1]	0.0063[1]
$[\phi_1,\phi_2]$	(0.0027)[2]	(0.0016)[2]	(0.0020)[2]	(0.0030)[2]

[1] r_{HH}^{-6} 对所有三个 (ϕ_1,ϕ_2) 构象取平均值。
[2] 同上，只是采用 t，$g^\pm$ 状态下的 ϕ_1，$\phi_2=0°$，$\pm120°$（Heffner 等，1986 年）。

对于 1∶1 交替 S-MM 共聚物的同-异三单元组，预测和观测的 NOESY 交叉峰模型的一致性证实了 Koinuma 等（1980 年）的构象模型的正确性。特别值得注意的是，该一致性要求假设的构象与完全交错的旋转状态存在约 20°的位移，正如 Yoon 等（1975 年）预测的聚苯乙烯主链键一样（见下面的纽曼投影式）。例如，由于苯环和甲基丙烯酸甲酯 C_α 的空间相互作用减弱，在 t,t 构象中（见图 8.9）ϕ_1，$\phi_2 = -20°,20°$，如下面纽曼投影式所示：

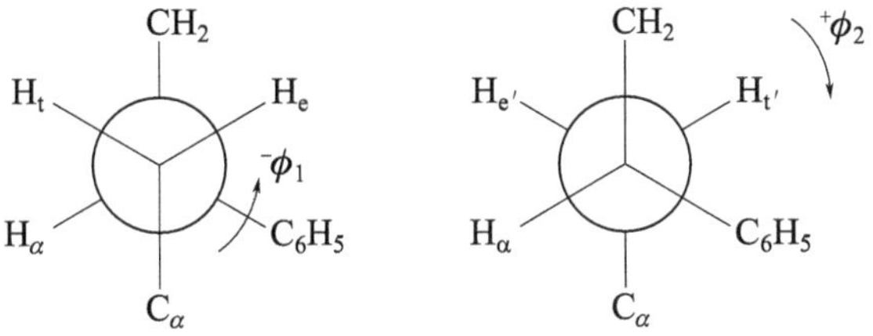

如果在计算亚甲基质子-质子的间距中假定：构象处于完全交错状态，即 $t(0°)$，$g^\pm$（$\pm 120°$），结果得到数值（括号内）列于表 8.4 倒数第一行，即所有的相互作用（$\langle r_{HH}^{-6}\rangle$）近似相同。但从图 8.8 中可明显看出，实际情况并非如此。

最近 Mirau 等（1987 年）从 1∶1 交替共聚 S-MM 的 NOESY 波谱推导出亚甲基质子-质子间距 r_{HH}。根据 Koinuma 等（1980 年）的 RIS 模型，在构象平均后与表 8.4 中的间距 r_{HH} 进行了比较，结果相当吻合，观测和（计算）的构象布居数如下：$t,t = 0.58 \pm 0.05$（0.53），$t,g^+ = 0.24 \pm 0.05$（0.20），$g^-,t = 0.18 \pm 0.05$（0.27）。此外，与完全交错旋转状态存在 11°位移产生的 r_{HH} 值，与从 NOESY 交叉峰强度获得的值最接近，进一步验证了 Koinuma 等（1980 年）的 RIS 模型中 20°位移的假设。1∶1 交替 S-MM 共聚物的 2D NOESY[1]H NMR 的研究表明，这是通过直接测量构象平均质子间距，来推导溶液中柔性聚合物构象特征的首次尝试。

8.5 共聚机理

在两种共聚单体的共聚反应中，通常观测到加入所得共聚物链中单体与初始共聚单体混合物的比例并不相同。由于单体与生长链端的反应性不同，又相互竞争，造成了这种后果。Mayo 和 Lewis（1944 年）已经证明，共聚物瞬时组成与单体投料配比组成（共聚单体的初始比）之间的关系为：

$$\frac{d[M_1]}{d[M_2]} = \frac{[M_1]}{[M_2]}\frac{r_1[M_1] + [M_2]}{r_2[M_2] + [M_1]} \tag{8.1}$$

式中 M_1 和 M_2 是两种共聚单体。两种共聚单体进入共聚物的速率或瞬时共聚物组成的比率由该等式的左侧给出。初始单体的物质的量之比为 $[M_1]/[M_2]$。r_1 和 r_2 是共聚单体的反应竞聚率。如 k_{11} 是将 M_1 加成到其末端为 M_1 单元的生长链端的反应速率常数，k_{12} 是将 M_2 加成到其末端为 M_1 单元的生长链端的反应速率常数，于是，

$$r_1 = k_{11}/k_{12} \tag{8.2}$$
$$r_2 = k_{22}/k_{21} \tag{8.3}$$

式中 k_{22} 和 k_{21} 分别是 M_2 和 M_1 加成到其末端为 M_2 单元的生长链端的反应速率常数。

根据共聚物方程式（8.1），得到共聚物瞬时组成：

$$F_1 = 1 - F_2 = \frac{d[M_1]}{d[M_1] + d[M_2]} \tag{8.4}$$

根据单体 M_1 和 M_2 的初始物质的量之比 f_1 和 f_2，即：

$$f_1 = 1 - f_2 = [M_1]/([M_1] + [M_2])$$

可以得出：

$$F_1 = \frac{r_1 f_1^2 + f_1 f_2}{r_1 f_1^2 + 2f_1 f_2 + r_2 f_2^2} \tag{8.5}$$

式中 f_1、f_2 和 F_1、F_2 分别是投料（或反应混合物）和共聚物中 M_1、M_2 的摩尔分数。

必须再次强调的是，共聚反应方程式描述的是共聚物的瞬时组成。在绝大多数共聚反应中，加入共聚物的共聚单体与投料组成的配比并不相同，对于反应活性较高的单体，结果是不断变化的投料组成逐渐降低。因此，随着单体转化率的增加，共聚物组成变得越来越不均匀，这使得从相对反应竞聚率更难解释共聚物的微结构。由于这个因素，共聚反应的绝大多数研究仅限于单体转化率小于 5%。

反应竞聚率提供了共聚单体与其生长的共聚物链相互作用的重要信息，这些信息构成了它们共聚反应的机理。传统上，反应竞聚率的测定，需要对一系列不同原料投料配比制备的共聚物总体组成进行评估，然后通常使用元素分析来获得共聚单体的总体组成。

由共聚物的总体组成数据，推导反应竞聚率的值，已经有几种计算方法和图解法。例如，如果共聚物方程式为从式（8.5）的形式重排为：

$$\frac{1/F_2 - 2}{1/f_2 - 1} = r_1 - r_2 \frac{1/F_2 - 1}{(1/f_2 - 1)^2} \tag{8.6}$$

然后对参数作图，示于图 8.10（a），可以从纵坐标上的截距获得 r_1（Fineman 和 Ross，1950 年）。数据也可以按照下列公式作图：

$$\frac{(1/f_2 - 1)(1/F_2 - 2)}{1/F_2 - 1} = -r_2 + r_1 \frac{(1/f_2 - 1)^2}{1/F_2 - 1} \tag{8.7}$$

由此获得 r_2〔见图 8.10（b）〕。这种分析表明，丙烯酸甲酯（2）对其自身生长链自由基的活性（$r_2 = k_{22}/k_{21} = 9.3$）比 N-乙烯基琥珀酰亚胺（1）的活性（$r_1 = k_{11}/k_{12} = 0.07$）要高得多。针对数种共聚单体对，其自由基共聚反应的竞聚率总结于表 8.5。

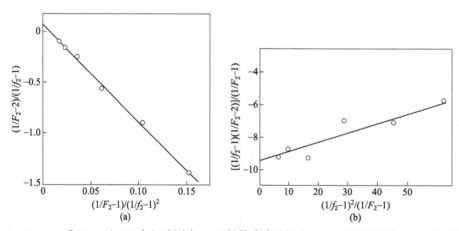

图 8.10　Fineman 和 Ross（1950 年）法测定 N-乙烯基琥珀酰亚胺（1）-丙烯酸甲酯（2）体系的共聚反应竞聚率〔Hopff 和 Schlumbom（1977 年）〕：$r_1 = 0.07$（a）和 $r_2 = 9.3$（b）〔经 Bovey（1982 年）许可转载〕

表 8.5　60℃ 下共聚反应竞聚率[①]

M₁	M₂	r₁	r₂
苯乙烯	丙烯腈	0.4±0.05	0.04±0.04
苯乙烯	甲基丙烯酸甲酯	0.52±0.02	0.46±0.02
苯乙烯	丁二烯	0.78±0.01	1.39±0.03
苯乙烯	醋酸乙烯酯	55±10	0.01±0.01
苯乙烯	顺丁烯二酸酐	0.02	0
甲基丙烯酸甲酯	丙烯腈	1.2±0.14	0.15±0.07
甲基丙烯酸甲酯	醋酸乙烯酯	20±3	0.015±0.015
甲基丙烯酸甲酯	丙烯酸甲酯	1.69	0.34
醋酸乙烯酯	丙烯腈	0.061±0.013	4.05±0.3
醋酸乙烯酯	氯乙烯	0.23±0.02	1.68±0.08
偏氯乙烯	异丁烯	3.3	0.05

① Bovey（1982 年）。

　　从共聚物总体组成数据中，以图解和计算方式得出反应竞聚率的过程是极其繁琐的，并且通常既不精确又不灵敏。因为共聚反应同样一个理论，既可预测共聚单体总体组成，亦可预测特定共聚单体序列的出现频率，NMR 分析出现后，通过测量共聚单体序列的频率有可能成为一种更好的方法。偏离"端基"模型，假定只有生长的共聚物链端的单体单元才决定其反应活性，通过对共聚单体序列的测定，可以检测是否偏离此模型。除此之外，只要已知用于共聚反应的投料比，从对于单个共聚物测定的共聚单体序列的频率，就可以获得反应竞聚率。

　　在没有不对称中心的两种单体的无规共聚反应中，二单元组、三单元组和四单元组共聚单体的序列可表示如下：

二单元组：m_1m_1　　　　　　　　　　m_1m_2（或 m_2m_1）　　　　　m_2m_2

三单元组：$m_1m_1m_1$　　　　　　　　　　　　　　　　　　　　　　$m_2m_2m_2$

　　　　　$m_1m_1m_2$（或 $m_2m_1m_1$）　　　　　　　　　　　　　$m_1m_2m_2$（或 $m_2m_2m_1$）

　　　　　$m_2m_1m_2$　　　　　　　　　　　　　　　　　　　　　　$m_1m_2m_1$

四单元组：$m_1m_1m_1m_1$　　　　　$m_1m_1m_2m_1$（$m_1m_2m_1m_1$）　　$m_2m_2m_2m_2$

　　　　　$m_1m_1m_1m_2$（$m_2m_1m_1m_1$）　$m_1m_1m_2m_2$（$m_2m_2m_1m_1$）　$m_2m_2m_2m_1$（$m_1m_2m_2m_2$）

　　　　　　　　　　　　　　　　　　$m_2m_1m_2m_1$（$m_1m_2m_1m_2$）

　　　　　$m_2m_1m_1m_2$　　　　　$m_2m_1m_2m_2$（$m_2m_2m_1m_2$）　　$m_1m_2m_2m_1$

它们的出现频率或二单元组的概率由下式给出

$$[m_1m_1] = F_1P_{11} \tag{8.8}$$

$$[m_1m_2]（或 [m_2m_1]）= 2F_1P_{12} = 2F_1（1-P_{11}） \tag{8.9}$$

$$= 2F_2P_{21} = 2F_2(1-P_{22}) \tag{8.10}$$

$$[m_2m_2] = F_2P_{22} \tag{8.11}$$

式中 F_1 和 F_2 是共聚单体 m_1 和 m_2 的总摩尔分数，P_{11}、P_{12}、P_{21} 和 P_{22} 分别是对应速率常数 k_{11}、k_{12}、k_{21} 和 k_{22} 的概率。例如，P_{12} 是将单体 m_2 加成到以 m_1 为末端单元的共聚物生长链中的概率。概率 P_{11} 和 P_{22} 也可以通过单体投料摩尔分数（f_1、f_2）和反

应竞聚率来表示：

$$P_{11} = \frac{r_1 f_1}{1 - f_1(1 - r_1)} \tag{8.12}$$

$$P_{22} = \frac{r_2 f_2}{1 - f_2(1 - r_2)} \tag{8.13}$$

式中

$$r_1 = \frac{(1 - f_1)[m_1 m_1]}{f_1(F_1 - [m_1 m_1])} \tag{8.14}$$

$$r_2 = \frac{(1 - f_2)[m_2 m_2]}{f_2(F_2 - [m_2 m_2])} \tag{8.15}$$

类似关系也适用于三单元组和四单元组共聚单体序列。

在 8.2 节中，我们讨论了偏氯乙烯（Ⅴ 或 m_1）：异丁烯（Ⅰ 或 m_2）共聚物中共聚单体序列的 1D 和 $2D^1H$ NMR 分析。以 $[m_1 m_1]$（ⅤⅤ）为中心在 3.4 和 3.8 之间共振的相对强度是 0.426（见图 8.1 和表 8.1）。根据式（8.14），r_1 的值必须为 3.31。由于峰的重叠，$[m_2 m_2]$（Ⅱ）不能直接从 NMR 谱中获得，代之我们可以使用 2.8 附近共振的频率 $[m_1 m_2]$（Ⅵ）来估算 r_2。显然，

$$[m_1 m_2](+[m_2 m_1]) = 2F_2(1 - P_{22}) \tag{8.16}$$

或

$$[m_1 m_2](+[m_2 m_1]) = 2F_2 - \frac{2F_2 r_2 f_2}{1 - r_2} \tag{8.17}$$

通过式（8.17）得到的 $[m_1 m_2]$（Ⅵ）共振的相对强度推导出 $r_2 = 0.04$。

通过对 Ⅴ-Ⅰ 总体组成数据的常规分析，Kinsinger 等（1966 年）得出 $r_1 = k_{11}/k_{12} = 3.3$ 和 $r_2 = k_{22}/k_{21} = 0.05$。在实验误差范围内，两种方法得到相同的竞聚率。偏氯乙烯自由基优于偏氯乙烯加成反应，而由异丁烯单元为端基的链几乎不与异丁烯单体加成反应。

讨论共聚单体四单元组的频率（Kinsinger 等，1967 年）表明，以偏氯乙烯为端基的共聚物生长链的反应活性，取决于倒数第二个单元是另外一个偏氯乙烯单元，还是异丁烯单元。已经发现，如果共聚物链的倒数第二个单元是异丁烯，则共聚物链与一个偏氯乙烯单元加成反应形成…ⅠⅤⅤ…会多两倍。

通过 NMR 从共聚单体序列确定共聚机理，还有另一个重要优点，即有能力处理不对称单体的共聚反应，例如 8.4 节中讨论过的苯乙烯-甲基丙烯酸甲酯体系。当面临处理不对称共聚物时，传统方法是无效的，因为传统方法基于共聚单体总体组成，不允许共聚单体的立构序列之间存在差异。例如，通过 8.3 节中的 ^{13}C NMR 分析揭示了具有孤立 P 单元的 P-VC 共聚物的立构序列信息，通过传统方法是无法获得的。就此而论，应当指出：涉及这些不对称共聚物中的共聚单体的立构序列，表 8.5 列出的竞聚率并不能传递任何有用的信息。

（方远来、成煦、杜宗良　译）

参 考 文 献

Bauer，R. G.，Harwood，H. J.，and Ritchey，W. M. (1966). *Polym. Preprints* **7**(2)，973.

Bax，A. (1982). *Two-Dimensional Nuclear Magnetic Resonance in Liquids*，Delft University Press(Delft)and D. Reidel(Amsterdam).

Blouin，F. A.，Cheng，R. C.，Quinn，M. H.，and Harwood，H. J. (1973). *Polym. Preprints* **14**(1)，25.

Bovey，F. A. (1962). *J. Polym. Sci.* **62**，197.

Bovey，F. A. (1982). *Chain Structure and Conformation of Macromolecules*，Academic Press，New York，Chapter 5.

Bruch，M. D. and Bovey，F. A. (1984). *Macromolecules* **17**，978.

Deanin，R. D. (1967). *SPE. J.* **23**(5)，50.

Fineman，M. and Ross，S. D. (1950)，*J. Polym. Sci.* **5**，259.

Harwood，H. J. (1965). *Angew. Chem. Int. Ed. Eng.* **4**，1051.

Harwood，H. J，and Ritchey，W. M. (1965). *J. Polym. Sci. Part B* **3**，419.

Heffner，S. A.，Bovey，F. A.，Verge，L. A.，Mirau，P. A.，and Tonelli，A. E. (1986). *Macromolecules* **19**，1628.

Hellwege，K. H.，Johnsen，U.，and Kolbe，K. (1966). *Kolloid-Z.* **214**，45.

Hirai，H.，Tanabe，T.，and Koinuma，H. (1979)，*J. Polym. Sci. Polym. Phys. Ed.* **17**，843.

Hopff，H. and Schlumbom，P. C. (1977). Cited in Elias，H. G. (1977). *Macromolecules*，Plenum，New York，p. 768.

Inoue，Y.，Itabashi，Y.，Chujo，R.，and Doi，Y. (1984). *Polymer*(*British*) **25**，1640.

Ito，K，and Yamashita，Y，(1965). *J. Polym. Sci. Part B* **3**，625，631.

Ito，K. and Yamashita，Y. (1968). *J. Polym. Sci. Part B* **6**，227.

Ito，Iwase，S.，Umehara，K.，and Yamashita，Y. (1967). *J. Macromol. Sci. Part A* **1**，891.

Kato，Y.，Ashikari，N.，and Nishioka，A. (1964). *Bull. Chem. Soc. Jpn.* **37**，1630.

Katritzky，A. R. and Weiss，D，E. (1976). *Chem. Brit.* **45**.

Katritzky，A. R.，Smith，A.，and Weiss，D. E. (1974). *J. Chem. Soc. Perkin Trans.* **2**，1547.

Khanarian，G.，Cais，R. R，Kometani，J. M.，and Tonelli，A. E. (1982). *Macromolecules* **15**，866.

Kinsinger，J. B.，Fischer，T.，and Wilson，C. W.，Ill(1966). *J. Polym. Sci. Part B* **4**，379.

Kinsinger，J. B.，Fischer，T.，and Wilson，C. W.，Ill(1967). *J. Polym. Sci. Part B* **5**，285.

Koinuma，H.，Tanabe，T.，and Hirai，H. (1980). *Makromol. Chem.* **181**，383.

Mark，J. E. (1973). *J. Polym. Sci. Polym. Phys. Ed.* **11**，1375.

Mayo，F. R，and Lewis，F. M. (1944). *J. Am. Chem. Soc.* **66**，1594.

Mirau，P. A.，Bovey，F. A.，Tonelli，A. E.，and Heffner，S. A. (1987). *Macromolecules* **20**，1701.

Nishioka，A M，Kato，Y.，and Ashikari，N. (1962). *J. Polym. Sci.* **62S**，10.

Noggle，J. H. and Shirmer，R，E. (1971). *The Nuclear Overhauser Effect*，Academic Press，New York.

Overberger，C. G. and Yamamoto，N. (1965). *J. Polym. Sci. Part B* **3**，569.

Plazek，D. L. and Plazek，D. J. (1983). *Macromolecules* **16**，1469.

Sato，H.，Tanaka，Y.，and Hatada，K. (1982). *Makromol. Chem.*，*Rapid Commun.* **3**，175，181.

Schilling，F. C. and Tonelli，A. E. (1980). *Macromolecules* **13**，270.

Stothers，J. B. (1972)，*Carbon-13 NMR Spectroscopy*，Academic Press，New York.

Sundararajan，P. R. and Flory，P. J. (1974). *J. Am. Chem. Soc.* **96**，5025.

Sundararajan，R. R. and Flory，P. J. (1977). *J. Polym. Sci. Polym. Lett. Ed.* **15**，699.

Suter，U. W. and Flory，P. J. (1975). *Macromolecules* **8**，765.

Tonelli，A. E. (1983). *Macromolecules* **16**，609.

Tonelli，A. E. and Schilling，F. C. (1984). *Macromolecules* **17**，1946.

Tonelli, A. E., Schilling, F. C., Starnes, W. H., Jr., Shepherd, L. y and Plitz, I. M. (1979). *Macromolecules* **12**, 78.

Wüthrich, K. (1986). *NMR of Proteins and Nucleic Acids*, Wiley, New York.

Yabumoto, S. y Ishi, K., Arita, K., and Arita, K. (1970). *J. Polym. Sci. Part A-1* **8**, 295.

Yokota, K. and Hirabayashi, T. (1976). *J. Polym. Sci. Polym. Chem. Ed.* **17**, 57.

Yoon, D-Y., Sundararajan, P. R., and Flory, P. J. (1975a). *Macromolecides* **8**, 776.

Yoon, D. Y., Suter, U. W., Sundararajan, P. R., and Flory, P. J. (1975b). *Macromolecules* **8**, 784.

第 9 章

化学改性聚合物

9.1 引言

借助后聚合化学反应的方法,使聚合物微结构改性,是高分子科学中越来越活跃的分支。因此,通过对容易获得的聚合物进行化学改性,可以得到特种聚合物。许多具有独特微结构的聚合物不能通过均聚反应或共聚反应直接实现,采用化学改性却可以实现。我们可以在聚合物中引入官能团或反应基团,改变其表面结构,使其拥有接枝和特殊的侧链取代基,通过化学改性来帮助对其进行分析表征。聚合物的辐射化学可使其交联形成网络,或通过断链而降解,同样也是化学改性的一种形式。

在本章中,我们叙述聚氯乙烯(PVC)和聚丁二烯(PBD)这两种常见聚合物的化学改性。利用 NMR 波谱确定化学改性后产物的微结构,并得出这些聚合物改性的化学反应机理。例如,PVC 与还原剂三正丁基锡氢化物的脱氯反应,可以通过 NMR 来研究聚合物及其低聚物模型化合物,获得脱氯反应速率的动力学信息。

9.2 PVC 转化为乙烯-氯乙烯共聚物

9.2.1 三正丁基氢化锡还原 PVC

制备乙烯-氯乙烯(E-V)共聚物的传统方法存在几个缺点。两种单体 E 和 V 的直接共聚合反应,通常不会在共聚单体的整个组成范围内得到无规 E-V 共聚物。低压下自由基共聚合反应(Misono 等,1967 年,1968 年),制备的 E-V 共聚物中,V 摩尔分数为 60%~100%。在高压下通过 γ 射线引发共聚(Hagiwara 等,1969 年),得到的 E-V 共聚物提高了 E 的含量,但在不产生嵌段样品的条件下,共聚的 E 的摩尔分数通常难以大于 60%。将聚乙烯直接氯化(Keller 和 Mugge,1976 年),会得到头-头(邻位)和多重(双取代)结构的氯化,这些结构不是 E-V 共聚物的特征。

另一方面,用三正丁基氢化锡 $[(n\text{-Bu})_3\text{SnH}]$ 还原聚氯乙烯(PVC)(Starnes 等,1983 年):

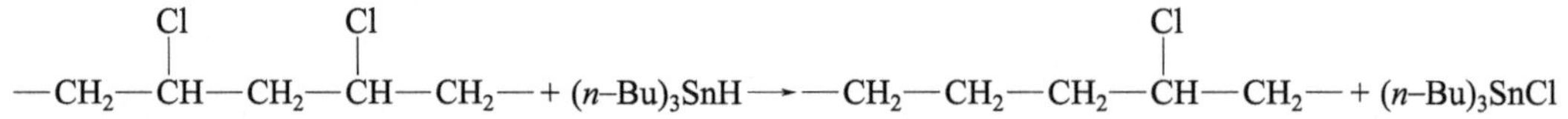

$$—CH_2—\overset{\overset{\displaystyle Cl}{|}}{CH}—CH_2—\overset{\overset{\displaystyle Cl}{|}}{CH}—CH_2— + (n\text{-Bu})_3\text{SnH} \longrightarrow —CH_2—CH_2—CH_2—\overset{\overset{\displaystyle Cl}{|}}{CH}—CH_2— + (n\text{-Bu})_3\text{SnCl}$$

已经发现,在 PVC 到聚乙烯(PE)的整个组成范围内(Schilling 等,1985 年),可以制备"无规"的 E-V 共聚物。采用 $[(n\text{-Bu})_3\text{SnH}]$ 对 PVC 还原脱氯制备与起始 PVC 链长相同的 E-V 共聚物,通过[13]C 核磁共振分析(Schilling 等,1985 年)确定了其微结构,如图 9.1 所示。

9.2.2 E-V 共聚物的微结构

对 E-V 微结构的分析取决于我们的能力,是否可以对其[13]C 核磁共振谱观测的共振,解析对特定共聚单体和立构序列的归属。按照 γ-左右式效应方法计算各种 E-V 微结构的[13]C 化学位移,可以实现这一点(Tonelli 和 Schilling,1981 年)。使用 Mark(1973 年)

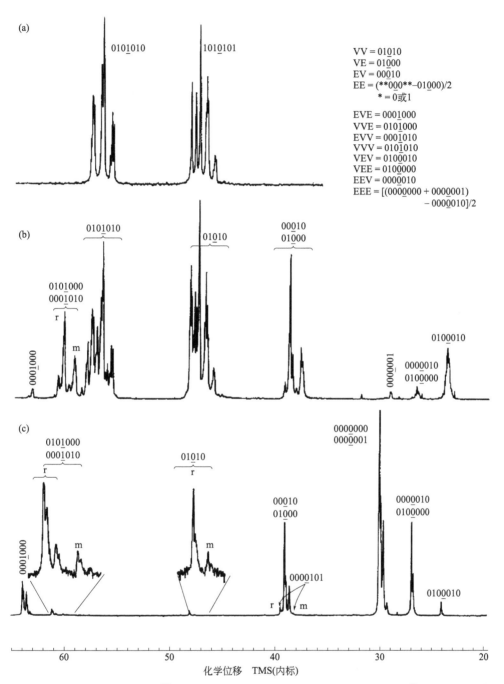

图 9.1　(a) PVC 的 50.31-MHz ^{13}C 核磁共振波谱；(b) E-V-84 的 50.31-MHz ^{13}C 核磁共振波谱；(c) 部分还原的 PVC，E-V-21 的 50.31-MHz ^{13}C 核磁共振波谱。注意右上角的 E-V 微结构名称表，其中 0，1 表示 CH_2，CHCl 中的碳。共振对应于带下划线的碳。不同立构序列的分配由 Schilling 等 (1985 年) 给出 [经 Schilling 等 (1985 年) 许可转载]

针对 E-V 共聚物发展的 RIS 模型，和我们在研究 PVC 及其低聚物模型化合物时确定的 γ-左右式效应 ［Tonelli 等（1979 年）和见第 5 章］，计算了图 9.2 中所示 E-V 微结构的^{13}C 化学位移，即 $\gamma_{CH\text{或}CH_2,CH_2}=-5$，$\gamma_{CH_2,CH}=-2.5$，和 $\gamma_{CH\text{或}CH_2Cl}=-3$。注意，在某些特定的 E-V 微结构中，亚甲基碳原子（例如 E、LVCl 和 VCD 亚甲基相比较）在 β 位置可能具有 0、1 或 2 个氯原子。在对氯化石蜡的^{13}C NMR 研究中发现（Stothers，1972 年），β-位的单个氯取代基使得峰位置向低场移动$+10.5$，而两个 β-Cl 同时取代导致的去屏蔽效应，会使峰位置向低场移动$+19.5$。在 EV 共聚物^{13}C 化学位移的分析中，同时考虑了 γ-效应和 β-Cl 效应（见第 4 章）。图 9.3 比较了几种 E-V 共聚物实际观测和预测的^{13}C 化学位移。

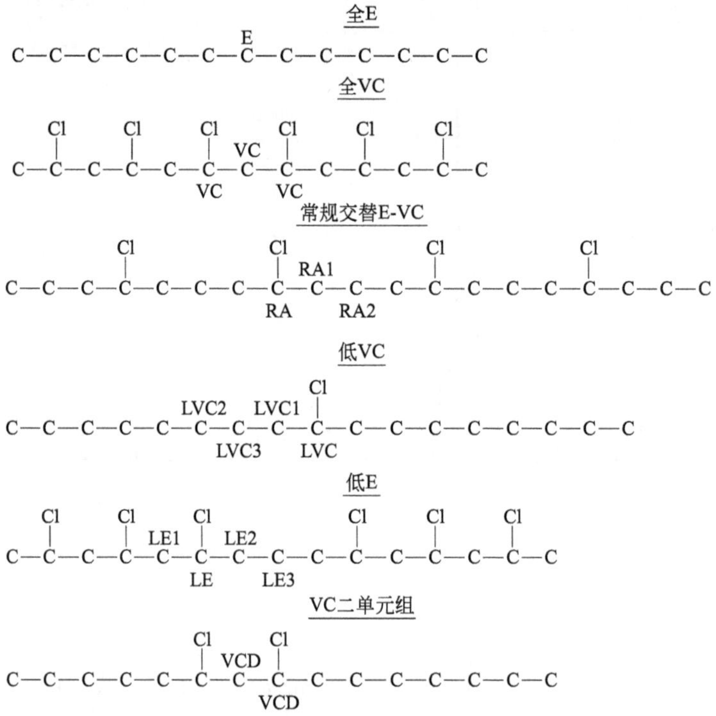

图 9.2　在 E-V 共聚物中可能存在的微结构 ［经 Tonelli 和 Schiling （1981 年） 许可转载］

在 E-V 共聚物中观测和计算的^{13}C 化学位移之间的一致性，证实了由 PVC 及其低聚物的^{13}C NMR 波谱得到的 γ-效应（Tonelli 等，1979 年），和由 Mark （1973 年） 发展的 E-V 共聚物的构象模型。我们预测 E-V 共聚物中各种微结构的^{13}C 化学位移的能力，使我们能够确定图 9.1 中所示的共振。将峰面积进行积分，可以对共聚单体可能的序列进行推测，并且得到 E-V 共聚物共聚单体的组成。这些结果总结在表 9.1 中。

在表 9.2 中，采用 $(n\text{-Bu})_3SnH$ 还原剂，从 PVC 开始完全随机去掉氯原子，可以预测其中共聚单体二单元组和三单元组所占的分数，并与观测的分数比较。对轻度还原的 E-V 共聚物，例如 E-V-84，对于共聚单体的序列所观测的分布几乎是随机的。然而，随着还原反应的进行，从观测的二单元组和三单元组的分数中可以明显看出，相对于与 E 单元邻接的 V 单元的氯原子，那些与另一个 V 单元邻接的 V 单元的氯原子会被优先除去。这导致由因为氯原子随机脱除，期望出现全 V 单元和全 E 单元的次数减少，并且 E、V 单元交替增加，正如 EVE 和 VEV 三单元组预测数量较高也反映出这一点。在还原反应进行到 80％到 85％之间时，所有的 VV 二单元组都消失了，并且所有 V 单元的两侧都至少有一个 E 单元。

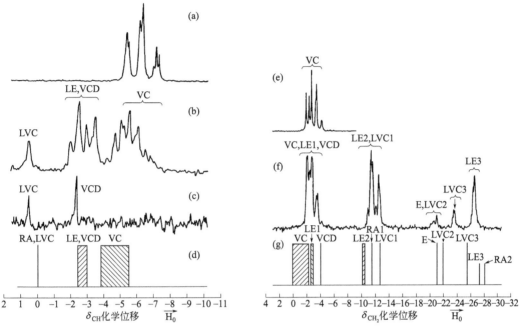

图 9.3 （a）107℃下的无规 PVC 的 25.16-MHz ^{13}C 核磁共振波谱（次甲基碳区），以 1,2,4-三氯苯为溶剂的 0.1g/mL 溶液。添加的 Me$_4$Si 化学位移为 62.5。（b）29％硫醇还原的聚氯乙烯，其余条件与（a）相同（Starnes 等，1978 年）。（c）99.6％ LiAlH$_4$ 还原的聚氯乙烯，其他条件与（a）相同（Tonelli 和 Schilling，1981 年）。（d）图 9.2 中显示的 E-VC 微结构中的甲氧基在 100℃下计算的 ^{13}C 化学位移。共振的宽度是由于 VC 单元的立体规整性产生的化学位移色散引起的。（e）与（a）相同，除亚甲基碳区域不同。（f）与（b）相同，除亚甲基碳区域不同。（g）100℃下计算的图 9.2 的 E-VC 微结构中的亚甲基碳的 ^{13}C 化学位移。共振的宽度是由于 VC 单元的立体规律所产生的化学位移色散引起的［经 Tonelli 和 Schilling（1981 年）许可转载］

表 9.1 E-V 共聚物的二单元组和三单元组概率[①]

共聚物[②]	P_{VV}	$P_{VE}=P_{EV}$	P_{EE}	P_{EVE}	$P_{VVE}=P_{EVV}$	P_{VVV}	P_{VEV}	$P_{VEE}=P_{EEV}$	P_{EEE}
E-V-85	0.742	0.124	0.011	0.015	0.115	0.619	0.114	0.011	0.0
E-V-84	0.709	0.134	0.023	0.025	0.108	0.615	0.101	0.019	0.004
E-V-71	0.470	0.239	0.052	0.063	0.175	0.310	0.175	0.048	0.008
E-V-62	0.344	0.278	0.099	0.116	0.177	0.177	0.177	0.075	0.027
E-V-61	0.343	0.275	0.107	0.121	0.173	0.198	0.141	0.083	0.029
E-V-60	0.316	0.285	0.114	0.141	0.167	0.154	0.179	0.077	0.038
E-V-50	0.200	0.297	0.205	0.192	0.133	0.073	0.166	0.129	0.045
E-V-46	0.147	0.309	0.235	0.205	0.116	0.037	0.149	0.140	0.098
E-V-37	0.087	0.286	0.342	0.219	0.078	0.012	0.115	0.158	0.183
E-V-35	0.061	0.278	0.383	0.224	0.064	0.015	0.090	0.168	0.208

共聚物②	P_{VV}	$P_{VE}=P_{EV}$	P_{EE}	P_{EVE}	$P_{VVE}=P_{EVV}$	P_{VVV}	P_{VEV}	$P_{VEE}=P_{EEV}$	P_{EEE}
E-V-21	0.014	0.197	0.593	0.190	0.016	0.0	0.035	0.153	0.436
E-V-14	0.0	0.127	0.746	0.104	0.0	0.0	0.051	0.123	0.599
E-V-2	0.0	0.025	0.950	0.021	0.0	0.0	0.0	0.026	0.926

①Schilling 等（1985 年）。

②例如，名称 E-V-62 表示 62%（摩尔分数）单位。

表 9.2　共聚单体中观察与计算出的二单元组和三单元组占比随机分布或伯努利分布比较①

共聚物	Xv	二单元组部分			三单元组部分					
		VV	VE+EV	EE	VVV	VVE+EVV	VEV	VEE+EEV	EVE	EEE
E-V-84	84.3	0.709②	0.268	0.023	0.615	0.216	0.101	0.038	0.025	0.004
		0.711③	0.266	0.023	0.599	0.223	0.111	0.042	0.021	0.004
E-V-62	62.3	0.344	0.556	0.100	0.177	0.354	0.177	0.150	0.116	0.027
		0.388	0.470	0.142	0.242	0.292	0.146	0.177	0.089	0.054
E-V-46	45.6	0.147	0.618	0.235	0.037	0.231	0.149	0.280	0.205	0.098
		0.208	0.496	0.296	0.095	0.226	0.113	0.270	0.135	0.161
E-V-21	21.2	0.014	0.394	0.592		0.032	0.035	0.306	0.191	0.436
		0.045	0.334	0.621	0.010	0.071	0.035	0.263	0.132	0.489
E-V-14	13.6	0.000	0.254	0.746		0.000	0.051	0.246	0.104	0.599
		0.018	0.236	0.746	0.003	0.032	0.016	0.203	0.101	0.645

①Schilling 等（1985 年）。

②实际观测值。

③随机或伯努利分布计算值。

图 9.1（c）给出了 EV-21 的 ^{13}C NMR 谱图和微结构的共振归属（Schilling 等，1985年），其基础是通过基于 γ-左右式效应方法［参见图 9.3 和 Tonelli 和 Schilling（1981年）］计算的 ^{13}C 化学位移，与氯化正烷烃模型化合物得到的波谱进行比较（Schilling 等，1985年）得到的。三单元组 VVE 和 EVV（0101000 和 0001010）中心 V 单元的次甲基碳，表现出两组以 60.4 为中心的共振信号，对应于外消旋（r）和内消旋（m）VV 二单元组。观察结果显示，内消旋 2,4-二氯戊烷和内消旋 4,6-二氯壬烷中的亚甲基碳，比对应的外消旋异构体向高场位移了 1（Schilling 等，1985年），这与他们计算的 γ-左右式效应化学位移数值一致（Tonelli 和 Schiling，1981年），我们认为高场信号对应 m-(VVE＋EVV) 三单元组，更强的低场信号对应 r-(VVE＋EVV) 三单元组。

47.4 和 48.0 之间的共振，对应于 VV（01010）二单元组中的次甲基碳包围的亚甲基碳，其中高场峰对应 m-VV 二单元组，低场峰对应 r-VV 二单元组，这与在二氯代烷中观测的共振峰顺序一致（Schilling 等，1985年）。如所预期的，VV 亚甲基碳共振的积分面积是 VVE＋EVV 三单元组中次甲基共振面积的一半，并且两个区域中外消旋与内消旋强度的比率相同（4.2）。

未还原的 PVC 是伯努利型聚合物（Bernoullian polymer），其 $P_m＝0.44$，因此，r 与 m 二单元组的比率 $P_r/P_m＝0.56/0.44＝1.27$［见图 9.1（a）］。用 $(n\text{-Bu})_3$SnH 还原脱除 79％ 的氯得到的 E-V-21 共聚物，其 r 与 m 的二单元组比率为 4.2。显然，m-二单元

组优先被 $(n\text{-Bu})_3\text{SnH}$ 还原，在用 LiAlH_4 还原 PVC 也观察到了同样的现象（Starnes 等，1979）。在 LiAlH_4 还原 PVC 的过程中，即使 98％的氯已被除去，还能观察到孤立的 VV 二单元组。与使用 $(n\text{-Bu})_3\text{SnH}$ 还原 PVC 相比，当还原进行到 80％至 85％时，VV 二单元组即消失。因此，采用 $(n\text{-Bu})_3\text{SnH}$ 与采用 LiAlH_4 相比，孤立的 VV 二单元组更容易被还原。

对于原始的 PVC 和五种 E-V 共聚物［其中四种通过 $(n\text{-Bu})_3\text{SnH}$ 还原（Schilling 等，1985 年），另一种通过 LiAlH_4 还原（Starnes 等，1979 年）］，r 和 m 二单元组比例的观测值随还原程度的变化列于表 9.3。正如 Starnes 等（1979 年）所指出的那样，我们可以通过比较原始的 PVC 和剩余在 E-V 共聚物中 m 和 r 二单元组的浓度，来获得控制 m 和 r VV 二单元组还原反应的速率常数之比（k_m/k_r）。对于用 $(n\text{-Bu})_3\text{SnH}$ 还原的四种 E-V 共聚物，$k_m/k_r=1.32\pm0.1$，而对于用 LiAlH_4 还原的 E-V，Starnes 等（1979 年）发现了相似的值 $k_m/k_r=1.48$。

表 9.3　E-V 共聚物的 VV-二单元组立构序列[①]

E-V 共聚物	Cl 去除量 /%（摩尔分数）	r/m[②]	k_m/k_r
PVC	0	1.27	
E-V-46	54.4	1.9	1.21
E-V-37	62.7	2.8	1.38
E-V-35	65.2	2.8	1.32
E-V-21	78.8	4.2	1.33
E-V-2[③]	98.1	11.1	1.48

①Schilling 等（1985 年）。
②外消旋二单元组浓度/内消旋二单元组浓度。
③Starnes 等（1979 年）通过 LiAlH_4 还原所得。

控制 m 和 r-二单元组还原反应的速率常数之比看起来与还原程度无关。显然，从 m 和 r VV-二单元组脱氯的相对速率与 E-V 共聚物的更远程的微结构无关，比如特定母体 E-V 的三单元组会含有 VV 二单元组。

9.2.3　PVC 模型化合物的 $(n\text{-Bu})_3\text{SnH}$ 还原反应

从 E-V 共聚物的[13]C NMR 分析可以得出推断，使用 $(n\text{-Bu})_3\text{SnH}$ 将 PVC 还原成 E-V 共聚物，并最终得到 PE 时，VV 二单元组上的氯，相较于 EVE 三单元组上孤立的氯会被优先除去，并且 m-VV 二单元组上的氯，比 r-VV 二单元组上的氯还原速度快。Jameison 等（1986 年，1988 年）使用 $(n\text{-Bu})_3\text{SnH}$ 还原 PVC 二单元组、三单元组模型化合物 2,4-二氯戊烷（DCP）和 2,4,6-三氯庚烷（TCH），并希望它们能够作为将 PVC 还原成 EV 共聚物的有效模型。与聚合物（PVC 和 E-V）不同，DCP 和 TCH 是低分子量液体，可以在几分钟内记录其高分辨率[13]C NMR 波谱信号。这样，在 NMR 样品管中直接监测 $(n\text{-Bu})_3\text{SnH}$ 还原过程，并追踪脱氯动力学过程成为可能。

Jameison 等（1986 年，1988 年）发现：在 50℃时，$(n\text{-Bu})_3\text{SnH}$ 还原 PVC 模型化合物 DCP 和 TCH，在 5h 后完成了 80％。通过比较不同测量时间点的 $(n\text{-Bu})_3\text{SnH}$ 和

$(n\text{-Bu})_3\text{SnCl}$ 的量，可以确定还原程度。在还原过程中每个采样点必须记录 10 次扫描，每次扫描之间有 30s 的间隔。为了证实扫描间隔 30s 的时间足以获得定量波谱，测量了 DCP、TCH、$(n\text{-Bu})_3\text{SnH}$、$(n\text{-Bu})_3\text{SnCl}$、2-氯戊烷、戊烷、2,4-二氯庚烷、2,6-二氯庚烷、2-氯庚烷、4-氯庚烷和庚烷中每种碳的自旋-晶格弛豫时间 T_1（Freeman 和 Hill，1971 年）。

如下所示，在 $(n\text{-Bu})_3\text{SnH}$ 还原过程中，DCP（D）依次转化为 2-氯戊烷（M）和戊烷（P）：

$$D \xrightarrow{k_D} M \xrightarrow{k_M} P$$

反应速率常数的比值 $K = k_M/k_D$ 可从在不同还原度 x 下测量 D 和 M 浓度而获得（Benson，1960 年），根据：

$$\frac{M_x}{D_x} = \frac{1 - (D_x/D_0)^{K-1}}{K-1} \tag{9.1}$$

式中下标 0 和 x 表示初始浓度和还原至 $x\%$ 后的浓度。

通过比较 DCP 和 2-氯辛烷（M'）分别同时被 $(n\text{-Bu})_3\text{SnH}$ 还原成戊烷（P）和辛烷（O），可以得出测定 M 和 D 相对还原反应速率（即 $K = k_M/k_D$）的另一种方法，即：

$$D \xrightarrow{k_D} M \xrightarrow{k_M} P$$

$$M' \xrightarrow{k_{M'}} O$$

在这种情况下，$K' = k_{M'}/k_D$ 由下列公式（Benson，1960 年）得出：

$$K' = \frac{\ln(M'_x/M'_0)}{\ln(D_x/D_0)} \tag{9.2}$$

式（9.2）也可用于确定内消旋（m）和外消旋（r）DCP（D_m、D_r）的相对还原反应速率，其中 M' 和 D 替换为 D_m 和 D_r：

$$D_m \xrightarrow{k_{D_m}} M \xrightarrow{k_M} P$$

$$D_r \xrightarrow{k_{D_r}} M \xrightarrow{k_M} P$$

在用 $(n\text{-Bu})_3\text{SnH}$ 还原 TCH（T）的早期阶段，可以比较中心（4）和末端（2,6）氯的相对反应活性。在还原的早期阶段，仅产生 2,6-和 2,4-二氯庚烷（2,6-D 和 2,4-D），如下所示：

$$T \xrightarrow{k_C} 2,6\text{-D}$$

$$T \xrightarrow{k_T} 2,4\text{-D}$$

从生成的二氯庚烷的相对浓度我们可以直接确定中段氯（C）和端基末段氯（T）的相对反应速率 k_C/k_T：

$$\frac{k_C}{k_T} = \frac{2,6\text{-D}}{2,4\text{-D}} \tag{9.3}$$

对于 DCP 及其 $(n\text{-Bu})_3\text{SnH}$ 还原的产物，包括几种不同还原程度，含它们的亚甲基和次甲基碳共振的那部分 50.13-MHz ^{13}C NMR 谱图，示于图 9.4。比较具有相似弛豫时间 T_1（见上文）的共振强度，可以定量计算任一还原程度下存在的每种物质（D、M、P）的量。

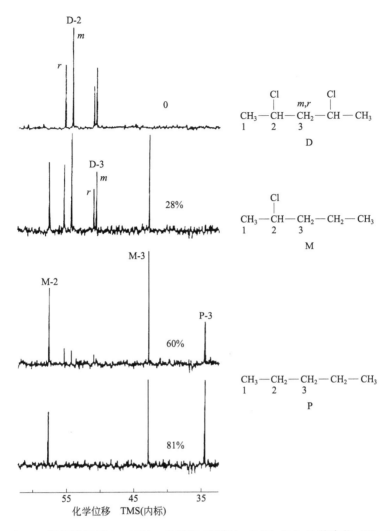

图 9.4 $(n\text{-Bu})_3\text{SnH}$ 还原进行到 0、28%、60% 和 81% 时，DCT（D）及其产物（M、P）的 50.13-MHz ^{13}C NMR 波谱［经 Jameison 等（1986 年，1988 年）许可转载］

在 $(n\text{-Bu})_3\text{SnH}$ 还原 DCP 的过程中，观测到的 D（DCP）、M（2-氯戊烷）和 P（戊烷）含量（%）的观测值对还原度 x 的作图，示于图 9.5。式（9.1）通过最小二乘法拟合计算和观测的 M_x/D_x 值来求解的 $K = k_M/k_D$。将观察值 D_x/D_0 代入式（9.1），以获得对应的与预期 $K = k_M/k_D$ 相符的计算值 M_x/D_x，并将它与实际观测值 M_x/D_x 进行比较。这个处理得出 $K = k_M/k_D = 0.26$，这意味着 DCP 较 2-氯戊烷（m）的还原容易 4 倍。而 DCP 和 2-氯辛烷（M）的同时还原，根据式（9.2），可以得出 $K' = k_{M'}/k_D = 0.24$，进一步支持了 VV-二单元组的氯比 EVE-三单元组中孤立氯的脱除速度快 4 倍的观察结果。此外，观测的 2-氯辛烷和 4-氯辛烷被 $(n\text{-Bu})_3\text{SnH}$ 还原的速率在实验误差内是相同的，表明一个孤立氯的反应活性与结构的位置或链端效应无关。

在 $(n\text{-Bu})_3\text{SnH}$ 还原 DCP 的过程（参见图 9.4）中，剩余 m 与 r 异构体的观测比率（m/r）对还原度 x 的作图，示于图 9.6。将这些数据代入方程（9.2）得出比率 $k_m/k_r =$

1.3。显然，m-VV 二单元组的反应活性比 r-VV 二单元组高 30％。

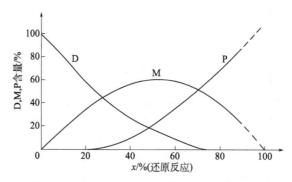

图 9.5 在 (n-Bu)$_3$SnH 还原 DCP 时观测的反应物（D、M）和产物（M、P）的分布。D＝DCP，M＝2-氯戊烷，P＝戊烷［经 Jameison 等（1986 年，1988 年）许可转载］

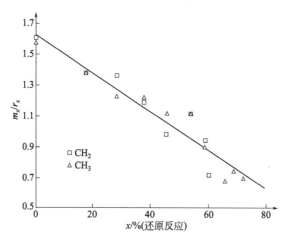

图 9.6 采用亚甲基（参见图 9.4）和甲基 ^{13}C 共振测量 (n-Bu)$_3$SnH 还原后剩余的 DCP 的 m 和 r 同分异构体比例［经 Jameison 等（1986 年，1988 年）许可转载］

  对于从 (n-Bu)$_3$SnH 还原 PVC 得到的 E-V 共聚物，其 ^{13}C NMR 分析（Schilling 等，1985 年）可以得出 $k_m/k_r=1.31+0.1$，这与 m-DCP 和 r-DCP 脱氯反应观测的动力学过程非常一致（Jameison 等，1986 年，1988 年）。同样还发现，在 PVC 脱氯 80％以上得到的 E-V 共聚物中都不存在 VV 二单元组。这一观察结果通过 DCP 的 (n-Bu)$_3$SnH 还原反应得到了证实和量化，其间，PVC 二单元组这种模型化合物中的氯比 2-氯戊烷、2-氯辛烷和 4-氯辛烷中孤立的氯脱除容易 4 倍。

  对于 (n-Bu)$_3$SnH 还原反应进行到 43％之前和之后的 TCH，其 ^{13}C NMR 波谱的次甲基区域示于图 9.7。根据 TCH 用 (n-Bu)$_3$SnH 还原反应的初期阶段观测的 2,6-二氯庚烷和 2,4-二氯庚烷（2,6-D 和 2,4-D）的相对浓度，TCH 中心氯的反应活性比末端氯高 50％，即根据式（9.3）有 $k_C/k_T=1.5$。同样还发现 TCH 中心氯的反应活性也依赖于其立体异构体的环境，顺序如下：$mm>mr$ 或 $rm>rr$。

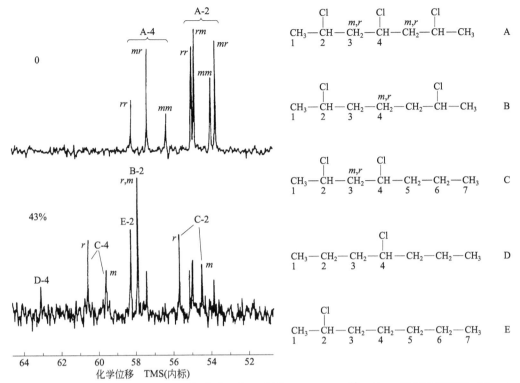

图 9.7 (n-Bu)₃SnH 还原 TCH，还原程度为 0 和 43% 的 50.13-MHz ¹³C NMR 波谱甲基区域（Jameison 等，1986 年，1988 年）。通过 TCH（Tonelli 等，1979 年）、DCP、2-氯辛烷和 4-氯辛烷的化学位移数据确定各归属［经 Jameison 等（1986 年，1988 年）许可转载］

在 (n-Bu)₃SnH 还原 TCH（Jameison 等，1986 年，1988 年）和 PVC（Schilling 等，1985 年）的过程中，观测的三单元组序列变化的比较，作为相对还原百分率的函数，表示于图 9.8。编号为 0、1、2 和 3 的曲线，分别对应于含有 0(EEE)、1(EEV＋VEE＋EVE)、2(VVE＋EVV＋VEV) 和 3(VVV) 个氯原子的三单元组。描述 TCH 和 PVC 还原产物的曲线之间的一致性提供了强有力的证据，证明 TCH 对于 (n-Bu)₃SnH 还原 PVC 是一种合适模型化合物，并且清楚表明 (n-Bu)₃SnH 还原 PVC 与超过三单元组长度的共聚单体序列无关。

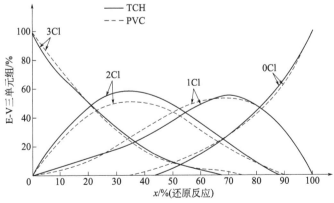

图 9.8 (n-Bu)₃SnH 还原 TCH（实线）（Jameison 等，1986 年，1988 年）和 PVC（虚线）（Schilling 等，1985 年）过程中，¹³C NMR 观测的共聚单体三单元组分布［经 Jameison 等（1986 年，1988 年）许可转载］

在表 9.4 的第一列中，列举出了所有可用[13]C NMR 鉴别的中心单元为 V 的 E-V 三单元组。相同的三单元组结构采用二元表示法（0＝E，1＝V）列于第二列，中央 V 单元标记为 $(n\text{-Bu})_3\text{SnH}$ 攻击的位点，终端单元标记为一（前位点）或＋（后位点）。根据 DCP 和 TCH 的还原反应动力学，在最后一列中给出了每个三单元组中的中心 V(1) 单元对 $(n\text{-Bu})_3\text{SnH}$ 的相对反应活性。对于 EVV（011）三单元组，预计中心氯的脱除速度比 EVE（010）三单元组中的分离氯原子快 3.5（r）和 4.6（m）倍，因为 DCP 的 $k_D/k_M=4.0$，$k_m/k_r=1.3$。用 $(n\text{-Bu})_3\text{SnH}$ 还原 VVV(111) 三单元组，其中心氯的脱除速度比 EVE 快 6.0（mr 或 rm）、4.6（rr）和 7.8（mm）倍，基于 DCP 的 $k_D/k_M=4.0$，$k_m/k_r=1.3$，而 TCH 的 $k_C/k_T=1.5$。

表 9.4　E-V 三单元组的中心氯相对反应活性[①]

E-V 三单元组	还原位点				K（相对）
	—			＋	
EVE	0		1	0	1.0
EVV	0		1 r	1	3.5
EVV	0		1 m	1	4.6
VVV	1 m		1	r 1	4.0×1.5＝6.0
VVV	1 r		1	r 1	6.0/1.3＝4.6
VVV	1 m		1	m 1	6.0×1.3＝7.8

①Jameison 等（1986 年，1988 年）。

9.2.4　TCH 和 PVC 还原反应的计算机模拟

我们开始以 100 个 TCH 分子来反映还原前 TCH 样本的立体化学组成，即有 52 个（mr 或 rm），28 个（rr）和 20 个（mm）（Jameison 等，1986 年，1988 年）。TCH 分子的选择基于随机整数 I_r 的产生，其中 $I_r<101$。如果 $I_r<53$，则选择的 TCH 分子是 mr 或 rm 异构体。如果 $52<I_r<81$，那么 TCH 是 rr，如果 $I_r>80$ 则是 mm。

接下来，对于选定的 TCH 异构体，我们随机选择一个终端单元或中间单元查看它是 V 或是 E 单元。如果选择了终端 V 单元，我们就检查相邻的中央单元是 V 还是 E。如果中央单元也是 V，我们确定这个 VV 二单元组是 m 还是 r。对于 rVV 和 mVV 二单元组，末端 V 单元氯的相对反应活性分别为 3.5 和 4.6（见表 9.4）。如果中心单元是 E，那么我们假设 VEE、EEV 或 VEV 三单元组中的孤立终端单元的相对反应活性，与 EVE 三单元组中孤立的中央 V 单元的相对反应活性相同。$(n\text{-Bu})_3\text{SnH}$ 还原 2-氯辛烷和 4-氯辛烷观察到全同的反应速率，支持了这一假设。

最后，我们选择介于 0.0 和 1.0 之间的一个随机数。将相对反应活性除以 TCH 和部分还原 TCH 中的 VVV、EVV 或 VVE、VEV、VEE 或 EEV 和 EVE 各种异构体中氯的相对反应活性总和（见表 9.4），若其值大于此随机数，那么我们就脱除末端氯（V→E 或 1→0），并修改所选 TCH 异构体中心 V 单元的相对反应活性，因为其末端相邻单元已从

V 变为 E（1 到 0）。

重复该过程，直到达到所需的还原反应百分数 x，其中 $x = 100 \times$（脱除氯的数量）/ 300。然后，在 x 的当前值下，测试每个 TCH 分子中剩余的 V 单元的数量和序列。将含有 3、2、1 和 0 个氯的 TCH 分子或 V 单元的模拟百分数对还原反应程度 x 作图，并与不同 $(n\text{-Bu})_3$SnH 还原反应程度下的观测值进行比较，示于图 9.9。基于对于 DCP 和 TCH 二者观测的还原反应动力学，模拟和观测的 TCH 还原反应产物之间的一致性是良好的。

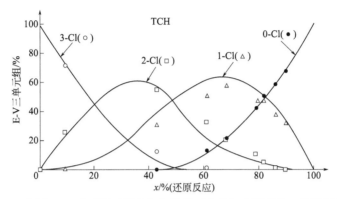

图 9.9 $(n\text{-Bu})_3$SnH 还原 TCH 中观测（符号）和模拟（实线）共聚单体三单元组分布［经 Jameison 等（1986 年，1988 年）许可转载］

PVC 的 $(n\text{-Bu})_3$SnH 还原反应模拟按照上述对 TCH 类似的方式进行。不同的是，我们采用蒙特卡罗法生成的具有 1000 个重复单元的 PVC 链（Tonelli 和 Valenciano，1986 年），而不是从 100 个 TCH 分子开始，重现用于还原成 E-V 共聚物的 PVC 实验样品的立构序列组成（Schilling 等，1985 年），即一个 $P_m = 0.44$ 的伯努利型 PVC。在这一点上，生成的 PVC 链的长度（分子量）和立体化学结构与 PVC 的起始实验样品相同。

如果重复单元是未反应的 V 单元，则随机加以选择，检查与所选单元相邻的单元是为 E 或是为 V。一旦确定了还原反应选择的重复单元的三单元组结构（共聚单体和立构序列）后，为了得到还原反应进行的概率，就以这个 E-V 三单元组的相对反应活性，除以所有 V 为中心的 E-V 三单元组的相对反应活性之和，如表 9.4 所列。在 0.0 和 1.0 之间产生一个随机数，如果它小于所选 E-V 三单元组的还原反应的概率，则从中央 V 单元中脱氯，然后变成为 E 单元。

如果所选择用于还原反应的 E-V 三单元组的任一末端单元是 V 单元，则其相对反应活性发生改变，反映出中心单元从 V 变化为 E。还原程度由 $100 \times$（脱除氯的数量）/ 1000 计算得出，如果它与预期的还原反应水平相一致，则得出 E-V 共聚物中剩余的每类三单元组的数量。对若干条 PVC 链重复整个过程，而且对 PVC 链生成的集合进行平均，直到在每一还原反应程度上每种类型三单元组的分数保持不变。

观测的（见表 9.1）和模拟的 E-V 三单元组成分的比较，按照它们对于借助 $(n\text{-Bu})_3$SnH 的整个还原反应程度作图，示于图 9.10。一致性非常好，比 TCH 的还原反应所发现的一致性提高了很多。这至少在一定程度上是下列原因的后果：PVC 还原反应产生的 E-V 三单元组的组成是由 ^{13}C NMR 数据获得的，其值相对准确性高，因为 TCH 的数据（Jameison 等，1986 年，1988 年）是在还原反应期间收集的，并且是累积 ^{13}C NMR 波谱所需时间（约 10min）中的平均值，而 E-V 数据（Schilling 等，1985 年）是从反应烧瓶中取出的静态样品所获得。

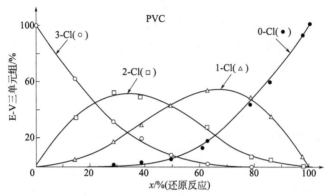

图 9.10 $(n\text{-Bu})_3\text{SnH}$ 还原 PVC 中观测（符号）和模拟（实线）共聚单体三单元组分布的比较［经 Jameison 等（1986 年，1988 年）许可转载］

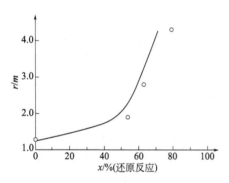

图 9.11 $(n\text{-Bu})_3\text{SnH}$ 还原 PVC 中观测（符号）和模拟（实线）的 VV 二单元组的 r/m 比率的比较［经 Jameison 等（1986 年，1988 年）许可转载］

在 PVC 通过 $(n\text{-Bu})_3\text{SnH}$ 还原反应得到的 E-V 共聚物中，由 ^{13}C 核磁共振可以观测 VV 二单元组的 r/m 比率；而基于 $(n\text{-Bu})_3\text{SnH}$ 还原 DCP 和 TCH 的动力学观测，对 PVC 还原反应进行计算机模拟也可以得出这一比率，二者的比较示于图 9.11。二者的一致性很好，并且这种一致性为我们提供了 E-V 立构序列随着共聚单体组成而变化的规律。

对于 PVC 的 $(n\text{-Bu})_3\text{SnH}$ 还原反应，模拟和观测之间极其吻合，这意味着 DCP 和 TCH 二者都是研究 PVC 还原反应适当的模型化合物。DCP 可用于获得关于 mVV 和 rVV 二单元组的，以及 VV 和 EV 二单元组的相对反应活性的动力学信息；TCH 的还原反应提供了 VVV 三单元组中心和末端氯的相对反应活性。

对于 PVC 通过 $(n\text{-Bu})_3\text{SnH}$ 还原反应产生的这些 E-V 共聚物，其物理性质对其微结构细节的变化十分灵敏，其中包括共聚单体分布和立构序列分布（Tonelli 等，1983 年；Bowmer 和 Tonelli，1985 年，1986 年 a、b，1987 年；Tonelli 和 Valenciano，1986 年；Gomez 等，1987 年，1989 年）。E-V 共聚物的 ^{13}C NMR 分析（Schilling 等，1985 年）可以得到微结构信息，达到并包含共聚单体三单元组水平。但是，诸如结晶度的那些性质依赖于比共聚单体三单元组尺度更大的 E-V 微结构。例如，在 E-V 共聚物中形成的晶体的数量和稳定性依赖于连续的全 E 序列的数量和长度。对于 PVC 的 $(n\text{-Bu})_3\text{SnH}$ 还原反应，就涉及生成 E-V 共聚物中较长共聚单体序列的信息而言，进行计算机模拟能力的提高使其可以实现。

在两种还原程度下（70% 和 90%），连续全 E 单元序列中 E 单元所占的比例（%），作为序列长度的函数，示于图 9.12。这些数据是从两种途径得出的：（i）模拟 PVC 用

（n-Bu）$_3$SnH 的还原反应；（ii）假设在还原期间氯的脱除是随机的。图 9.12 中的模拟数据清楚表明，通过 PVC 用 （n-Bu）$_3$SnH 还原反应获得的 E-V 共聚物与随机脱氯所得产物相比，全 E-单元序列的数量和长度明显降低。虽然在图 9.12 中并没有表示出来，对于随机脱氯反应，当 $x > 29$ 时，全 E 序列…VE$_x$V… 中 E 单元的占比为 27%；而在 （n-Bu）$_3$SnH 还原的聚氯乙烯中仅为 14%。例如，当讨论由 （n-Bu）$_3$SnH 还原 PVC 获得的 E-V 共聚物的结晶形态时 （Gomez 等，1987 年，1989 年），必须考虑这个观察结果的影响。

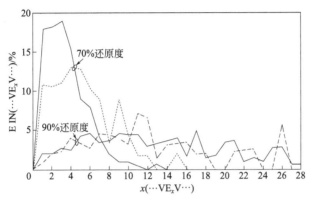

图 9.12　连续全 E 单元序列中 E 单元的占比对序列长度和还原程度的函数。实线对应于计算机模拟的 （n-Bu）$_3$SnH 还原聚氯乙烯，虚线对应于假设随机去脱氯反应得到的模拟结果 ［经 Jameison 等（1988 年）许可转载］

9.3　1, 4-聚丁二烯的二卤卡宾改性

由于 1,4-聚丁二烯 （PBD） 双键的反应活性，它很容易改性，生成多种均聚物和共聚物 （Pinazzi 等，1969 年，1975 年；Pinazzi 和 Levesque，1967 年；Schilling 等，1983 年）。这里举一个有趣实例，即卡宾类物质对于 PBD 的加成反应，生成带有环丙基的饱和主链 （Siddiqui 和 Cais，1986 年 a、b；Cais 和 Siddiqui，1987 年；Cais 等，1987 年）。Cais 及其同事将顺式和反式 PBD （c-PBD、t-PBD） 与二氯-卡宾、二氟-卡宾和氟氯-卡宾进行反应，并同时使用一维和二维[1]H、^{13}C 和[19]F NMR 技术研究其加聚物的微结构。

9.3.1　PBD 的二卤卡宾加聚物中可能的微结构

正如对单纯的卡宾所预期的那样 （Kirmse，1971 年），双键的环丙烷化是立体定向的反应，即在 PBD 和二卤碳烯加成反应的过程中，双键的反式或顺式特征保持不变。我们用符号 D 表示未反应的 PBD：

$$\left(\!\!\!-CH_2-CH\!=\!CH-CH_2-\!\!\!\right)$$

用符号 C 表示与卡宾反应了的 PBD：

$$\left(\!\!\!-CH_2-\underset{\underset{C}{|}}{CH}-\underset{}{CH}-CH_2-\!\!\!\right)$$

重复单元中的 X、Y＝F 或 Cl。为了完全表征由二卤卡宾加成 PBD 生成的共聚物的微结构，除了反应的总转化度（mol％ C）之外，我们还必须确定共聚单体的序列分布、邻接 C 单元的立构序列；而且，对于氟氯加成物，还有 c-PBD：CFCl 中邻接环丙烷单元的顺式和反式排列。

在共聚单体的三单元组水平上，我们必须识别（或者区分）下面所示二氯卡宾与 c-PBD 加成反应物的六种微结构。

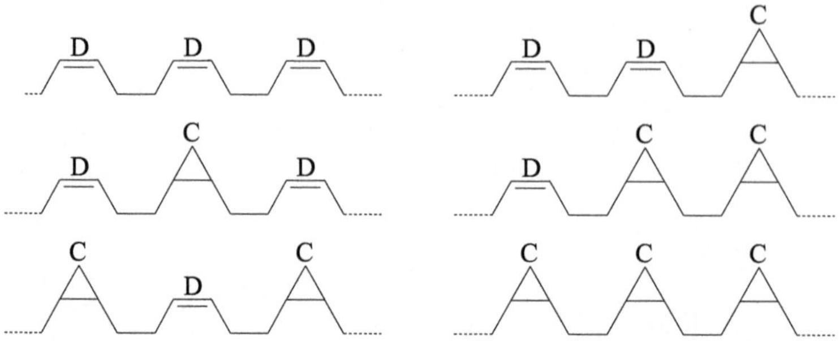

对于含有邻接 C 单元的微结构，二卤卡宾加成反应的立体化学可表示为如下列二氟卡宾的 C-C 二单元组：

最后，对于 c-PBD 与二卤卡宾的不对称加合物，孤立和邻接的环丙基单元存在几种相对取向。这种类型的异构化类似于区域序列异构体（参见第 7 章），举几个例子说明如下图所示。请注意，t-PBD：CFCl 加合物中的 F 和 Cl 原子仅从单一方向上进入链中：

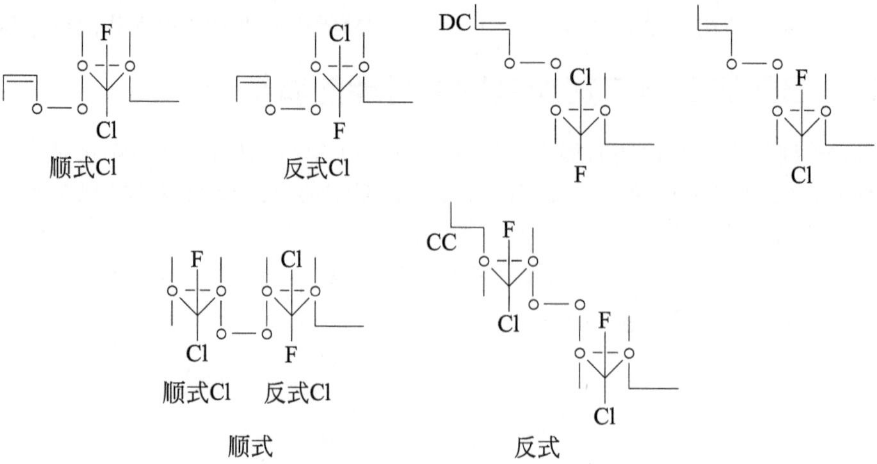

顺式Cl　　　反式Cl

顺式Cl　　反式Cl

顺式　　　　　反式

9.3.2 PBD 的二卤卡宾加合物的 NMR

c-PBD 和 t-PBD：CF_2 加合物的 500-MHz ^{1}H NMR 波谱，无法显示共聚单体序列的精细结构。然而，在顺式和反式加合物的[1]H NMR 波谱中（见图 9.13），来自 D 单元中未反应双键的烯丙基和烯属质子，与其余 C 单元的质子很好地分离。因此[1]H NMR 通过对适当的峰面积进行积分，^{1}H NMR 提供了测量转化率（mol%C 单元）最简单的方法，如图 9.13 所示。

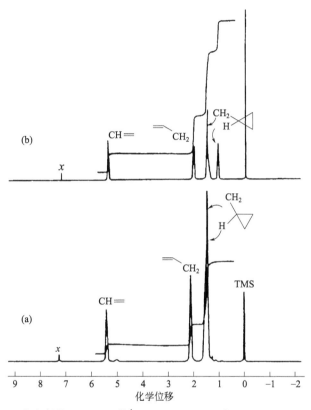

图 9.13　室温以 **CDCl₃** 为溶剂的 **500-MHz** 的[1]**H NMR**：（**a**）顺式 **PBD：CF₂**；（**b**）反式 **PBD：CF₂** 加合物。$x =$ **CHCl₃**〔经 **Siddiqui** 和 **CAIS**（**1986** 年 **a**）许可转载〕

图 9.14 表示出 c-PBD：CF_2 和 t-PBD：CF_2 加合物的[13]C NMR 谱。Siddiqui 和 Cais（1986 年 a）采用 DEPT 脉冲序列通过波谱编辑解析质子化碳的归属（Derome，1987年）。^{13}C NMR 波谱的烯烃区域对共聚单体序列最灵敏。图 9.15 和图 9.16 表示出几种 c-PBD：CF_2 和 t-PBD：CF_2 加合物的[13]C NMR 波谱的烯烃区域。该谱区域的详细归属示于表 9.5 和表 9.6，其中可以看出对共聚单体五单元组序列的敏感性。Siddiqui 和 Cais（1986 年 a）发现，如果假设共聚单体序列是随机分布或伯努利分布，就可以真实地模拟 c-PBD 和 t-PBD 与 CF_2 加合物的[13]C NMR 谱中所观测的烯烃区。显然，在 c-PBD 和 t-PBD 中的双键与二氟卡宾的环丙烷化是一个随机过程，不依赖于包含反应双键的共聚单体序列。

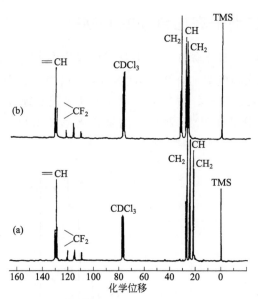

图 9.14 50℃，CDCl₃ 中，50.3-MHz 的 ^{13}C NMR 波谱：（a）顺式 PBD：CF₂ 和 （b）反式 PBD：CF₂ 加合物 ［经 Siddiqui 和 Cais（1986 年 a）许可转载］

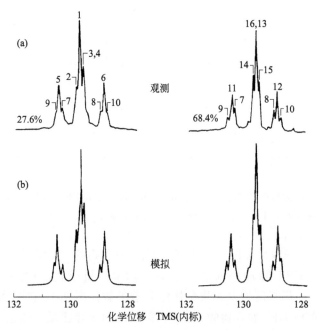

图 9.15 （a）CDCl₃ 中 50℃下顺式 PBD：CF₂ 加合物在指定转化率下的 50.3-MHz ^{13}C 波谱的烯烃碳区域；（b）相应转换率下顺式加合物的 ^{13}C 烯烃区域的计算机模拟。通过伯努利统计数据用于模拟，采用适当的化学位移和恒定线宽（4Hz）生成模拟波谱 ［经 Siddiqui 和 Cais（1986 年 a）许可转载］

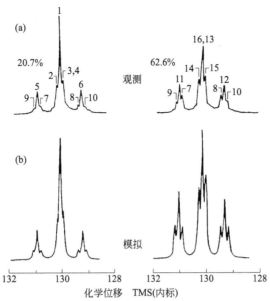

图 9.16 （a）50℃，溶剂为 CDCl$_3$ 的反式 PBD：CF$_2$ 在指定转化率下 50.3-MHz ^{13}C 波谱的烯烃碳区域；（b）计算机模拟的该转化率下的反式加合物的^{13}C 烯烃区域。通过伯努利统计数据用于模拟，采用适当的化学位移和恒定线宽（4Hz）生成模拟波谱［经 Siddiqui 和 Cais（1986 年 a）许可转载］

表 9.5　顺式-PBD：CF$_2$ 共聚物的烯烃碳的^{13}C 化学位移[①]

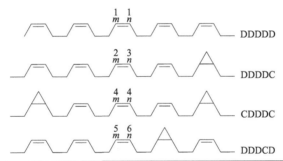

峰位置	C-类型序列	化学位移（Me$_4$Si）
1	DDDDD-m,n	129.68
2	DDDDC-m	129.79
3	DDDDC-n	129.54
4	CDDDC-m,n	129.54
5	DDDCD-m	130.41
6	DDDCD-n	128.81
7	CDDCD-m	130.27
8	CDDCD-n	128.92
9	DDDCC-m	130.53
10	DDDCC-n	128.69
11	CDDCC-m	130.38
12	CDDCC-n	128.84
13	DCDCD-m,n	129.55

峰位置	C-类型序列	化学位移（Me$_4$Si）
14	DCDCC-m	129.66
15	DCDCC-n	129.45
16	CCDCC-m,n	129.55

①见图 9.15。

注：一些代表性序列的结构公式如图所示。

表 9.6   反式-PBD：CF$_2$ 的碳烯烃的^{13}C 化学位移①

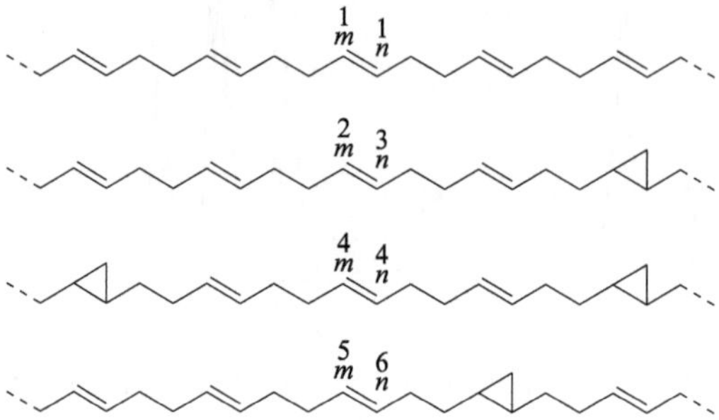

峰位置	C-类型序列	化学位移（Me$_4$Si）
1	DDDDD-m,n	130.06
2	DDDDC-m	130.18
3	DDDDC-n	129.91
4	CDDDC-m,n	129.91
5	DDDCD-m	130.94
6	DDDCD-n	129.24
7	CDDCD-m	130.81
8	CDDCD-n	129.35
9	DDDCC-m	131.03
10	DDDCC-n	129.10
11	CDDCC-m	130.93
12	CDDCC-n	129.23
13	DCDCD-m,n	130.09
14	DCDCC-m	130.20
15	DCDCC-n	129.96
16	CCDCC-m,n	130.11

①见图 9.16。

注：一些代表性序列的结构公式如图所示。

图 9.17 和图 9.18 分别为 c-PBD：CF$_2$ 和 t-PBD：CF$_2$ 的^{13}C NMR 谱的脂肪族区域。Siddiqui 和 Cais（1986 年 a）给出了这些波谱的详细归属，见表 9.7 和表 9.8。除了脂肪族 CH$_2$ 和 CH 碳对共聚单体三单元组序列敏感之外，两个碳对邻接 CC 二单元和 CCC 三单元组的立构序列也敏感。Siddiqui 和 Cais（1986 年 a）在 c-PBD：CF$_2$ 和 t-PBD：CF$_2$ 二种加合物中都发现了立构序列的随机分布。

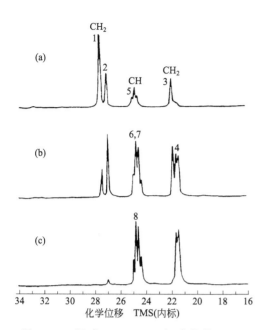

图 9.17 顺式 **PBD**：CF_2 加成物的 50.3-MHz ^{13}C 波谱的脂肪族区域。双键转化率分别为：（a）27.6%、（b）68.4%和（c）97.4%。测试温度为 50℃，溶剂 $CDCl_3$〔经 Siddiqui 和 Cais（1986 年 a）许可转载〕

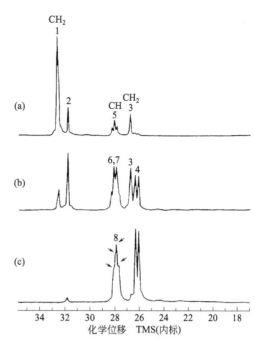

图 9.18 反式 **PBD**：CF_2 加合物在（a）20.7%、（b）62.6%和（c）98.0%双键转化率下，50.3-MHz ^{13}C 波谱的脂肪族碳区域。溶剂为 $CDCl_3$，温度为 50℃。（c）中的箭头表示四条分辨率较差的线〔经 Siddiqui 和 Cais（1986 年 a）许可转载〕

表 9.7 顺式-**PBD**：CF_2 加合物脂肪族碳的^{13}C 化学位移[①]

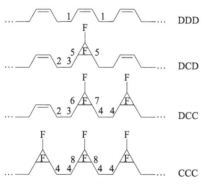

峰位置	C-类型序列	化学位移（Me_4Si）
1	DD	27.51[②]
		27.45
2	DC、CD	26.94
3	DC、CD	21.87
4	CC	21.51
	（m 和 r）	21.33

峰位置	C-类型序列	化学位移（Me$_4$Si）
5	DCD	24.92
	（主要的三单元组）	24.72
		24.52
6	DCC（m 和 r）	24.91
7	CCD（m' 和 r'）	24.87
		24.71
		24.50
8	CCC	24.84
	（rr'，rm'，mm'和 mr'）	24.63
		24.46
		24.27

①见图 9.17。展示了用于序列确定的结构式。

②精细分裂是由于存在高阶单体序列或^{13}C-^{19}F 的长距离耦合。

表 9.8 反式-PBD：CF$_2$ 加合物脂肪族碳的^{13}C 化学位移①

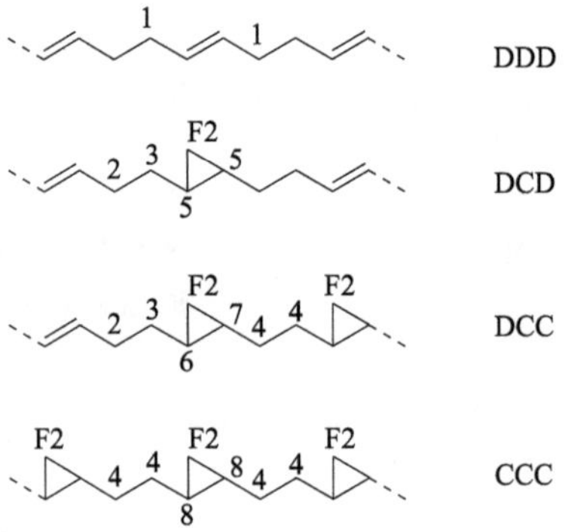

峰位置	C-类型序列	化学位移（Me$_4$Si）
1	DD	32.70
2	CD、DC	31.88
2	CD、DC	31.88
3	CD、DC	26.80
4	CC	26.33
	（m 和 r）	26.06
5	DCD	28.27
	（主要的三单元组）	28.08
		27.89
6	DCC（m 和 r）	28.30
7	CCD（m' 和 r'）	28.04
		27.89
		27.75

峰位置	C-类型序列	化学位移（Me₄Si）
8	CCC	28.13
	(rr′、rm′、mm′和 mr′)	27.95
		27.89
		27.72

①见图 9.18。展示了用于序列确定的结构式。

c-PBD 与氟氯卡宾的不对称加合物的 470.7-MHz ^{19}F NMR 谱示于图 9.19。在 －125.8 和－163.7 处，有两个间隔较宽的信号组，对应于顺式 Cl 和反式 Cl 结构，可如下列图示：

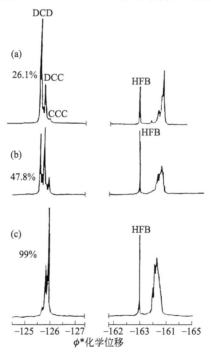

通过 2D 异相关 NOESY 实验［Cais 等（1987 年）并参见第 8 章］，这些归属已经得到证实；与顺式-Cl 结构中两个氢的 γ-取代基相比，反式-Cl 结构中的是两个亚甲基碳的 γ-取代基，它们对氟核的屏蔽与上述归属是一致的（见第 7 章第 7.2.2 节）。积分峰强度表明顺式：反式结构的比率为 1.7∶1.0（63％顺式结构），且与转化率无关。

图 9.19　顺式-PBD∶CFCl 在转化率为 26.1％（a）、47.8％（b）和 99％（c）的 470.7-MHz^{19}F NMR 波谱。化学位移参考六氟苯（HFB）为－163。低场信号来自顺式异构体，高场信号来自反式异构体 ［经 Cais 和 Siddiqui（1987 年）许可转载］

顺式结构而产生的低场信号可分为不同来源的贡献：DCD、DCC 和 CCC 共聚单体序列三单元组，而且 CCC 序列又进一步分解为三部分。由于在 PBD：CF₂ 加合物中的类似氟原子对立构序列不灵敏（Siddiqui 和 Cais，1986 年 a），CCC 精细结构可能是由于顺式-顺式-顺式（*syn-syn-syn*）、顺式-顺式-反式（*syn-syn-anti*）、［反式-顺式-顺式（*anti-syn-syn*）］和反式-顺式-反式（*anti-syn-anti*）排列所致。如果它们遵循伯努利分布，那么根据顺式概率为 0.63，它们的强度比应该分别为 2.8：3.2：1.0，而实际观测的比率为 5.0：11.0：1.0。在这种情况下，看来有一个邻位基团效应起作用，导致 *c*-PBD：CFCl 中的顺式和反式的排列呈非伯努利分布。

图 9.20 表示出几种 *t*-PBD：CF-Cl 加合物的 470.7-MHz ¹⁹F NMR 波谱。氟原子在反式链环中，始终具有一个氢 γ-取代基和一个碳 γ-取代基，因此如所预期的那样，其化学位移是在 *c*-PBD：CFCl 所见的宽间隔中间的双峰，

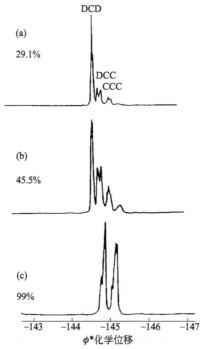

在这种情况下，虽然没有顺-反分布，但¹⁹F 共振是一种复杂的多重共振，反映出结构异构现象。

在低转化率下，我们观察到共聚单体序列三单元组的效应。在具有邻接 C 单元（DCC 和 CCC）的那些共聚单体序列中，由于不同的立构序列，观察到峰进一步的分裂。Cais 和 Siddiqui（1987 年）能够得出结论，*t*-PBD：CFCl 是高度立构不规则的［见图 9.20（c）］。

图 9.20　反式 PBD：CFCl 在 29.1%（a）、45.5%、(b) 和 99%（c）的转化率下的 470.7-MHz¹⁹F NMR 波谱［经 Cais 和 Siddiqui（1987 年）许可转载］

通过应用[1]H、[13]C 和[19]F 1D 与 2D 模式的核磁共振波谱，Cais 和同事（Siddiqui 和 Cais，1986 年 a，b；Cais 和 Siddiqui，1987 年；Cais 等，1987 年）几乎完全清楚了 c-PBD 和 t-PBD 与二卤卡宾加合物的微结构。五单元组水平上的共聚单体序列、CCC 三单元组水平上的立构序列，以及（在 c-PBD：CFCl 中）的顺反异构 CCC 三单元组水平上的立构序列也被鉴定。借助于这种微结构细节大量的认识，他们已经开始研究 c-PBD：CXY 和 t-PBD：CXY 的物理性质，试图建立它们的结构-性能关系。

（彭华韵、杜晓声、杜宗良　译）

参 考 文 献

Benson，S.（1960）. *The Foundations of Chemical Kinetics*，McGraw-Hill，New York.

Bowmer，T. N. and Tonelli，A. E.（1985）. *Polymer（British）***26**，1195.

Bowmer，T. N. and Tonelli，A. E.（1986a）. *Macromolecules* **19**，498.

Bowmer，T. N. and Tonelli，A. E.（1986b）. *J. Polym. Sci. Polym. Phys. Ed.* **24**，1631.

Bowmer，T. N. and Tonelli，A. E.（1987）. *J. Polym. Sci. Polym. Phys. Ed.* **25**，1153.

Cais，R. E. and Siddiqui，S.（1987）. *Macromolecules* **20**，1004.

Cais，R. E, Mirau，P. A.，and Siddiqui，S.（1987）. *British Polym. J.* **19**，189.

Derome，A. E.（1987）. *Modern NMR Techniques for Chemistry Research*，*Pergamon*，New York，Chapter 4.

Freeman，R. and Hill，H. D. W.（1971）. *J. Chem. Phys.* **54**，3367.

Gomez，M. A，Cozine，M. H，Tonelli，A. E，Schillng，F. C，Lovinger，A. J，and Davis，D. D.（1987）. *Bull. Am. Phys. Soc.* **32**(3)，740.

Gomez，M. A，Cozine，M. H，Tonelli，A. E，Schilling，F. C，Lovinger，A. J.，and Davis，D. D.（1989）. *Macromolecules* **22**，in press.

Hagiwara，M，Miura，T.，and Kagiya，T.（1969）. *J. Polym. Sci. Part A-l* **7**，513.

Jameison，F. A，Schilling，F. C，and Tonelli，A. E.（1986）. *Macromolecules* **19**，2168.

Jameison，F. A，Schilling，F. C，and Tonelli，A. E.（1988）. *Chemical Reactions on Polymers*，ACS Symposium Series No. 364，J. L. Benham and J. F. Kinstle，Eds，Am. Chem. Soc，Washington，p. 356.

Keller，F. and Mugge，C.（1976）. Faserforsch. *Textiltech*. **27**，347.

Kirmse，W.（1971）. *Carbene Chemistry*，Second Ed，Academic Press，New York.

Mark，J. E.（1973）. *Polymer（British）*. **14**，553.

Misono，A，Uchida，Y，and Yamada，K.（1967）. *J. Polym. Sci. Part B* **5**，401；*Bull. Chem. Soc. Jpn.* **40**，2366.

Misono，A.，Uchida，Y.，Yamada，K，and Saeki，T.（1968）. *Bull. Chem. Soc. Jpn.* **41**，2995.

Pinazzi，C. and Levesque，G.（1967）. *C. R. Acad. Sci. Paris Ser. C* **264**，288.

Pinazzi，C，Gueniffey，H.，Levesque，G，Reyx，D.，and Pleurdeau，A.（1969）. *J. Polym. Sci. Part C* **22**，1161.

Pinazzi，C.，Brosse，J. C，Pleurdeau，A，and Reyx，D.（1975）. *Appl. Polym. Symp.* **26**，73.

Schilling，F. C，Bovey，F. A，Tseng，S，and Woodward，A. E.（1983）. *Macromolecules* **16**，808.

Schilling，F. C.，Tonelli，A. E，and Valenciano，M.（1985）. *Macromolecules* **18**，356.

Siddiqui，S. and Cais，R. E.（1986a）. *Macromolecules* **19**，595.

Siddiqui，S. and Cais，R. E.（1986b）. *Macromolecules* **19**，998.

Starnes，Jr.，W. H，Plitz，I. M，Hische，D. C，Freed，D. J，Schiling，F. C，and Schilling，M. L.（1978）. *Macromolecules* **11**，373.

Starnes，Jr，W. H，Schilling，F. C，Abbas，K，Pliz，I. M，Hartess，R. L，and Bovey，F. A.

(1979). *Macromolecules* **12**, 13.

Starnes, Jr., W. H, Schiling, F. C., Plitz, I. M., Cais, R. E, Freed, D. J, Hartless, R. L, and Bovey, F. A. (1983). *Macromolecules* **16**, 790 and references cited therein.

Stothers, J. B. (1972). *Carbon*-13 *NMR Spectrascopy*, Academic Press, New York, Chapter 5.

Tonelli, A. E. and Schilling, F. C. (1981). *Macromolecules* **14**, 74.

Tonelli, A. E, Schiling, F. C, Starmes, Jr, W. H, Shepherd, L, and Piz, I. M. (1979). *Macromolecules* **12**, 78.

Tonelli, A. E, Schilling, F. C, Bowmer, T. N, and Valenciano, M. (1983). *Polym. Preprints Am. Chem. Soc. Div. Polym. Chem.* **24**(2), 211.

Tonelli, A. E. and Valenciano, M. (1986). *Macromolecules* **19**, 2643.

第 10 章

生物聚合物

10.1 引言

生物聚合物的 NMR 波谱通常是非常复杂的，因为这些波谱反映了生物聚合物微结构的分子复杂性（MacGregor 和 Greenwood，1980 年）。在图 10.1 中，这种微结构的复杂性一目了然，图中画出了一条多肽链（或者说蛋白质链）的一部分。表 10.1 中列出 20 余种自然界存在的氨基酸和亚氨基酸，它们具有不同取代侧基 R，多肽链中的每一单体单元或残基可能是其中的某一员。因此，多肽和蛋白质实际上是由约 20 种独特的共聚单体组成的共聚物，其链有无数可能的共聚单体序列。阐明它们的微结构需要建立一个顺序，以确定大约 20 种可能的氨基酸和亚氨基酸残基怎样——并入它们的分子链。图 10.2 提供了一个实例，即蛋白质激素（胰岛素）。

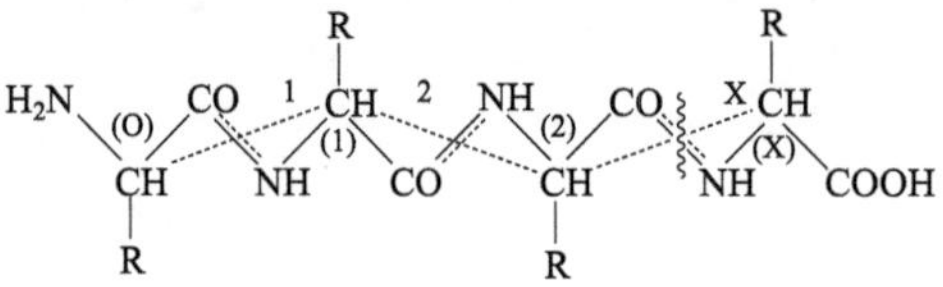

图 10.1 一条多肽链。该图显示了酰胺键或肽键的双键特征。对残基进行了顺序编号 ［经 Flory （1969）许可转载］

表 10.1 蛋白质中常见的氨基酸和氨基酸残基

名称	缩写	结构式	名称	缩写	结构式
丙氨酸 Alanine	Ala	CH_3 $\mid$ $-NHCH_\alpha CO-$	半胱氨酸 Cysteine	Cys	SH $\mid$ $CH_{2\beta}$ $\mid$ $-NHCH_\alpha CO-$
精氨酸 Arginine	Arg	NH_2 $\parallel$ $HN=C$ $\mid$ NH $\mid$ $CH_{2\delta}$ $\mid$ $CH_{2\gamma}$ $\mid$ $CH_{2\beta}$ $\mid$ $-NHCH_\alpha CO-$	胱氨酸 Cystine	Cys-Cys	$S\!\!\mid_2$ $\mid$ $CH_{2\beta}$ $\mid$ $-NHCH_\alpha CO-$
			谷氨酸 Glutamic acid	Glu	CO_2H $\mid$ $CH_{2\gamma}$ $\mid$ $CH_{2\beta}$ $\mid$ $-NHCH_\alpha CO-$
天冬酰胺 Asparagine	Asn	$CONH_2$ $\mid$ $CH_{2\beta}$ $\mid$ $-NHCH_\alpha CO-$	谷氨酰胺 Glutamine	Gln	$CONH_2$ $\mid$ $CH_{2\gamma}$ $\mid$ $CH_{2\beta}$ $\mid$ $-NHCH_\alpha CO-$
			甘氨酸 Glycine	Gly	$-NHCH_{2\alpha}CO-$
天冬氨酸 Aspartic acid	Asp	CO_2H $\mid$ $CH_{2\beta}$ $\mid$ $-NHCH_\alpha CO-$	羟基脯氨酸 Hydroxyproline	Hyp	OH γ δ β $-NH-CH_\alpha CO-$

名称	缩写	结构式	名称	缩写	结构式
组氨酸 Histidine	His	$-NHCH_\alpha CO-$ 含咪唑环，$CH_{2\beta}$	苯丙氨酸 Phenylalanine	Phe	$-NHCH_\alpha CO-$ 苯环 $\xi\varepsilon\gamma\delta$，$CH_{2\beta}$
异亮氨酸 Isoleucine	Ile	$CH_{3\delta}\ CH_{2\gamma}CH_{3\delta}$，$CH_\beta$，$-NHCH_\alpha CO-$	脯氨酸 Proline	Pro	$-NH-CH_\alpha CO-$ 五元环 $\delta\gamma\beta$
			丝氨酸 Serine	Ser	$CH_{2\beta}OH$，$-NHCH_\alpha CO-$
亮氨酸 Leucine	Leu	$CH_{3\delta'}\ CH_{3\delta}$，$CH_\gamma$，$CH_{2\beta}$，$-NHCH_\alpha CO-$	苏氨酸 Threonine	Thr	$CH_{3\gamma}$，$CH_\beta OH$，$-NHCH_\alpha CO-$
赖氨酸 Lysine	Lys	$CH_{2\gamma}CH_{2\delta}CH_{2\varepsilon}NH_2$，$CH_{2\beta}$，$-NHCH_\alpha CO-$	色酰胺 Tryptophan	Trp	吲哚环 CH_2，$NHCHCO-$
甲硫氨酸 Methionine	Met	$CH_{3\varepsilon}$，S，$CH_{2\gamma}$，$CH_{2\beta}$，$-NHCH_\alpha CO-$	酪氨酸 Tyronine	Tyr	OH 苯环 $\xi\varepsilon\gamma\delta$，$CH_{2\beta}$，$-NHCH_\alpha CO-$
鸟氨酸 Omithine	Orm	$CH_{2\gamma}CH_{2\delta}NH_2$，$CH_{2\beta}$，$-NHCH_\alpha CO-$	缬氨酸 Valine	Val	$CH_{3\gamma'}\ CH_{3\gamma}$，$CH_\beta$，$-NHCH_\alpha CO-$

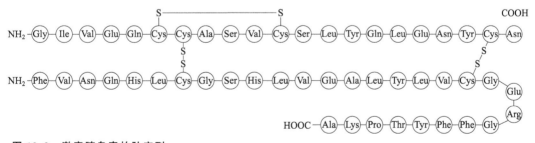

图 10.2　激素胰岛素的肽序列

　　成功应用 NMR 波谱确定生物聚合物的微结构之前，我们必须能够将观测的共振，归属于构成生物聚合物的各个单体单元。让我们举例说明这项任务的复杂性，仅以合成环状多肽为例（其示意图如图 10.3）［应当注意，在该模型多肽中，Ala 残基（参见表 10.1）都是 D 构型，而几乎所有蛋白质中的氨基和亚氨基酸残基都是 L 构型］。

在 25℃下，溶剂为 DMSO-$d6$，对 4 Gly-2D-Ala 记录的 220-MHz ^{1}H NMR 波谱（Tonelli 和 Brewster，1972 年）示于图 10.4，图中仅显示酰胺质子（NH）区域。虽然这个简单的多肽模型仅含有两个不同的氨基酸残基（Gly 和 D-Ala），但六个 NH 质子每一个都表现出独特的多重共振峰。在 8.06 和 8.17 处的 D-Ala 双峰、Gly 残基的三个三峰和一对双峰（7.89），其源自 NH 与 C^{α}H 质子的邻位三键耦合，全部都是单独分离可见的。显然，环状六肽 4 Gly-2D-Ala 的^{1}H NMR 波谱对其微结构十分灵敏。

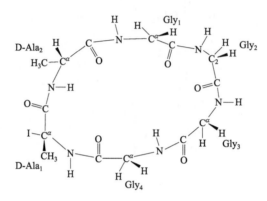

图 10.3 合成的环状六肽 **4Gly-2D-Ala** 的化学结构示意图

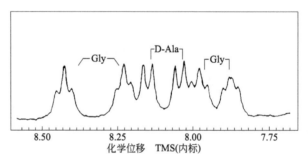

图 10.4 在 25℃下，DMSO-d 中，4 Gly-2 D-Ala 在 220-MHz 的^{1}H NMR 波谱的 NH 区域 [经 Tonelli 和 Brewster（1972 年）许可转载]

如果每个 NH 质子的化学位移仅取决于氨基酸残基的化学结构，那么只能观察到两个共振多重峰：一个共振多重峰对应于四个 Gly 残基，另一个共振多重峰对应于两个 D-Ala 残基。如果 NH 的化学位移取决于以其相邻残基序列为特征的较长范围的微结构，那么可以观察到对应于五种不同的三肽序列的五种多重共振峰，其五种不同的三肽序列分别为-D-Ala-D-Ala-Gly-、-D-Ala-Gly-Gly-、-Gly-Gly-Gly-、-Gly-Gly-D-Ala-和-Gly-D-Ala-D-Ala-。事实上，六种 NH 共振可以明显区分，意味着它们的化学位移不仅对三肽序列排列敏感，还对氨基酸残基的构象敏感。含有全丙氨酸的环状六肽 5L-Ala-D-Ala 的^{1}H NMR 波谱显示出六种不同的 NH 双峰（Tonelli 和 Richard Brewster，1973 年），进一步证明了以上结论。

NMR 波谱对多肽的氨基酸和亚氨基酸残基的序列和构象敏感，但是如何将每个共振峰归属于特定残基的问题仍然存在。例如，对于激素胰岛素中的四个 Gly 和三个 L-Ala 残基（见图 10.2），我们如何才能加以区分？为了利用胰岛素这样较大多肽激素的 NMR 波谱中固有的微结构信息，我们必须拥有识别和区分四种 Gly 共振峰的方法，四种 Gly 对应于以下序列：NH-Gly-Ile-、-Cys-Gly-Ser-、-Cys-Gly-Glu-和-Arg-Gly-Phe-。二维 NMR 技术也给我们提供方法，以便解析多肽和小分子量蛋白质的复杂 NMR 图谱的归属（Wüthrich，1986 年）。J-相关的 COSY 谱（见第 6 章）确定了多肽链残基内部和残基之间的自旋连通性，可以根据残基类型和序列来确定共振的归属。

本章将叙述 2D NMR 在生物聚合物的微结构和构象方面的一些应用，这些生物聚合物包括多肽、多核苷酸和多糖。

10.2　多肽

10.2.1　^{1}H 共振的 2D NMR 归属解析

胰高血糖素是一种含有 29 个氨基酸残基的线形多肽激素（见图 10.5），当它与肝脏和其他细胞的细胞膜结合时起作用（Pohl 等，1969 年）。用 X 射线衍射测量胰高血糖素单晶（Sasaki 等，1975 年），可以观察到固态下产生 α-螺旋构象（见第 10.2.2 节），然而根据 ^{1}H NMR 研究，这种构象不存在于单体胰高血糖素的水溶液中（Bosch 等，1978 年）。Wider 等（1982 年）和 Wüthrich 等（1982 年）通过 2D NMR 研究了胰高血糖素与十二烷基磷酸胆碱胶束在水中结合的构象。本节简要指出了胰高血糖素的 ^{1}H NMR 谱的归属解析（Wider 等，1982 年）。

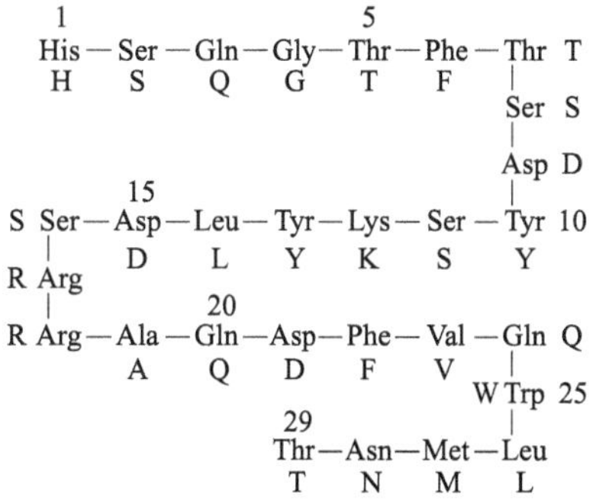

图 10.5　胰高血糖素的基本结构。氨基酸残基的三字母和单字母名称缩写均已标明

归属解析方法可以归纳为以下两个步骤：（ⅰ）利用 2D COSY 波谱建立内部残基的 J-耦合自旋连接，进而建立对残基类型的 ^{1}H 共振归属解析（见图 10.6、图 10.7 和图 10.8）；（ⅱ）2D ^{1}H NOESY 波谱用于测定 NH$_{i+1}$ 和 C$^\alpha$H$_i$、NH$_{i+1}$ 和 NH$_{i+2}$ 或 NH$_i$、NH$_{i+1}$ 和 C$^\beta$H$_i$ 之间观测的 NOE 的氨基酸残基连通性，其中图 10.9 说明了 NH$_{i+1}$-C$^\beta$H$_i$ NOE 连通性。由 NOE 确定的残基连通性如图 10.10，并可简化示意为：

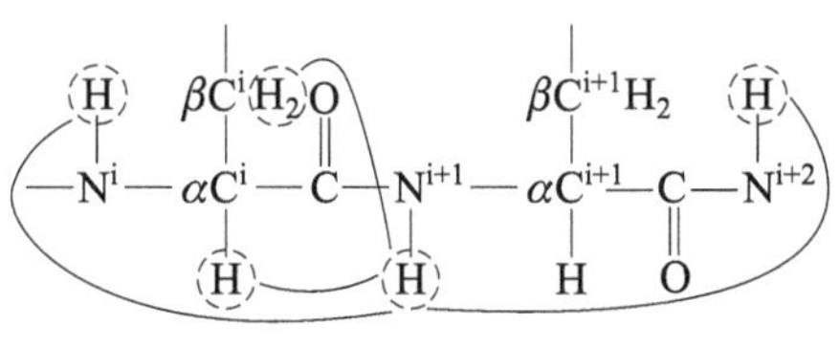

与十二烷基磷酸胆碱胶束结合的胰高血糖素的 ^{1}H NMR 共振的完整归属解析数据（Wider 等，1982 年）如表 10.2 所示。利用这些数据，可以通过在 2D NOESY ^{1}H NMR 实验中确定的质子间距离来研究结合的胰高血糖素的构象（二级结构）（Braun 等，1983 年）。下一节将介绍 2D NMR 测定多肽溶液构象的简单实例。

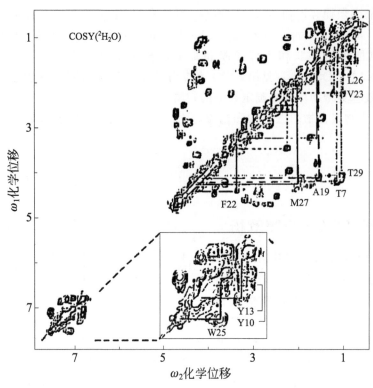

图 10.6 在 ^2H_2O 中与全氘化十二烷基磷酸胆碱胶束结合的胰高血糖素的 360-MHz ^1H COSY 波谱的等高线图。样品含有 0.015mol/L 胰高血糖素，0.7mol/L [$^2H_{38}$] 十二烷基磷酸胆碱，0.05mol/L 磷酸盐缓冲液，pH 6.0，$t = 37℃$。在这些条件下，溶液中的主要物质是 1 个胰高血糖素分子和约 40 个洗涤剂分子的混合胶束，分子量约为 17000。在 24h 内记录波谱；数字分辨率为 5.88Hz/点。图中显示了对称的绝对值谱和放大了的芳香族区域。质子-质子 J-连通性表示以下残基：Thr 7（点划线）、Ala 19（虚线）、Phe 22（实线）、Val 23（虚线）、Leu 26（实线）、Met 27（实线）、Thr 29（点线）和 Tyr 10（点线），Tyr 13（虚线）和 Trp 25（实线）。为了不使该图过度拥挤，仅示出了与较低场 $C^\beta H$ 系连接的 $C^\alpha H$，甚至对观测的两个非简并 β-亚甲基共振的氨基酸残基也是如此。源自全氘化十二烷基磷酸胆碱中残余质子的交叉峰标记为 X［经 Wider 等（1982 年）许可转载］

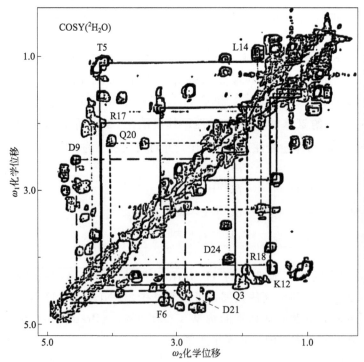

图 10.7 图 10.6 中胶束结合胰高血糖素的 360-MHz ^1H COSY 波谱 0.2 至 5.1 的波谱区域。在波谱左上三角形中包含的 J-连通性残基如下：Thr 5（实线）、Asp 9（点划线）、Leu 14（点状）、Arg 17（实线）和 Gln 20（虚线）。右下三角形中包含的 J-连通性如下：Gln 3（实线）、Phe 6（实线）、Lys 12（实线）、Arg 18（虚线）、Asp 21（点划线）和 Gln 24（点状）。为了不使该图过度拥挤，仅显示了与较低场 $C^\beta H$ 系连接的 $C^\alpha H$，甚至对于观察到两个非简并 β-亚甲基共振的氨基酸残基也是如此［经 Wider 等（1982 年）许可转载］

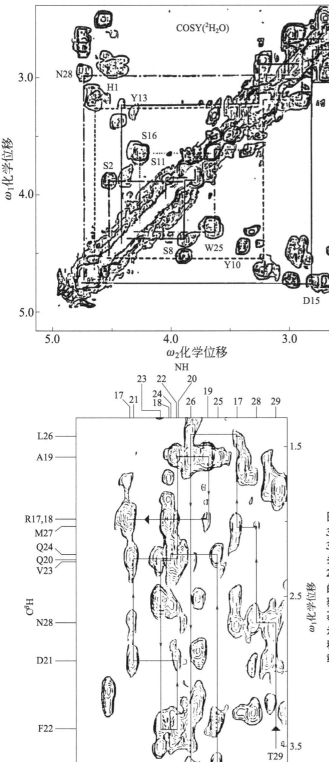

图 10.8 图 10.6 中胶束结合胰高血糖素的 360-MHz ^{1}H COSY 波谱的 2.4 至 5.1 的波谱区域。左上三角形表示以下残基的连通性：His 1（虚线）、Ser 2（虚线）、Ser 11（实线）、Tyr 13（实线）、Ser 16（点状）和 Asn 28（点划线）。右下三角形包含的 J-连通性如下：Ser 8（实线）、Tyr 10（虚线）、Asp 15（实线）和 Trp 25（点划线）。为了不使该图过度拥挤，仅显示了与较低场 C$^\beta$H 系连接的 C$^\alpha$H，甚至对于观察到两个非简并 β-亚甲基共振的氨基酸残基也是如此〔经 Wider 等（1982 年）许可转载〕

图 10.9 胶束结合的胰高血糖素的 360-MHz ^{1}H NOESY 波谱的（1.3～3.8）×（7.4～8.8）波谱区域。带箭头的连续线表示多肽片段残基 17 至 29 的连续归属解析，其由前述残基的酰胺质子和 C$^\beta$ 质子之间的 NOE 获得。图中顶部的数字表示相应残基的酰胺质子化学位移；左边框表示每个残基的一个 C$^\beta$ 质子的化学位移〔经 Wider 等（1982 年）许可转载〕

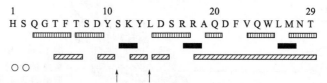

图 10.10 牛胰高血糖素的氨基酸序列和实验数据，通过该实验数据获得了通过胶束连接的每个多肽的共振归属解析。斜剖画线框：通过 NOE 从 NH_{i+1} 到 $C^{\alpha}H_i$ 的顺序归属解析；实心框：通过 NOE 从 NH_i 到 NH_{i+1} 的顺序归属解析；垂直剖画线框：通过 NOE 从 NH_{i+1} 到 $C^{\beta}H_i$ 的顺序归属解析；O：序列中的归属解析依赖于 COSY 波谱中自旋系统的识别，由此未观察到这些残基的酰胺质子共振。箭头表示所有共振被归属解析的位置，但两个相邻残基之间未连接［经 Wider 等（1982 年）许可转载］

表 10-2 与氘代十二烷基磷酸胆碱胶束[①]结合的胰高血糖素的 ^1H NMR 线的化学位移 δ[②]

氨基酸残基	化学位移（±0.01）[①]			
	NH	$C^{\alpha}H$	$C^{\beta}H$	其他
His1[③]	n. o.	4.66[③]	3.07,3.21[③]	C^{δ}H7.22,C^{ϵ}H8.11
Ser2[③]	n. o.	4.51[③]	3.86,3.86[③]	
Gln3	8.75	4.41	2.01,2.17	$C^{\gamma}H_2$,2.38,2.38
Gly4	8.47	4.02		
		4.02		
Thr5	8.06	4.34	4.19	$C^{\gamma}H1.07$
Phe6	8.63	4.64	3.13,3.22	Ring 7.27
Thr7	8.11	4.23	4.24	$C^{\gamma}H_3$,1.17
Ser8	8.04	4.37	3.78,3.86	
Asp9	8.30	4.57	2.52,2.52	
Tyr10	8.05	4.56	2.85,3.18	C^{δ}H7.06,7.06
				C^{ϵ}H6.82,6.82
Ser11	8.03	4.06	3.96,3.96	
Lys12	7.75	4.09	1.31,1.59	$C^{\gamma}H_2$110,1.52
				$C^{\delta}H_2$,1.50,1.50
				$C^{\epsilon}H_2$,2.80,2.80
Tyr13	7.55	4.42	2.89,3.23	C^{δ}H7.19,7.19
				C^{ϵ}H6.84,6.84
Leu14	7.52	4.33	1.61,1.81	$C^{\gamma}H1.77$
				$C^{\delta}H_3$ 0.88,0.96
Asp15	7.55	4.75	2.63,2.76	
Ser16	8.45	4.23	3.63,3.63	
Arg17	8.50	4.17	1.96,1.96	$C^{\gamma}H_2$1.73,1.73
				$C^{\delta}H_2$3.25,3.25
Arg18	8.24	4.25	1.86,1.94	$C^{\gamma}H_2$ 1.71,1.71
				$C^{\delta}H_2$3.27,327

氨基酸残基	化学位移(±0.01)[①]			
	NH	$C^\alpha H$	$C^\beta H$	其他
Ala19	7.99	4.17	1.56	
Gln20	8.17	4.02	2.25	
Asp21	8.48	4.47	2.62,2.92	
Phe22	8.18	4.44	3.38,3.38	Ring 7.23
Val23	8.28	3.49	2.26	$C^\gamma H_3 1.02,1.21$
Glh24	8.24	4.00	2.22	
Trp25	7.92	4.30	3.33,3.62	$C^\delta H 7.37$
				$N^\varepsilon H 10.53$
				$C^\varepsilon H 7.33$
				$C^{\xi 2} H\ 7.54$
				$C^{\varepsilon 3} H 6.89$
				$C^\gamma H 7.11$
Leu26	8.09	3.27	1.41,1.57	$C^\gamma H 1.56$
				$C^\delta H_3 0.72,0.72$
Met27	7.79	4.30	2.03,2.13	$C^\gamma H_2 2.53,2.70$
				$C^\varepsilon H_3 ,2.04$
Asn28	7.66	4.74	2.68,2.97	
Thr29	7.53	4.04	4.11	$C^\gamma H_3 ,1.07$

① 化学位移 δ 取值相对于外部 3-三甲基甲硅烷基-$[2,2,3,3-^2H_4]$ 丙酸钠。Met27 的 ε-甲基共振为 2.04，用作内部参照。

② pH 6.0，$T=37℃$（Wider 等，1982 年）。

③ 在对氨基酸残基 3 至 29 进行连续归属解析之后，通过与相应的无规线团值的比较，将剩余的共振归属解析给 His1 和 Ser2。

10.2.2 2D NMR 测定多肽构象

本节简要介绍 2D NOESY ^{1}H NMR 在多肽构象测定中的应用。聚-γ-苄基-L-谷氨酸（PBLG）这种合成多肽，

PBLG

它在溶液中可能以 α-螺旋或无规线团两种形式存在，取决于溶剂和温度。图 10.11 （a）绘制出多肽链的一部分，即构成链的一个氨基酸残基，标明其中的键旋转角（ϕ_i、ψ_i、ω_i）和侧链（χ_i^1、χ_i^2）（IUPAC-IUB，1970 年）。在这个示意图的下方，列出

Ramachandran 立体异构图（Ramachandran 等，1963 年），可用（ϕ、ψ）简单表示主链的构象；图中的酰胺键是反式（$\omega = 180°$），处于无规线团中 PBLG 残基的此键只允许是反式，无规线团即是虚线内的所有构象（ϕ、ψ）。每个氨基酸残基的 α-螺旋形式对应于每个氨基酸残基的仅限于一种构象：即（ϕ、ψ）$= -58°$、$-47°$，如图 10.11（b）立体异构图中所标记的 α 处。

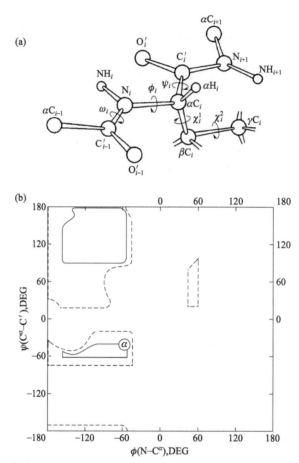

图 10.11 （a）多肽链原子和扭转角的标准命名法（IUPAC-IUB，1970 年）和（b）L-Ala 残基的 Ramachandran 立体图（Ramachandran 等，1963 年），同样适用于 PBLG。"通常允许的"无规线团区域用实线包围，虚线包围的那些对应于"外部界限"原子间距离。α-螺旋构象由 α 表示，$\phi = -58°$，$\psi = -47°$

    X 射线衍射证明在结晶 PBLG 中的 α-螺旋形式；而在溶液中 PBLG 的 α-螺旋依然存在，其光学性质暗示了这一点。通常假设，溶液和固态 PBLG 的 α-螺旋非常相似。最近，采用 2D NOESY ^{1}H NMR 测定质子间的距离，Mirau 和 Bovey（1986 年）证明了这一假设（见第 8 章）。

    图 10.12（a）绘出 PBLG（14-mer）α-螺旋的一部分；对于在 CDCl$_3$ 溶液中呈 α-螺旋形式的 PBLG 20-mer，其 500-MHz ^{1}H NMR 波谱如图 10.12（b）所示（Mirau 和 Bovey，1986 年）。我们主要感兴趣的是图中 NH、αH 和 βH 的质子。PBLG 的侧链足够大，使得由 20 个单体单元组成的 α-螺旋（PBLG 20-mer）其长度（30Å）与宽度（20Å）

几乎一样。可以假设，在溶液中 PBLG 20-mer 各向同性地翻滚，因为对于长轴和短轴按上述尺寸一个长的椭球，发生翻滚，其相关时间 τ_c 分别是 0.4ns 和 0.9ns（Broersma，1960 年）。另外一个 2D NOESY 测量（Mirau 和 Bovey，1986 年）也证实了这一结论，并得出各向同性的 $\tau_c = 1$ns。

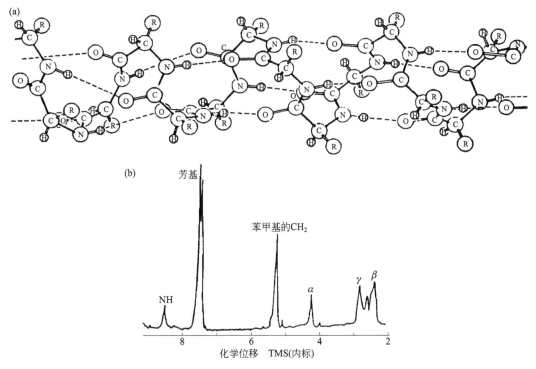

图 10.12 （a）α-螺旋 PBLG（14-mer）；（b）在 95∶5 的氯仿∶三氟乙酸中，α-螺旋 PBLG 的 500-MHz ^{1}H NMR 波谱。三氟乙酸防止 PBLG α-螺旋的团聚，且其本身保持完整［经 Mirau 和 Bovey（1986 年）许可转载］

α-螺旋 PBLG 的 500-MHz 2D NOESY ^{1}H NMR 波谱如图 10.13（a）所示（Mirau 和 Bovey，1986 年）。回顾第 8 章，在 NOESY 实验中，COSY 实验的两个 90°脉冲之间插入一个额外的 90°脉冲（见图 8.2）。在该脉冲之后，在最终脉冲和波谱采集之前有一个混合时间 τ_m。τ_m 与 T_1 一个数量级，并且在 τ_m 期间，一些自旋直接通过空间的偶极-偶极相互作用来交换磁化。在第一脉冲之后的时间 t_1 期间，由频率标记的自旋可以在 τ_m 末期时（在第二脉冲之后）以不同的频率进动，从而在 2D NOESY 频谱中产生交叉峰值。测量函数 τ_m 的交叉峰值强度可以确定 ^{1}H 自旋之间的磁化传递速率，并且可以根据磁化传递速率计算质子间距离。

交叉峰的增长随混合时间 τ_m 的变化如图 10.13（b）。根据图中曲线的斜率，计算质子间的距离 r_{HH}：

$$斜率 = \sigma = 5.7 \left[\frac{6\tau_c}{1 + 4\omega^2 \tau_c^2} - \tau_c \right] \times 10^{10} r_{HH}^{-6} \tag{10.1}$$

式中 ω 是观测频率（3.14×10^9 rad/s），τ_c 是旋转螺旋的相关时间（10^{-9}s）。根据式 10.1

计算溶液中的 α-螺旋 PBLG 20-mer 的三个质子间距离，质子间距的计算值如表 10.3 所示，并将其质子间距与 X 射线测定的结晶态 α-螺旋的距离进行对比。虽然距离是可以比较的，但主链 NH-αH 距离的差异大于实验误差（0.15Å），这似乎代表晶体中和溶液中 PBLG 的 α-螺旋构象之间的真实差异。

表 10.3　通过交叉松弛率计算和 X 射线测量 α-螺旋 PBLG 的质子间距[①]

相互作用	σ/s^{-1}	r_{HH}/Å	
		来源 NOESY	预期为 α-螺旋（X-射线）
NH-αH	0.54	2.20	2.48
NH-βH	0.55	2.20	2.26
αH-βH	0.72	2.10	2.20

①Mirau 和 Bovey（1986 年）。

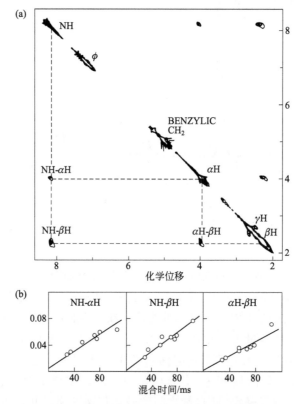

图 10.13　（a）在 95∶5 的氯仿∶三氟乙酸中，α-螺旋 PBLG 20-mer 的吸收相 2D NOE 波谱；（b）作为混合时间 τ_m 的函数的波谱（a）中的交叉峰值强度的初始上升。波谱（a）对应于 $\tau_m = 76ms$ ［经 Mirau 和 Bovey（1986 年）许可转载］

10.3　多核苷酸

多肽和蛋白质是由约 20 种不同的氨基酸和亚氨基酸构成，与此不同，多核苷酸

（DNA）通常只有四种结构单元：嘌呤核苷酸腺嘌呤（A）和鸟嘌呤（G），以及嘧啶核苷酸胞嘧啶（C）和胸腺嘧啶（T）（见图10.14）。因此，将共振归属解析给四种不同类型的 DNA 残基并不困难，但确定何种残基序列和/或构象对应哪一种给定的共振仍然是一项艰巨的任务。2D NMR 技术是解决多核苷酸微结构和构象问题最实用的工具。

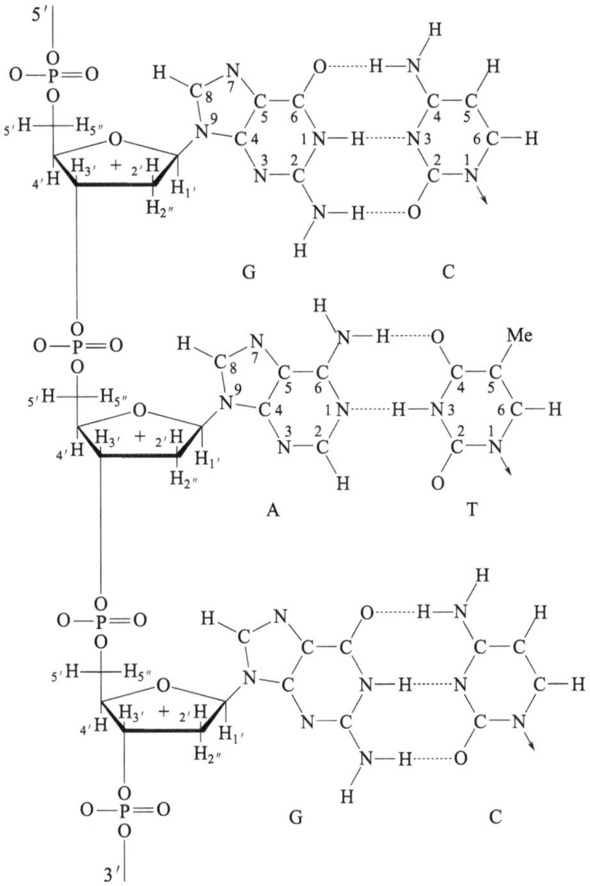

图 10.14　DNA 残基的化学组成示意图，图中仅呈现一条 DNA 链，通过链上的每个碱基与其 Watson-Crick 互补碱基配对［采自 Kearns（1987 年）］

图 10.15 定义了某一核苷酸中的一些扭转角，这些扭转角确定了核苷酸的构象。根据对于小分子核苷酸的 X 射线衍射研究（Altona 和 Sundaralingam，1973 年；Altona，1975 年；Altona 等，1976 年；Haasnoot 等，1981 年），糖环上两个主要的皱突原子（pucker）具有 2′-内构象和 3′-内构象，如图 10.16 所示。图 10.16 还用示意图方式说明通过沿连接糖环和碱基环的糖苷键旋转某一角度 χ，可以获得的不同构象：当 $\chi = 180° \pm 90°$ 时为反式构象；$\chi = 0° \pm 90°$ 时为顺式构象。在通常观测的右旋 DNA 双螺旋结构 A-DNA 和 B-DNA 中（见图 10.17）（Dickerson，1983 年），所有核苷酸都呈现反式构象；而在左旋 Z-DNA 中，核苷酸残基在反式和顺式构象间交替出现。在 A-DNA 中，糖环皱突原子是 3′-内构象；而在 B-DNA 中，皱突原子是 2′-内构象。在图 10.18（Patel 等，1982 年）中能更清楚地观察到这些特征。

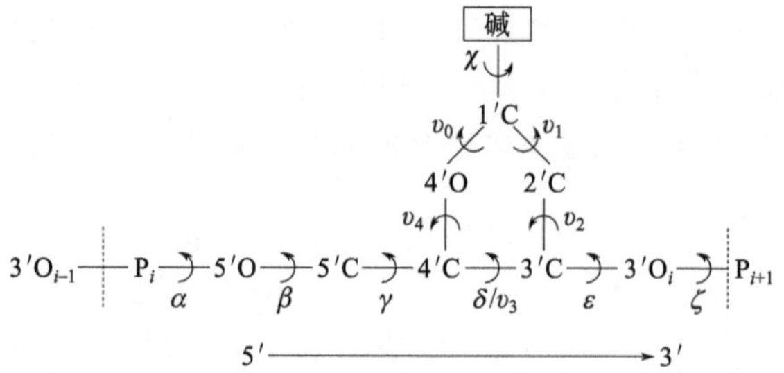

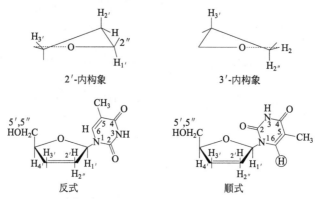

图 10.15 多核苷酸链的核苷酸残基 i 中单键扭转角的定义图 [改编自 Wüthrich (1986 年)]

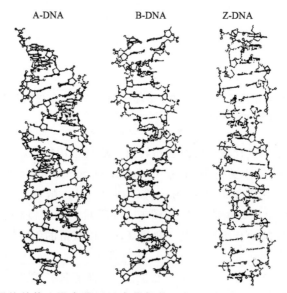

图 10.16 核苷酸中糖环的两个主要皱突原子 $H_{2'}$ 和 $H_{3'}$ (上图) 以及围绕连接糖基和碱基的糖苷键扭转的 (下图) 两个主要扭转角 (反式和顺式) 的示意图 [改编自 Kearns (1987 年)]

A-DNA B-DNA Z-DNA

图 10.17 DNA 的双螺旋结构。图中显示了右旋螺旋 A-DNA 和 B-DNA 及左旋 Z-DNA [经 Kearns (1987 年) 许可转载]

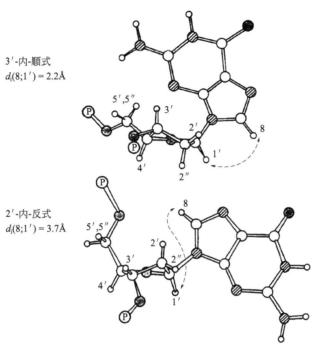

图 10.18 H-1′ 和 H-8 之间的质子间距对糖苷扭转角 χ 的依赖性图解，这两种构象分别是 d (CGCGCG)$_2$ 的 Z 型 G 核苷酸残基（上图）和 B-DNA（下图）。A-DNA 是 3′-内-反式（未画出）〔改编自 Patel 等（1982 年）〕

在 Watson-Crick 碱基对中，可以观测有氢键结合的亚氨基-质子（见图 10.14），其共振在特征的低场（10～14）（Kearns 等，1971 年；Patel 和 Tonelli，1974 年），这种观测是判断双螺旋 DNA 结构形成的典型标志。^{31}P NMR 可以区分右旋和左旋的 DNA 双螺旋结构（Patel 等，1982 年；Cohen 和 Chen，1982 年）。在盐诱导的从 B-DNA 到 Z-DNA 构象的转变过程中，盐对聚（dG-dC）的[31]P NMR 波谱的效应示于图 10.19（Patel 等，1982 年）。在 B-DNA 中的所有核苷酸残基均采取 2′-内-反式构象，故只存在[31]P 共振单峰；而在 Z-DNA 中，核苷酸残基在 2′-内-反式构象体和 3′-内-顺式构象体之间交替，故观察到两个[31]P 共振峰。

在 T 核苷酸的糖环内，自旋之间的磁化转移如图 10.20 所示（Kearns，1987 年）。DNA 双链体 d（CGCGAATTCGCG）$_2$（Hare 等，1983 年）的 2D COSY 波谱（Hare 等，1983 年）如图 10.21 所示。标记为 a-g 的波谱区域对应于

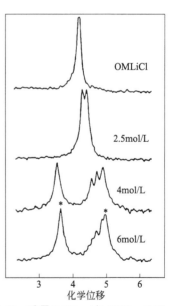

图 10.19 采用 0.001mol/L EDTA，0.01mol/L 二甲胂酸钠和 pD＝7.2，在 D_2O 中不同浓度的 LiCl 作用下，聚（dG-dC）的 81-MHz 质子-噪声-解耦合的[31]P NMR 波谱。星号表示 Z-DNA 的[31]P 共振特征峰，其中化学位移相对于参考物质磷酸三甲酯〔改编自 Patel 等（1982 年）〕

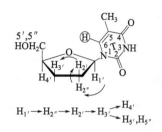

图 10.20 一个核苷酸的糖环内磁化转移图示。在 H-1′ 引入的磁化首先转移到 H-2″，然后转移到 H-2′。在 H-2′ 处引入的磁化将转移回 H-2″，并转移到 H-3′，以及从 H-3′ 转移到 H-4′［改编自 Kearns（1987 年）］

该图底部列出的自旋-自旋耦合产生的交叉峰。区域 f 和 g 仅出现在嘧啶核苷酸 T 和 C 中，可用于识别它们的共振。按照图 10.22（Keams，1987 年）所示单股 DNA 的示意图，借助于二维 NOESY 测量，我们可以举例说明碱基和糖的质子共振对 DNA 中序列的归属解析（Keams，1987 年）。对于所有碱基都具有反式构象的右旋螺旋，碱基 N［H-6(T 或 C) 或 H-8(A 或 G)］的碱基质子可能与自身的糖质子 H-1′ 表现出 NOE 相互作用，也可能与相邻核苷酸 N-1 的糖质子 H-1′ 表现出 NOE 相互作用。起源于碱基 N+1 的共振可以联系到核苷酸 N 和 N+1 的 H-1′ 共振，等等，推衍下去至整个 DNA 链。

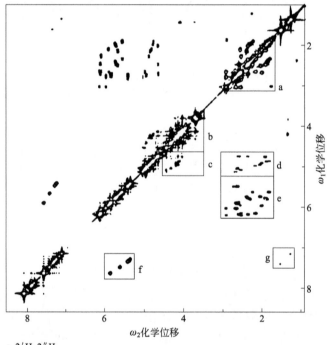

a. 2′H–2″H
b. 4′H–5′H、4′H–5″H和5′H–5″H
c. 3′H–4′H
d. 2′H–3′H和2″H–3′H
e. 1′H–2′H和1′H–2″H
f. C中5H–6H
g. T中四键连接5CH₃–6H

图 10.21 DNA 双链体 d (CGCGAATTCGCG)₂ 的 500-MHz ¹H COSY 波谱。标记为 a-g 的波谱区域对应于图下面列出的自旋-自旋耦合产生的交叉峰［改编自 Hare 等（1983 年）和 Wüthrich（1986 年）］

在反式构象中，嘧啶 H-6 和嘌呤 H-8 质子与在同一个核苷酸上的 H-2′质子处于相近位置（参见图 10.16 和图 10.18）；而在顺式构象中，这些碱基质子接近 H-1′，而且远离 H-2′。因此，NOE 效应可用于区分这两种糖苷键的构象体。在反式构象中，因为有糖环的 2′-内皱突原子，这些相同的碱基质子更接近 H-2′，而不是 H-3′；但是，因为有糖环的 3′-内皱突原子，正好发生相反，于是可通过 2D NOE 测量来区分它们。

2D NOESY 波谱还可以确定 DNA 螺旋的方向。可以通过核苷酸间距严格区分左旋和右旋螺旋，如图 10.23 所示（Kearns，1987 年）。图中画出两个螺旋中的核苷酸都有反式构象，但是没有假定特定的糖环皱突原子。应当注意，在碱基右螺旋排布中，H-6 或 H-8 碱基质子可能接近相邻 5′糖的 H-2″（和可能的 H-1′和 H-2′）质子。与此相反，尽管相邻 3′糖的 H-1′质子可能接近碱基质子，但 H-2′和 H-2″质子与左旋螺旋中任一相邻核苷酸的碱基质子相对较远。

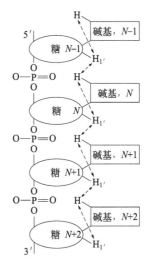

图 10.22　图示说明常规右旋 DNA 螺旋结构中的碱基质子（A 或 G H-8 或 T 或 C H-6）与相同核苷酸的 H-1′ 糖质子和 5′ 邻近（*N*-1）核苷酸的 H-1′ 表现出 NOE ［经 Kearns（1987 年）许可转载］

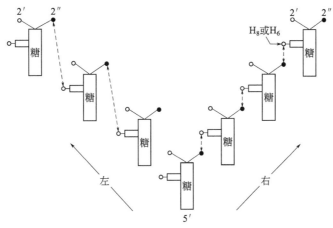

图 10.23　右旋和左旋螺旋中碱基堆积的示意图，其中所有碱基均为反式构象，但没有假设特定的糖环折叠。在左旋和右旋螺旋中，注意左手和右手螺旋中碱基↔H-2″核苷酸相互作用的差异 ［经 Kearns（1987 年）许可转载］

作为一个例子，在图 10.24（Assa-Munt 和 Kearns，1984 年）的聚（*d*A-*d*T）·聚（*d*A-*d*T）的 2D NOESY 波谱中，我们可以观察到 TH-6 质子与 AH-1′ 糖质子之间不存在交叉峰，而在同一波谱中很容易看到由于 TH-6 和 AH-2″质子之间的相互作用产生的一个交叉峰。这种核苷酸间的质子相互作用模式（参见图 10.23）可判断是右旋 DNA 螺旋。对于不同 DNA 结构，比较观测的交叉峰的相对强度，并结合质子间距离的计算值，Assa-Munt 和 Kearns（1984 年）得出一个结论：聚（*d*A-*d*T）·聚（*d*A-*d*T）采取 B-DNA 在低盐溶液中的结构。

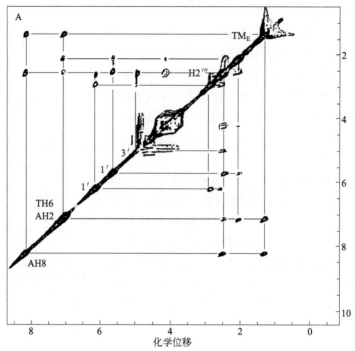

图 10.24 在 21℃ 下，混合时间为 50ms 时，聚（dA-dT）•聚（dA-dT）的 360-MHz 纯吸收相的 2D NOE 波谱［经 Kearns（1987 年）许可转载］

2D NMR 技术可以推测多核苷酸的微结构，我们希望，对其相当粗略的叙述至少也能证明这些技术的实用性。鼓励读者参考关于多核苷酸结构 2D NMR 研究的更完整的讨论，例如由 Wüthrich（1986 年）和 Kearns（1987 年）提出的相关讨论。

10.4 多糖

多糖的示意图如图 10.25，画为由糖苷键连接成一连串的糖配基，非常简单。这种容易误解的简化多半是没有包括单糖（或简称糖）的详细结构，各种单糖最常出现于多糖中，可以列入图 10.26（MacGregor 和 Greenwood，1980 年）。对于一个特定的多糖，除了组成它的单糖的序列和种类，还有另外两个结构特征，都起源于两个相邻单糖通过糖苷键连接的方式。

图 10.25 多糖示意图

两个单糖通过糖苷键链接，形成一种二糖，示意图见图 10.27。因为半缩醛碳 C-1 可以是 α 或 β，所以糖苷键同样可以是 α 或 β。此外，如图 10.27 所示，一种糖的半缩醛碳 C-1 可能与 C-4 之外的碳原子连接，形成 1→2，1→3 和 1→6 糖苷键。由于多个非半缩醛羟基可能与另一个糖环形成糖苷键，因此多糖中可能形成支化结构。

多糖本身就有结构复杂性，又加上六元糖环（吡喃糖）的皱突和糖苷键中 C-O 键的旋转产生的额外构象自由度，此时就不难预估，确定其三维结构是一项极为艰巨的任务。由于这种复杂性，多糖微结构的研究已经利用标记技术、与低聚糖模型化合物比较、^{1}H 和 ^{13}C 的 1D 和 2D NMR 技术等（Bock 和 Thogerson，1982 年；Breitmaier 和 Vöelter，1987 年；Dabrowski，1987 年）。

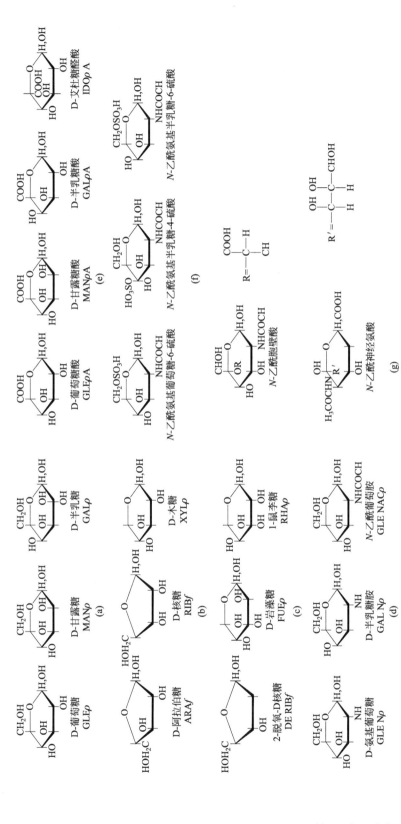

图 10.26 通常存在于多糖中的单糖有：（a）己醛糖；（b）戊醛糖；（c）脱氧糖；（d）氨基糖及衍生物；（e）糖醛酸；（f）硫酸化糖；（g）胞壁酸和神经氨酸衍生物。在半缩醛环碳 C-1 上为 H、OH 时分别表示 α 或 β 糖 [经 MacGregor 和 Greenwood（1980 年）许可转载]

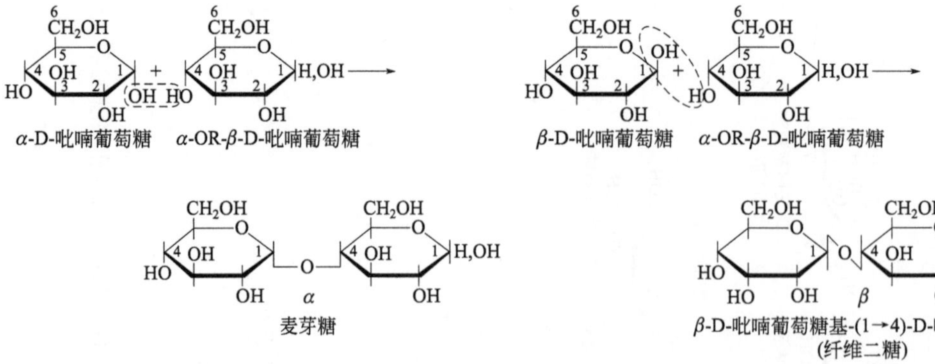

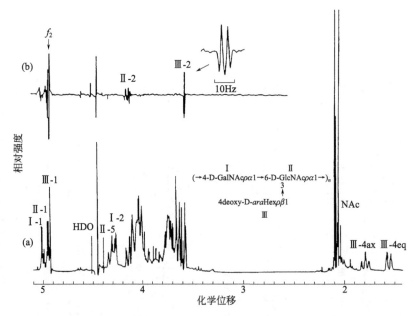

图 10.27　用于连接两个糖分子使之形成二糖的 1→4 α 和 β 糖苷键的示意图 ［改编自 MacGregor 和 Greenwood（1980 年）］

多糖 NMR 波谱中的信号重叠，尤其是[1]H NMR 谱中存在的信号重叠严重阻碍了峰的归属解析。2D NMR 技术在这方面很有帮助，并且早期应用于多糖的效果令人鼓舞（参见 Dabrowski，1987 年）。考虑到多糖 NMR 波谱的复杂性，而且又缺乏涉及其 2D NMR 研究的大量文献，我们将通过一个实例，简要讨论应用 NMR 来解释多糖微结构的某些细节。

Gamian 等（1985 年）对柠檬酸杆菌 PCM 1487（一种细菌）产生的多糖进行了 1D 和 2D NMR 分析。在 1D 波谱中观察到三个强度比为 1∶1∶1 的半缩醛质子信号，如图 10.28 所示。根据观测的耦合常数[3]$J_{1,2}$＝3.6Hz，D-GalNAc（I）残基和 D-GlcNAc（II）残基的半缩醛构型（见图 10.29）都是 α 型，因为 β-构型预期应当产生[3]$J_{1,2}$＝1.2Hz。这两

图 10.28　细菌柠檬酸杆菌 PCM 1487 产生的多糖的 360-MHz[1]H NMR 波谱：（a）高分辨波谱；（b）自旋-解耦差异波谱（f_2 箭头所指的辐照）［经 Gamian 等（1985 年）许可转载］

种糖残基容易通过 D-GlcNAc 中 H-4 质子有无大耦合常数来判别，在 D-GalNAc 糖残基中并没有。

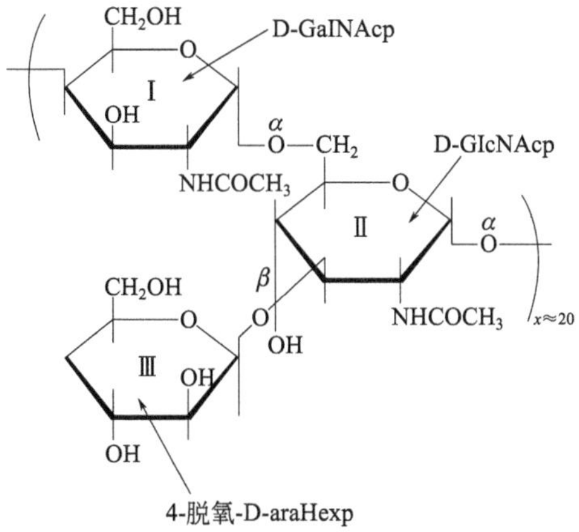

图 10.29 由柠檬酸杆菌 PCM 1487 细菌产生的多糖的规则重复结构示意图。测定的分子量表明，每个多糖链中平均约有 20 个重复单元 [经 Gamian 等（1985 年）许可转载]

在 4.905（$^3J_{1,2}=1\text{Hz}$）处，半缩醛 H-1 质子的双峰显然归属于 4-脱氧-D-araHexp（III）残基，因为这个双峰通过 H-2 和 H-3 与该残基的非羟基化碳 C-4 上的两个 H-4 质子的高场信号相关（见图 10.30 中的 COSY 谱）。基于分离良好的 H-4 信号的积分强度，可以判断，这种多糖中每个重复单元仅含有一个 4-脱氧-D-araHexp 糖残基，而且作为侧链。

对于侧链糖基 4-脱氧-D-araHexp，也称为 4-脱氧-D-吡喃葡萄糖，可以期待以下两种椅环构象中的一种（Angyal，1969 年；Paulsen 和 Freidman，1972 年；DeBruyn 等，1977 年）：

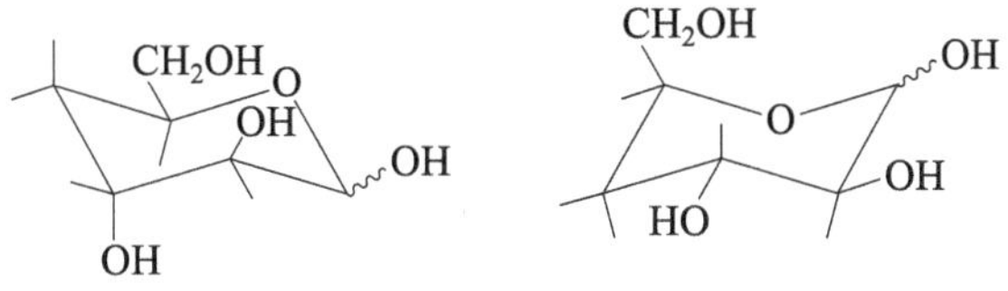

这两种椅式构象可以通过它们不同的 $^3J_{2,3}$ 耦合常数来区分。借助 2D J-分辨波谱，或者记录单自旋解耦差分波谱 [如图 10.28（b）所示]，可以实现这种区分。H-1 的辐照产生 H-2 差分信号，显示 H-1⇔H-2 和 H-2⇔H-3 两种耦合模式。按照这种方式，从 $^3J_{2,3}=3\text{Hz}$ 可以证明 4-脱氧-D-araHexp 的环构象是 $^4C_1$。最后，对于 4-脱氧-D-araHexp 残基所观测的 $^3J_{1,2}=1\text{Hz}$（Paulsen 和 Freidman，1977 年），而游离 α-吡喃糖基和 β-吡喃糖糖基观测的 $^3J_{1,2}$ 分别为 3.6Hz 和 1.2Hz，基于这种相互比较，发现 4-脱氧-D-araHexp 残基为 β-半缩醛构型。

我们希望，对于这种相对简单的多糖，应用 1D NMR 和 2D NMR 技术（Gamian 等，1985 年）的简要描述，能够传达出一种信息，即这些技术有某种潜力作为检测多糖微结构强有力的实验探针。

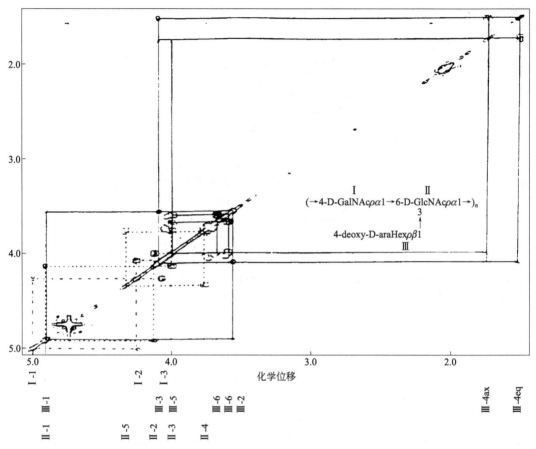

图 10.30 来自柠檬酸杆菌 PCM 1487 的多糖的 500-MHz 2D COSY ^{1}H NMR 波谱。自旋-相关的连通性用不同线段标注，点划线表示 GalNAc（Ⅰ），虚线表示 GlcNAc（Ⅱ），实线表示 4-脱氧-D-araHexp（Ⅲ）[经 Gamian 等（1985 年）许可转载]

（彭华韵、王海波、杜宗良　译）

参 考 文 献

Altona，C.（1975）．*In Structure and Conformation of Nucleic Acids and rotein-Nucleic Acid Interactions*，M. Sundaralingam and S. T. Rao，Eds.，University Park Press，Baltimore.

Altona，C. and Simdaralingam，M.（1973）．*J. Am. Chem. Soc.* **95**，2333.

Altona，C.，vanBoom，J.，and Haasnoot，C. A. G.（1976）．*Eur. J. Biochem.* **71**，557.

Angyal，S. J.（1969）．*Angew. Chem.* **81**，172.

Assa-Munt，N. and Keams，D. R.（1984）．*Biochemistry* **23**，791.

Bock，K. and Thogerson，H.（1982）．In *Annual Reports on NMR Spectroscopy*，G. A. Webb，Ed.，Vol. 13，Academic Press，New York，p. 1.

Bosch，C.，Bundi，A.，Oppliger，M. and Wüthrich，K.（1978）．*Eur. J. Biochem.* **91**，209.

Braun，W.，Wider，G.，Lee，K. H. and Wüthrich，K.（1983）．*J. Mol. Biol.* **169**，921.

Breitmaier，E. and Vöelter，W.（1987）．*Carbon*-13 *NMR Spectroscopy*，Third Ed.，VCH Publ.，New York，Chapter 5.

Broersma, S. (1960). *J. Chem. Phys.* **32**, 1626.

Cohen, J. S. and Chen, C. W. (1982). In *NMR Spectroscopy: New Methods and Applications*, ACS Symposium Series 191, Am. Chem. Soc., Washington, Chapter 13, p. 249.

Dabrowski, J. (1987). In *Two-Dimensional NMR Spectroscopy: Applications for Chemists and Biochemists*, W. R. Croasman and R. M. K. Carlson, Eds., VCH Publ., New York, Chapter 6, p. 349.

DeBruyn, A., Anteunis, M., and Beeumen, J. (1977). *Bull. Soc. Chim.* Bel%. **86**, 259.

Dickerson, R. E. (1983). In *Nucleic Acids: The Vectors of Life*, B. Pullman and J. Jortner, Eds., Reidel, Dordrecht, p. 1.

Flory, P. J. (1969). *Statistical Mechanics of Chain Molecules*, Wiley-Interscience, New York, Chapter VII.

Gamian, A., Romanowska, E., Romanowska, A., Lugowski, C., Dabrowski, J., and Trauner, K. (1985). *Eur. J. Biochem.* **146**, 641.

Haasnoot, C. A. G., de Leeuw, F. A. A. M., de Leeuw, H. P. M., and Altona, C. (1981). *Org. Magn. Reson.* **15**, 43.

Hare, D. R., Werner, D. E., Chou, S. H., Drobny, G., and Reid, B. R. (1983). *J. Mol. Biol.* **171**, 319.

IUPAC-IUB Commission on Biochemical Nomenclature(1970). *J. Mol. Biol.* **52**,1.

Keams, D. R. (1987). In *Two-Dimensional NMR Spectroscopy: Applications for Chemists and Biochemists*, W. R. Croasmun and R. M. K. Carlson, Eds., VCH Publ., New York, Chapter 5.

Keams, D. R., Patel, D. J., and Schulman, R. G. (1971). *Nature* **229**, 338.

MacGregor, E. A. and Greenwood, C. T. (1980). *Polymers in Nature*, Wiley, New York.

Mirau, P. A. and Bovey, F. A. (1986). *J. Am. Chem. Soc.* **108**, 5130.

Patel, D. J. and TonelK, A. E. (1974). *Proc. Natl. Acad. Sci. U. S. A.* **71**, 1945.

Patel, D. J. Kozlowski, S. A., Nordheim, A., and Rich A. (1982). *Proc. Natl. Acad. Sci. U.S.A.* 79, 1413.

Paulsen, H. and Freidman, M. (1972). *Chem. Ber.* **105**, 705.

Pohl, S. L., Bimbaumer, L., and Rodbell, M. (1969). *Science* **164**, 566.

Ramachandran, G. N., Ramakrishnan, C., and Sasisekharan, V. (1963). *J. Mol. Biol.* **7**, 95.

Sasaki, K., Dockerill, S., Adamiak, D. A., Tickle, I. J., and Blundell, T. (1975). *Nature* **257**, 751.

Tonelli, A. E. and Brewster, A. I. (1972). *J. Am. Chem. Soc.* **94**, 2851.

Tonelli, A. E. and Richard Brewster, A. I. (1973). *Biopolymers* **12**, 193.

Wider, G., Lee, K. H., and Wüthrich, K. (1982). *J. Mol. Biol.* **155**, 367.

Wüthrich, K. (1986). *NMR of Proteins and Nucleic Acids*, Wiley-Interscience, New York.

Wüthrich, K. Wider, G., Wagner, G., and Braun, W. (1982). *J. Mol. Biol.* **155**, 311.

第 11 章

固态聚合物

11.1 引言

Schaefer 和 Stejskal（1976 年）首次提出并证明，可以将大功率质子偶极去耦（DD）、快速魔角旋转（MAS）、^{1}H 和 ^{13}C 核自旋的交叉极化（CP）等技术结合起来，就允许对于固态样品进行高分辨 ^{13}C NMR 波谱的观测（见第 3 章）。这是核磁共振波谱表征聚合物的重要进展，因为这样我们就可以观测固态的结构和动力学，而此种状态是它们最常利用的。

记录固态聚合物的 CPMAS/DD ^{13}C NMR 波谱，有可能观察每个可解析的碳核的化学位移（δ）和弛豫参数（T_1、$T_{1\rho}$ 等）。正如我们将要讨论的那样，观测的化学位移提供了涉及固态聚合物构象和堆积的信息，而弛豫参数（例如自旋-晶格弛豫时间 T_1）则表明它们的固态迁移率。我们发现，即使固态聚合物中分子链紧密堆积，其 ^{13}C 化学位移仍可以反映固态这些堆积模式；正如与在溶液中观测的一样，固态聚合物选择的分子内构象对其观测的 ^{13}C 化学位移是最重要的一个影响因素。

γ-左右式效应方法（见第 4 章和第 5 章）对构象十分灵敏，可用以分析固态聚合物 CPMAS/DD 波谱中观测的 ^{13}C 化学位移，我们将对此加以举例说明。那样的一种分析通常可以得出涉及下列问题的结论：聚合物的固态构象以及它们如何受固态相变（晶体-晶体、晶体-熔体、晶体-液晶）的影响。同时，在 CPMAS/DD 波谱中对于每个可观测共振自旋-晶格弛豫时间 T_1 的测定，提供了固态中高分子运动的动力学量度，也可用于监测固态聚合物的相变。

简而言之，CPMAS/DD 技术组合可方便地获得固态聚合物的高分辨 NMR 波谱。因此，现如今 NMR 波谱是局部分子结构和动力学的灵敏探针，如今可用于固态聚合物，也包括由于交联或高熔点温度而不溶解的那些固态聚合物。

11.2 固态聚合物的构象

绝大多数具有规则重复微结构的聚合物能够从溶液和熔融本体中结晶。对于具有不规则微结构的聚合物，例如无规立构乙烯基聚合物（见第 6 章），通常不可能发生结晶；相反，它们凝聚成无定形固体。在溶液中聚合物链快速经历的构象数量极其巨大，无定形聚合物链可以自由地选择其中任意一种构象。然而，当聚合物结晶时，样品晶体区域中的每条链通常只允许有某种单一的构象。

与低分子量小分子不同，聚合物（大分子）通常不会完全结晶。对于可结晶的合成聚合物，通常只观察到 30% 至 90% 的结晶度，其余 10% 至 70% 的样品处于无序的无定形状态。对于此种行为，有一些值得注意的例外：其一是聚二乙炔，它是由其单体的单晶进行拓扑固相聚合直接形成聚合物单晶（Wegner，1980 年）；其二是球状蛋白质，它们自身折叠成分子紧密堆积的三维晶格结构（Dickerson 和 Geis，1969 年）。因此，绝大多数合成的固态聚合物要么是完全无定形的，要么是两相结构的材料。前者在构象上是多种多样分散的；后者中的某些链（或链的一部分）固定为单晶的构象，而其余的链（或链的一部分）是无定形的构象。

对于结晶聚合物，其 CPMAS/DD 高分辨固相[13]C NMR 波谱，我们可以期待能看到什么？在室温和 105℃ 条件下，聚对苯二甲酸丁二醇酯（PBT）记录的 CPMAS/DD ^{13}C NMR 波谱，分别表示于图 11.1（a）和（b）[标记为 SB（sideband）的峰是羰基和苯环碳共振的旋转边带，POM 表示添加到转子中的聚甲醛作为化学位移的内标，即距内标物 TMS 为 89.1（Earl 和 VanderHart，1982 年）]。值得注意的是，在高温波谱中，共振显著变窄，尤其是亚甲基碳的共振。这可能是由于在 105℃（T_g＝55℃）条件下无定形碳的迁移率增加，它们不再有效地交叉极化所致。因此，105℃ 条件下记录的波谱观测的只是晶态碳原子。而在室温下记录的波谱中，PBT（50％结晶）中的晶态碳和无定形碳二者均具有足够的刚性，发生交叉极化，且对于波谱的峰有所贡献。

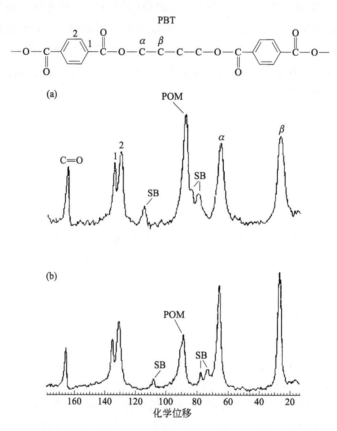

图 11.1 **α-PBT 在不同温度下的 CPMAS/DD 波谱：（a）室温下波谱；（b）105℃ 条件下波谱 [经 Gomez 等（1988 年）许可转载]**

如图 11.2 所示，无定形碳在 105℃ 下具有足够的移动性，且没有观测到交叉极化。比较一下所记录的有 [图 11.2（a）] 无 [图 11.2（b）] 交叉极化的波谱，可以说明，晶态碳和无定形碳的核，其共振具有非常近似的频率。基于这个原因，在室温下观测的共振变宽，因为刚性无定形碳（T_g＝55℃）和晶态碳二者都做出了重要贡献。

让我们来检测一种结晶聚合物，CPMAS/DD ^{13}C NMR 技术可以很容易区分其无定形态和晶态。聚乙烯发生结晶化成为全反式平面锯齿构象；在熔体或溶液中，除去了晶格对于构象的约束，链的每个 C—C 键要么是反式构象，要么是左右式构象，每条聚乙烯链可以自由选择由此生成的任何构象；对于固体结晶样品中聚乙烯链的无定形部分，也允许具有类似的构象柔软性。

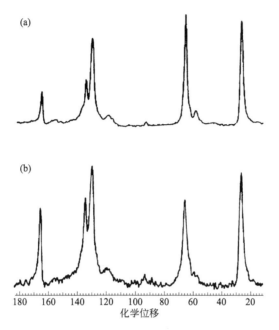

图 11.2　α-PBT 在 105℃ 下的核磁波谱：（a）CPMAS/DD 波谱；（b）MAS/DD 波谱［经 Gomez 等（1988 年）许可转载］

图 11.3（a）给出了几种聚乙烯样品的 CPMAS/DD ^{13}C NMR 谱图（Earl 和 VanderHart，1979 年）。由于微结构和表征结晶的方法不同，它们的晶体含量差异很大，尽管如此，所有谱图还是出现了两个特征峰：在窄而强烈的共振峰旁都有一个以 2.5 高场为中心的、宽而弱的肩峰，这些共振分别对应样品的刚性结晶组分和无定形组分，没有交叉极化的选择性弛豫脉冲序列，可以更好地观察移动性好的无定形组分［见图 11.3（b）；Axelson（1986 年）］，因为晶体和无定形碳的自旋-晶格弛豫时间之间存在差异。

为什么同一个样品中，半结晶聚乙烯中的无定形碳比晶态碳共振高出 2.5？除了无定形和结晶聚乙烯链分子间堆积的差异之外，主要原因是结晶碳和无定形碳的核处于不同的构象环境。在样品的结晶部分中，聚乙烯链受到晶格的约束，采用全反式、平面的锯齿形构象。另一方面，无定形链没有由晶格施加的构象约束，并且构象无序，在它们的构象中具有可观数量左右式构象的键。

在无序聚乙烯熔体或溶液中，约 40％的键采取左右式构象（Flory，1969 年）。如果半结晶聚乙烯样品中的无定形链同样无序，那么我们可以认为，与全反式晶态碳相比，它们的碳核被（2）×（0.4）×（−5）＝−4 屏蔽，而全反式晶态碳没有受到分子内 γ-左右式效应屏蔽。显然，在聚乙烯的 CPMAS/DD ^{13}C NMR 谱中观测的小的高场峰（见图 11.3）可以归为样品的无定形部分，这部分无序的构象对旁边固定的全反式构象的晶态碳产生了左右式屏蔽。

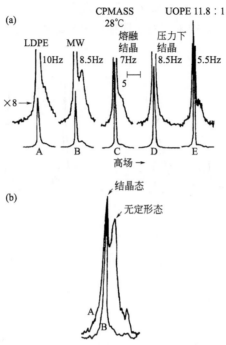

图 11.3 聚乙烯样品的核磁波谱：(a) 几种聚乙烯样品的 CPMAS/DD ^{13}C NMR（Earl 和 VanderHart，1979 年）；(b) 在选择性弛豫脉冲序列（180°-τ-90-T)$_x$ 条件下，聚乙烯样品没有交叉极化（A）和有交叉极化（B）的 MAS/DD ^{13}C NMR（Axelson，1986 年）［改编自 Earl 和 VanderHart（1979 年）以及 Alxelson（1986 年）］

值得注意的是，对于在聚乙烯中无定形碳与晶态碳的 ^{13}C 化学位移之间的差异，其观测值（-2.5）比由对构象灵敏的 γ-左右式效应所得的预期值（-4）要小得多。对于这种差异，有几个可能的原因。首先，在对比中忽略了在两个共存相中不同链式堆积模式的可能影响。VanderHart（1981 年）已经证明，在正构烷烃的各种结晶相中，其构象都是反式，与结晶聚乙烯一样，中心亚甲基碳的化学位移可能相差 1.3。还有人提出，半结晶聚乙烯样品中无定形链的构象，不像熔融聚乙烯链那样多样（参见第 11.5.1 节关于聚合物单晶形态的讨论）。

即使结晶聚乙烯和非晶态聚乙烯的 ^{13}C 化学位移的观测值与预期值之间可能存在着定量差异，我们也能明显看出，固态聚合物链的局域构象是影响其固态 ^{13}C 共振所观测的化学位移的最重要的因素。虽然分子链间的堆积有时会影响所测量的固态聚合物的 ^{13}C 化学位移，但与局部链内构象相比，它们通常起次要作用。

两种有规立构形式的聚丙烯（PP），全同立构（i-PP）和间同立构（s-PP）均结晶，但具有不同的螺旋构象（见图 11.4）。假设结晶 i-PP 具有规则重复的 A 3_1 螺旋构象···$gtgtgt$···，而 s-PP 在晶体中采用···$ggttggtt$···2_1 螺旋构象。结晶 s-PP 中的亚甲基碳在构象上是明显可辨识的。一半的亚甲基碳，即沿着螺旋内部的那些，与 γ-取代基成左右式排列，而沿螺旋外部的亚甲基碳与 γ-取代基呈反式排列。毫不意外，s-PP 的高分辨固态 ^{13}C NMR 谱中（Bunn 等，1981 年），出现了由 8.7 分开的两个亚甲基碳共振，粗略地说就是两个 γ-左右式效应。结晶的 i-PP 中的每个亚甲基碳，都是一个并且转化为其另一

个 γ-取代基。因此,我们预计在 i-PP 中亚甲基碳仅有单一共振,如所观测的(Fleming 等,1980 年)。此外,i-PP 中的亚甲基碳被唯一一个 γ-左右式效应屏蔽,在 s-PP 中两种不同的亚甲基碳之间共振,这两种亚甲基碳具有两种或没有 γ-左右式效应。

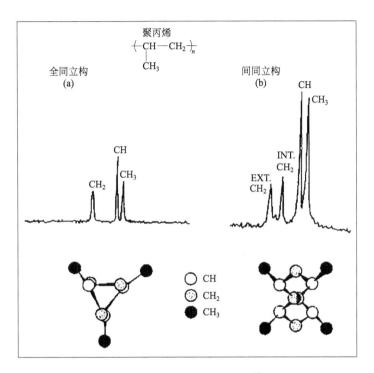

图 11.4 聚丙烯固态 ^{13}C NMR 波谱:(a)全同立构聚丙烯固态 ^{13}C NMR 波谱和其螺旋构象[修改后转载于 Fleming 等(1980 年),美国化学学会允许转载];(b)间同立构聚丙烯固态 ^{13}C NMR 波谱及其构象代表[转载于 Bunn 等(1981 年),英国皇家化学学会允许转载]

通常,全同立构聚(1-丁烯)以 $3_1\cdots(gt)(gt)(gt)\cdots$ 的螺旋构象结晶,称为 I 型,非常类似于 i-PP,g 和 t 二面角分别为 60°、180°(Natta 等,1960 年)。然而,在 90℃ 以上它更倾向于 11_3 螺旋,g 和 t 角分别为 77°和 163°,称为 II 型(Turner-Jones,1963 年;Miyashita 等,1974 年;Petraccone 等,1976 年)。用溶剂蒸发法制备的聚(1-丁烯)结晶,形成一个 4_1 螺旋,g 角和 t 角分别为 83°和 159°,称为 III 型(Zannetti 等,1961 年;Danusso 和 Gianotti,1963 年;Geacintov 等,1963 年;Miller 和 Holland,1964 年)。图 11.5 显示了全同立构聚(1-丁烯)的 I、II 和 III 三种结晶形态的 CPMAS/DD ^{13}C NMR 波谱和它们的纽曼投影式。值得注意的是,当 CH 和—CH_2—之间的二面角(CH 和—CH_2CH_3 之间),从 60°(60°)转变到 77°(77°)和 83°(81°)时,全同立构聚(1-丁烯)从形态 I 转化为形态 II 和 III,次甲基和亚甲基共振逐渐向低场移动。显然,全同立构聚(1-丁烯)中的甲基碳和亚甲基碳受到的 γ-左右式效应屏蔽,随着晶体螺旋从形态 I(3_1)向形态 II(11_3)和 III(4_1)转变而减弱。甲基碳的去屏蔽效应约为亚甲基碳的两倍。这一观察结果与这样一个事实相一致:骨架和侧链亚甲基都屏蔽了甲基碳,但亚甲基碳只能被甲基碳屏蔽(见图 11.5)。

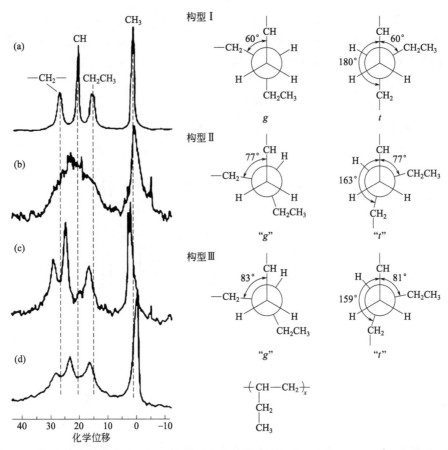

图 11.5　聚(1-丁烯)的固态 MAS/DD/CP [13]C 波谱，共振频率为 50.3-MHz。(a) 20℃ 条件下形态 I 波谱；(b) −60℃ 条件下形态 II 波谱；(c) −10℃ 条件下形态 III 波谱；(d) 43℃ 条件下无定形态波谱。垂直的虚线代表形态 I 的峰位。化学位移量以无定形甲基共振为基准 (0.00)。聚(1-丁烯)结晶构象的纽曼投影式 [改编于 Belfiore 等 (1984 年)]

11.3　固态聚合物中的链间堆积

　　如上一节所述，VanderHart (1981 年) 观察到：即使假定每种多晶型物中每一条正烷烃链都具有全反式构象，正烷烃晶体中内部亚甲基碳的[13]C 化学位移仍旧依赖于它们的晶体堆积模式 (晶胞)。当 i-PP 在 150℃ 以上退火时，可获得稳定的 α-型多晶型物。另一方面，在温度梯度很大时的单向结晶产生 β-型的 i-PP。在这两种晶形中，i-PP 链都采用…$(gt)(gt)(gt)$…3_1 型螺旋构象。其 CPMAS/DD ^{13}C NMR 波谱如图 11.6 所示，其中在 α-形态中，亚甲基和甲基的共振分裂为双峰，双峰中二峰相距约 1。α-形态和 β-形态晶体中 i-PP 链的螺旋间的堆积如图 11.7 所示。应当注意，在 α-形态中，不同手性的螺旋堆积于近邻各行；而在 β-形态晶体中，相同手性的螺旋发生团聚。

　　对于 α-型样品中的两种碳类型，低场组分与高场组分的强度比约为 2∶1，这对应于通过相反手性配对螺旋产生的非等价堆积位点 A 和 B 的比例 [见图 11.7 (a)]。位点 A 对应的螺旋间距为 5.28Å；而位点 B 对应 6.14Å。β-型 i-PP 中，亚甲基和甲基的共振几乎

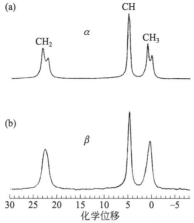

图 11.6 *i*-PP 的 CPMAS 核磁波谱：（a）**α**-型；（b）**β**-型〔改编于 Gomez 等（1987 年 a）〕

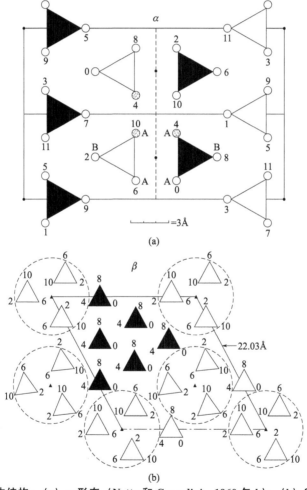

图 11.7 *i*-PP 的晶体结构：（a）**α**-形态（Natta 和 Corradini，1960 年 b）；（b）**β**-形态（Turner-Jones 等，1964 年）。实心（RH）和空心（LH）三角代表不同手性的 3_1 型螺旋链。由于 CH_2—CH_2 键几乎于 *c* 轴平行，故 *A* 和 *B* 标记的、本文中讨论的不等价位点，适用于所有三种碳类型。三角形顶点上的数字，表示甲基群在垂直于 *c* 轴的平面上的高度。（a）中三角形顶点上的圆对应甲基碳，交叉线和点划线的圆对应于所包围的 *A* 位甲基〔经 Gomez 等（1987 年 a）许可转载〕

与 α-型样品中相应位点 B 的共振一致，可能是因为 β-型晶体中簇状链之间的螺旋之间的分隔距离（interhelical separation），与其位于 α-型晶体中位点 B 相似（6.36Å）。

作为链间堆积对晶体聚合物高分辨波谱中，观测的 ^{13}C 化学位移产生效应的最后一个实例，我们可以比较聚环氧丙烷（PTO）及其环状四聚体 c-(TO)$_4$ 的 CPMAS/DD ^{13}C NMR 波谱（Gomez 等，1987 年 b），如图 11.8 所示。聚合物和环状四聚体二者在其晶体中均为 $\cdots ttgg \cdots$ 构象，而 c-(TO)$_4$ 由于其环状结构实际为 $(ttggttgg)_2$ 构象；但是，在晶态的 PTO 和 c-(TO)$_4$ 中的 α 型和 β 型，二者的亚甲基碳原子具有相同数量和类型的 γ-左右式作用。尽管长的螺旋状 PTO 与致密圆盘状 c-(TO)$_4$，在分子间堆积上有相当大的不同，但是它们的 ^{13}C 化学位移仅相差 0.4（对于 α-CH$_2$）和 1.4（对于 β-CH$_2$）。

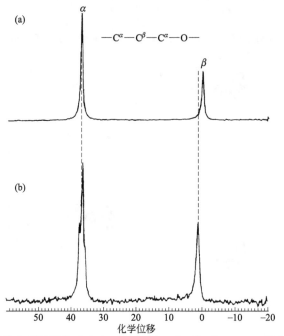

图 11.8　在室温下无标准物所记录的（a）PTO 和（b）c-(TO)$_4$ 的 CPMAS 波谱。PTO 中的 β-亚甲基碳共振为 0［经 Gomez 等（1987 年 b）许可转载］

基于这些和其他一些实例，我们得出结论：对于固态结晶聚合物，链间堆积对其高分辨波谱观测的 ^{13}C 化学位移的各种效应虽然显著且可以测量，但不如局部聚合物链构象通过 γ-左右式效应产生的影响那么大。

11.4　固态聚合物中的分子运动

正如前文（第 3.4 和 11.2 节）指出，聚合物高分辨固态 ^{13}C 核磁共振波谱的测量和图样取决于其组成碳核的迁移率。例如，在半结晶聚合物中，通过对测量温度的精准控制，一般都有可能分别观测属于样品的结晶部分和非晶部分碳核的共振。这种分别观测是由聚合物链在每一相中不同的迁移率造成的。因此，通过高分辨固态 ^{13}C NMR 波谱的观测，以及波谱对于下列一些测量参数的依赖性：例如交叉极化的接触时间、魔角旋转速度、质子偶极去耦周期等，就有可能获得固态聚合物所发生的分子运动的信息（Schaefer 等，1975 年，1977 年）。CPMAS/DD 实验的一个主要优点是其高分辨率，它允许获得聚合物中每个可分辨碳原子共振的弛豫数据。因此，有可能将主要发生在聚合物主链中的运动与在侧链中的运动区分开来，假如二者没有完全连接在一起。

当受到射频脉冲扰动之后，核自旋的磁化需要沿静磁场的方向返回到其平衡值，这需要一定的时间。为了测量这个时间 T_1，可以采用反转恢复脉冲序列，如图 11.9（a）所示（Farrar 和 Becker，1971 年）。施加一个 $180°$ 的射频脉冲使平衡净磁化倒转为 $-z$ 方向，从而反转磁化。通过偶极 ^{13}C-^{1}H 相互作用产生的弛豫受到它们运动的调制，随后再施加一个 $180°$ 的射频脉冲，并持续可以调整的一段时间 τ。在时间 τ 之后，施加一个 $90°$ 脉冲，并检测沿 H_0 场 $+z$ 方向的磁化回复［见图 11.9（b）］。等待（约 $5T_1$ 的延迟时间）磁化回复到其平衡值 M_0 之后，重复进行下一次脉冲序列实验。收集对于许多不同 τ 值的数据，并且用 $\log(M_0-M)$ 对 τ 作图，从所得直线的斜率可以得出自旋-晶格弛豫时间，即 $T_1 = -1/$斜率。

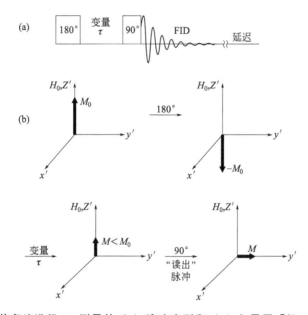

图 11.9　通过反转恢复法进行 T_1-测量的（a）脉冲序列和（b）矢量图［经 Bovey 和 Jelinski（1987年）许可转载］

通过反转恢复法（inversion-recovery method）测量的 T_1 仅适用于有迁移性的固态，其 ^{13}C 核的 T_1 时间很短，且其共振可以在没有交叉极化的条件下观测。然而，Torchia（1978 年）已经改进了通常的交叉极化脉冲序列（见图 3.8），以便对刚性聚合物的 ^{13}C 自旋-晶格弛豫时间进行测量，这些聚合物的波谱实际上只能在交叉极化条件下获得。这是通过在质子自旋的自旋锁定和去耦之间插入一个可变延迟 τ，然后重复脉冲序列来实现的，但这一次使用 $-90°$ 质子射频脉冲。对于在交叉极化条件下，可以观测到谱图的刚性固体，可以用这种方法获得其 ^{13}C 的 T_1。通过消除在 Torchia 方案（1978 年）中，除出第二脉冲序列，还可以确定旋转框架 $T_{1\rho}$ 中的自旋-晶格弛豫时间。

对于无规立构聚甲基丙烯酸甲酯：

$$\alpha\text{-PMMA} = \left[\text{CH}_2 - \underset{\displaystyle\underset{\text{CH}_3}{|}}{\overset{\displaystyle\overset{\text{CH}_3}{|}\ \overset{\text{O}}{|}\ \overset{\text{C}=\text{O}}{|}}{\text{C}}}\right]_x ,$$

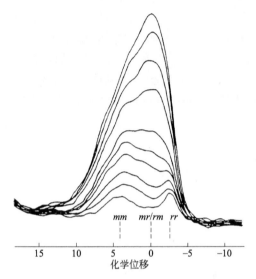

图 11.10　在 α-PMMA 上进行 CP-T_1 实验时，α-甲基共振的形状随 τ 的变化。τ ＝ 5ms、10ms、20ms、30ms、60ms、80ms、100ms、140ms、200ms 和 300ms〔经 Tanaka 等（1988 年 a）许可转载〕

其 CPMAS/DD ^{13}C NMR 波谱的 α-CH$_3$ 部分如图 11.10 所示，它是室温下测定 T_1 的实验中记录下的。应当注意，通过改变 CP-T_1 实验中 [1]H 自旋锁定和去耦脉冲之间的延迟时间，会使 α-CH$_3$ 共振形状产生显著变化（Torchia，1978 年）。十分明显，这个宽的共振可以分解成三个峰，其相对化学位移为 ＋4.3、0 和 －2.4，分别对应于三单元组立构序列 mm、$mr(rm)$ 和 rr（Tanaka 等，1988 年 a）。

α-CH$_3$ 共振峰的整体形状对 τ 很敏感，因为 α-CH$_3$ 的自旋-晶格弛豫时间取决于它所处的立构序列。我们假定：在 ＋4.3 处的强度是 mm 和 $mr(rm)$ 共振的组合，在 －2.4 处的强度是 rr 和 $mr(rm)$ 共振的组合，在 0 处只有 $mr(rm)$ 共振对其强度有所贡献，那么对于三单元组立构序列 mm、$mr(rm)$ 和 rr 中的任何一个 α-CH$_3$ 的碳核，其 T_1 值就可以推断出来。在 ＋4.3 处从强度对 τ 的数据处理可以得出 $T_1(mm)$ 和 T_1 $[mr(rm)]$，在 －2.4 处得出 $T_1(rr)$ 和 $T_1[mr(rm)]$，并且在 0 处得出 $T_1[mr(rm)]$（见图 11.11）。在所有三个共振位置的强度对 τ 的数据分析给出相同的 $T_1[mr(rm)]$。

在室温下，对于固体 a-PPMA 中的 α-CH$_3$ 碳，$T_1[mr(rm)] = 50ms$，$T_1(mm) = 400ms$，$T_1(rr) = 800ms$。依赖于立构序列的自旋-晶格弛豫使得宽的 α-CH$_3$ 共振可分解成三个峰，对应于 mm、$mr(rm)$ 和 rr 三单元组立构序列。固体 a-PMMA 中 α-CH$_3$ 碳的这些 T_1 值依赖于立构规整度，这些 T_1 值还表明 α-CH$_3$-基团的旋转对立体化学环境十分灵敏。

如果在溶液中有一对或若干对磁等效的碳核，由于快速的分子重新取向，在固相中将被诱导为磁非等效的碳核，因此，通过跟踪它们的固态 CPMAS/DD 谱的温度变化，可以研究这些碳核的运动。图 11.12 说明了这样一个例子（Schaefer 和 Stejskal，1979 年）。在聚苯醚的固相波谱中，质子化的芳香碳出现双峰。这是由于 C—O—C 键角约为 120°，并且在 NMR 时间尺度上没有苯环的快速翻转，质子化芳香碳存在的环境是不同的，足以引起单一的化学位移分裂。通过升高温度，则观察到双峰聚结为单一的共振，像在溶液中观测的那样，于是可以测定固体中亚苯基环翻转的活化能（Garroway 等，1982 年）。

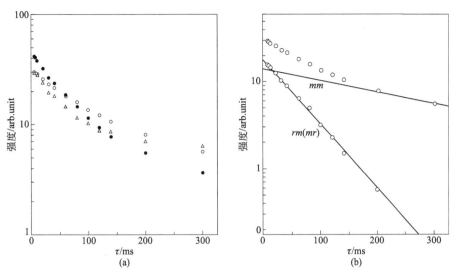

图 11. 11 （a）三个不同化学位移位置的强度随 τ 的变化。○表示＋4. 3（*mm*），●表示 0（*rm*，*mr*），△表示－2. 4(*rr*)。（b）在＋4. 3(*mm*）的相对化学位移下信号强度分解为两个过程的示例 [经 Tanaka 等（1988 年 a）许可转载]

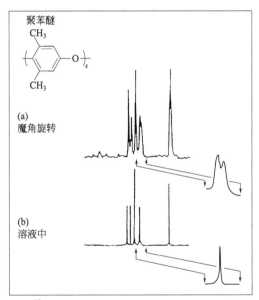

图 11. 12 聚苯醚的固相和液相[13]C NMR 波谱：（a）由 CPMAS/DD 测定的固相波谱；（b）液相波谱 [经 Schaefer 和 Stejskal（1979 年）许可转载]

　　虽然非自旋波谱（见第 3 章）不是一种高分辨率的技术，但是可利用其中的[13]C 化学位移张量，来阐明 MAS 频率范围内的运动，即千赫兹和更慢的运动。假如在分子坐标系中化学位移张量 σ 的主元素可以指定某一特定方向，那么 σ 随温度变化的方式可以得出关于分子运动的一些结论。

　　基于在非自旋 CP/DD 波谱中观测 σ 的温度依赖性，对于这种运动加以分析的一个实例，总结于图 11. 13，对于双酚 A 聚碳酸酯中富含[13]C 的碳（＊），

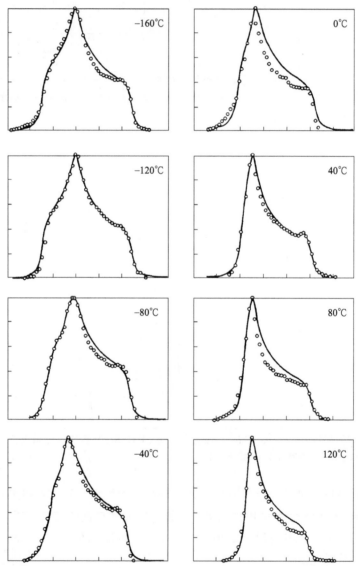

在几种温度下观测的化学位移张量 σ 表示于图中（O'Gara 等，1985 年）。在低温下，σ 表现出典型的刚性张量模式（参见第 3.4.2 节），从中可以推断其主分量。随着温度的升高，限制在小角度范围内旋转的苯环可以翻转 180°（或者 π）。假如翻转 π 的速率和旋转角度范围二者都认定为是有温度依赖性的，那么标记环碳的化学位移张量可以从 σ 的主分量模拟，如图 11.13 所示。通过这种方式，O'Gara 等（1985 年）能够得出关于固态双酚-A 聚碳酸酯中苯环运动的速率和振幅。

图 11.13　图中实线是在不同温度下 ^{13}C CSA 线形状的模拟，点是从波谱中获取的［经 O'Gara 等（1985 年）许可转载］

因为 ^{1}H 和 ^{13}C 核之间的偶极相互作用（参见第 2.2 节）决定观测的碳核自旋-晶格弛豫时间（T_1 和 $T_{1\rho}$），所以很难从这些高分辨率数据（Schaefer 和 Stejskal，1979 年）中得出分子运动模型，特别是对于非质子化碳，它们只经历与非键合质子的偶极相互作用的弛豫。氘核磁共振虽然不是高分辨率探针，但可用于固态聚合物的分子运动研究。氘核 $D={}^{2}H$ 具有 1 的自旋，并且由于其非球形电荷分布是四极的核。与其他 NMR 核-自旋相互作用比较，例如与标量 J-耦合、偶极耦合和化学位移各向异性等比较，四极矩与 C-D 键电场梯度张量的相互作用占优势。可以证明（Jelinski，1986 年），0 和 ±1 自旋能级之间的两个射频诱导跃迁的频率，依赖于 C-D 键与外加磁场之间的角度。

对于各种快速各向异性运动，所预测的氘共振线的形状举例于图 11.14。将这些计算线的形状，与在选择性氘代聚合物固体中观测线的形状进行比较，通常可以对那里所发生分子运动的类型、频率和振幅进行详细分析（Spiess，1985 年；Jelinski，1986 年）。

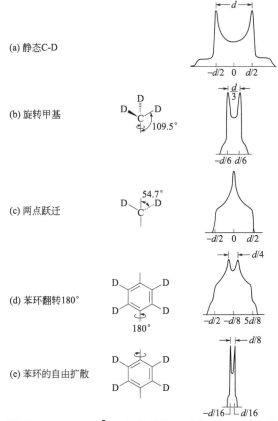

图 11.14 对于各种类型的快速（$\tau_c < 10^{-7}s$）各向异性运动氘 NMR 的理论谱线［经 Jelinski（1986 年）许可转载］

11.5　CPMAS/DD ^{13}C NMR 在固态聚合物中的应用

11.5.1　聚合物晶体的形态和运动

当合成聚合物从稀溶液中结晶时，通常会形成一些小而薄的片晶，如图 11.15 所示。

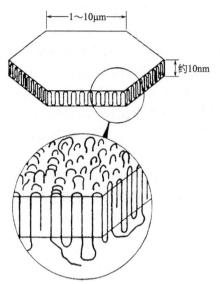

图 11.15 从稀溶液中生长出的聚合物单晶的示意图。请注意晶体的薄（约 100Å）盘状形貌及其表面，聚合物链在此处折叠以重新进入晶体

晶体厚度很薄是聚合物链折叠的结果，这种折叠允许绝大多数聚合物链都有多个部分参加入同一晶体之中。自 Storks（1938 年）、Keller（1957 年）、Fisher（1957 年）和 Till（1957 年）首次证明聚合物单晶中的链在其表面折叠以来，聚合物单晶折叠表面精确的本质，一直是许多研究和争论的焦点。

这项工作的绝大部分都是因同一问题而激发的，即：在折叠面上链环是紧密的吗？如果它们是紧密的，那么绝大多数聚合物链将以近邻的方式重新进入。如果折叠的聚合物链环是松散的，则会导致聚合物链的随机重新进入。

Schilling 等（1983 年）用溶液 ^{13}C NMR 解决了这个问题。通过用间氯过氧苯甲酸处理悬浮在液体中的 1,4-反式-聚丁二烯（TPBD）的单晶，间氯过氧苯甲酸会使双键环氧化（参见图 11.16），他们能够测定晶体表面上的链环平均尺寸和晶体的平均厚度［或晶体内部链的中心柱长度（stem length）］。首先将其折叠表面已经环氧化的单晶溶解，并分析所观测的 ^{13}C NMR 波谱，可以完成这项工作。如果环氧化仅限于折叠表面，则产生图 11.16 所示的嵌段共聚物。

对于图中标记为 A、B、C 和 D 的碳，测定其独特共振的强度之后，可估算未环氧化 TPBD 单晶的折叠长度和链的中心柱长度。以这种方式，Schilling 等（1983 年）发现折叠长度或链环长度为 3～5 个重复单元，他们将此解释为：同一条 TPBD 链多次进入同一晶体，在占优势的近邻，重新进入链的晶体中心柱之间为相当紧密的折叠。随后，这些相同的 TPBD 单晶直接在固体状态用 CPMASD/DD ^{13}C NMR 加以研究（Schilling 等，1984 年）。

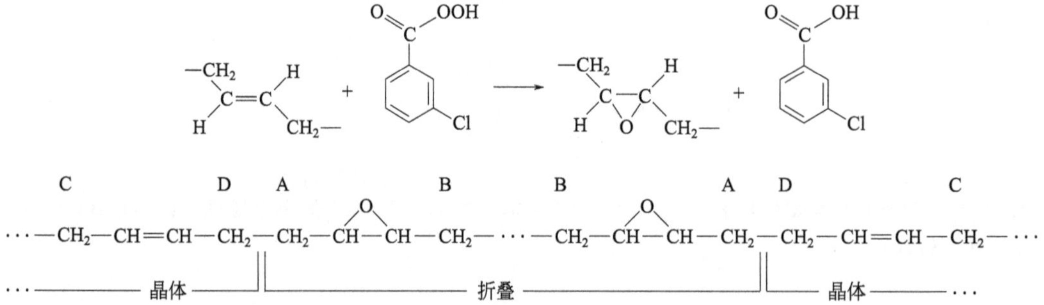

图 11.16 TPBD 单晶的环氧化反应和所得嵌段共聚物产物［经 Schilling 等（1983 年）许可转载］

TPBD 单晶的定量 MAS/DD ^{13}C NMR 波谱示于图 11.17。信号累加的时间较长（200s），保证了晶体全部信号强度的观测。对于脂肪族—CH_2—的碳和烯—CH＝的碳二者而言，高场共振对应于无定形或折叠表面材料，如在具有低功率标量解耦的 MAS 记录

（未示出）中指示的，其中仅出现具有迁移性的无定形碳之共振。无定形与结晶的峰强度之比率与通过密度测量确定的结晶度完全一致。

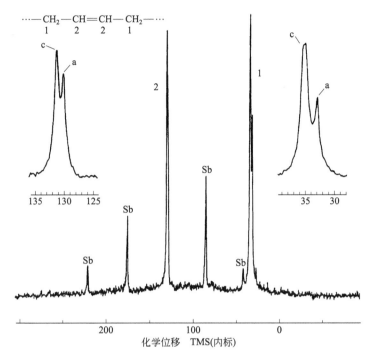

图 11.17　1,4-反式-聚丁二烯（样品 UH-29）在魔角旋转下在 50.3-MHz 的^{13}C 偶极解耦波谱，没有交叉极化下使用 200s 的脉冲间隔。c 和 a 分别代表晶态和无定形态［经 Schilling 等（1984 年）许可转载］

在晶相（＜50℃）和无定形相中的 TPBD 链构象表示于图 11.18。因为晶体构象中的所有键都是反式的或锯齿形的，所以脂肪族和烯属的碳都不会受到分子内 γ-左右式屏蔽效应的影响。然而，在非晶相中，$CH_2—CH_2$ 键约 50％为左右式（gauche），而 CH—CH_2 键约 20％为顺式；与它们结晶相的共振相比，CH 和 CH_2 的碳核都受到了预期的屏蔽效应。这一期望的确符合实际，如图 11.17 所示。

然而，令人惊奇的是，对于在 TPBD 单晶中的无定形相的紧密折叠，所观测的^{13}C 化学位移，与 TPBD 本体无定形样品（Jelinski 等，1982 年）的^{13}C 化学位移比较，实际上几乎相同，在本体无定形样品中，构象上无序的链没有任何结晶的约束。此外，对于无定形本体样品与单晶 TPBD 的折叠表面，所测量的自旋-晶格弛豫时间（spin-lattice relaxation times）T_1 也是相同的。因此，尽管邻接重新进入的链折叠，受到了相当紧密（仅 3～5 个重复单元）的特殊约束，在链的运动和构象这两点上，TPBD 单晶的折叠表面与那些本体无定形样品非常相似。

将变温 CPMAS/DD ^{13}C NMR 应用于 TPBD 单晶，至少可以部分解开这一明显的谜团。人们早就已经知道（Natta 等，1956 年；Natta 和 Corridini，1960 年 a），TPBD 存在两种结晶的多晶型物。在室温下，晶型Ⅰ的链构象如图 11.18（a）所示，但是在大约 75℃以上，尽管仍然以六边形阵列堆积，但形成了具有较低密度的 TPBD 晶型Ⅱ（Suehiro 和 Takayanagi，1970 年；Stellman 等，1973 年；Evans 和 Woodward，1978

年；De Rosa 等，1986 年）。通常认为，在晶型Ⅱ中的 TPBD 链处于无序状态，在其 X 射线衍射图中，所有非赤道反射均是模糊的斑点（Suehiro 和 Takayanagi，1970 年），也是对此的证明。对于晶型Ⅱ的 TPBD，宽线[1]H NMR 波谱（Iwaiyagi 和 Miura，1965 年）的二次矩显著减小，表明是Ⅱ型晶体中的分子运动的起点。

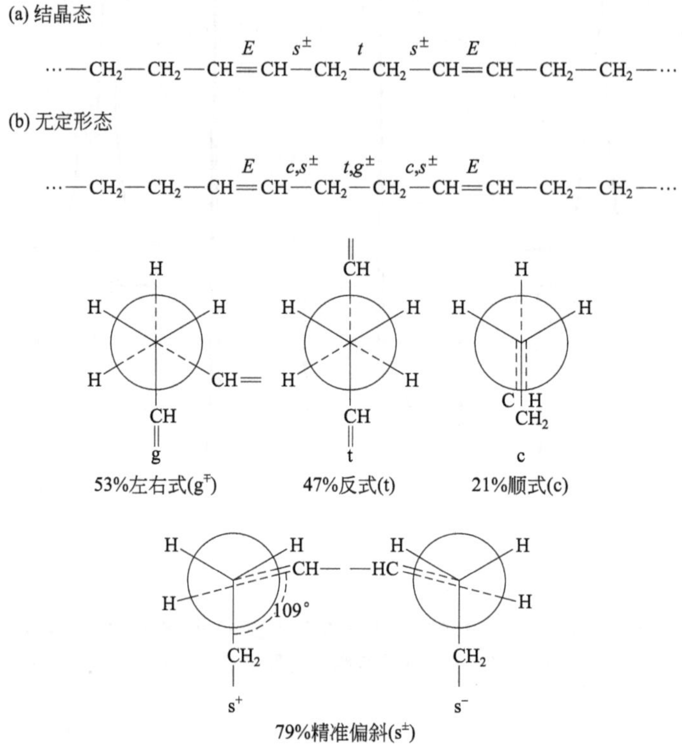

(a) 结晶态

$$\cdots-CH_2-CH_2-\overset{E}{CH}=\overset{s^\pm}{CH}-\overset{t}{CH_2}-\overset{s^\pm}{CH_2}-\overset{E}{CH}=CH-CH_2-CH_2-\cdots$$

(b) 无定形态

$$\cdots-CH_2-CH_2-\overset{E}{CH}=\overset{c,s^\pm}{CH}-\overset{t,g^\pm}{CH_2}-\overset{c,s^\pm}{CH_2}-\overset{E}{CH}=CH-CH_2-CH_2-\cdots$$

图 11.18　TPBD 的不同构型：（a）TPBD 的晶态构型（Natta 和 Corradini，1960 年 a）；（b）根据 Mark（1967 年）的 RIS 模型所得的 TPBD 无定形态构型

　　Suehiro 和 Takayanagi（1970 年）假定，晶型Ⅱ的链选择与晶型Ⅰ类似的构象［参见图 11.18（a）］，不同之处在于偏斜角从 109°（晶型Ⅰ）减小到 80°（晶型Ⅱ），以便再现 X 射线衍射观测的链轴重复距离的缩短。他们进一步提出，晶型Ⅱ的链在 CH_2—CH_2 键和 CH—CH_2 键上发生大的扭转振荡。Iwayanagi 和 Miura（1965 年）假定，晶型Ⅱ的分子链绕其长轴旋转，而不是发生这些大的扭转振荡。De Rosa 等（1986 年）提出了晶型Ⅱ中 TPBD 链的构象是无序化的，是构象（a）和（b）（见下列图示）的平衡混合物。这种快速的构象平衡使链沿着纤维重复方向产生收缩，这与从晶型Ⅰ到晶型Ⅱ观测的收缩相匹配，并导致 CH-CH_2 键出现顺式有 25% 的概率：

(a)　$$-\overset{E}{CH}=\overset{s^\pm_{(90°)}}{CH}-\overset{t}{CH_2}-\overset{s^\pm_{(90°)}}{CH_2}-\overset{E}{CH}=CH-$$

(b)　$$\overset{E}{\quad}\ \overset{s^\pm_{(90°)}}{\quad}\ \overset{t}{\quad}\ \overset{cis}{\quad}\ \overset{E}{\quad}$$

　　CPMAS/DD[13]C NMR 谱以较短的接触时间记录，以降低无定形折叠表面碳的观测信号，如图 11.19 所示。注意从晶型Ⅰ到晶型Ⅱ的转变过程，在晶型Ⅱ中的两种类型碳的共振，与晶型Ⅰ中的共振比较，都在高场。晶型Ⅱ中 CH 碳和 CH₂ 碳的共振，与晶型Ⅰ中的共振比较，分别高 1.2 和 1.8，这与折叠表面（fold surface）碳的那些共振十分近似，折叠表面碳的共振与晶型Ⅰ中的共振比较，分别向高场移动 1.2 和 2.4。在没有交叉极化的反转恢复 T_1 测量中，可以观测到晶型Ⅱ和折叠表面的亚甲基碳独特的共振。图 11.20 举例说明了这种峰的分离，这之所以有可能，是因为晶型Ⅱ与折叠表面 TPBD 具有不同的 T_1。

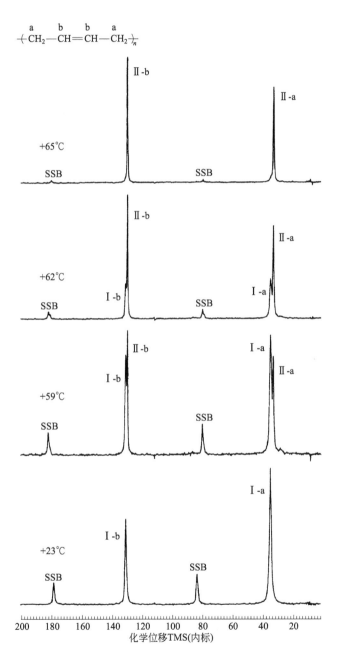

图 11.19　1,4-全反式-聚丁二烯在共振频率为 50.31-MHz 时的 CPMAS/DD ^{13}C NMR 谱（Ⅰ＝晶型Ⅰ；Ⅱ＝晶型Ⅱ）[经 Schilling 等（1987 年）许可转载]

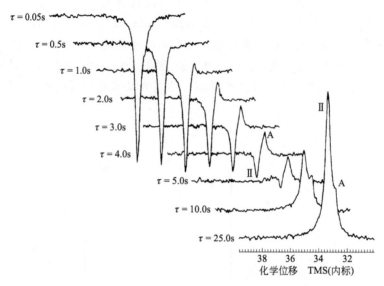

图 11. 20　1,4-反式-聚丁二烯的亚甲基碳在 70℃ 下的反转恢复 ^{13}C NMR 谱，共振频率为 50. 3-MHz（Ⅱ＝晶型Ⅱ；A＝无定形态）［经 Schilling 等（1987 年）许可转载］

对于在 TPBD 晶型Ⅰ和晶型Ⅱ的晶体碳，用交叉极化（Torchia，1978 年）测定的自旋-晶格弛豫时间列于表 11.1。应当注意，在晶型Ⅱ的晶体中，两种类型碳的 T_1 值都急剧下降。从 Suehiro 和 Takayanagi（1970 年）提出的构象来看，在晶型Ⅱ晶体中链中心柱的碳的屏蔽作用明显增强是很难理解的。对于晶型Ⅰ和晶型Ⅱ的晶体中心柱的碳，它们的 T_1 值有巨大差异，从围绕 CH—CH$_2$ 键和 CH$_2$—CH$_2$ 键的扭转振荡并不能解释。然而，De Rosa 等（1986 年）假定晶型Ⅱ有无序构象，而 Iwayanagi 和 Miura（1965 年）假定沿长链轴的旋转，若将二者结合起来，与上述两种观察似乎就协调一致了。

表 11.1　1,4-反式-聚丁二烯在交叉极化下 ^{13}C 的自旋-晶格弛豫时间

温度/℃	来源	茎		折叠	
		T_1/s			
		CH$_2$	CH＝	CH$_2$	CH＝
23. 0	Ⅰ	55130	53123	0. 33[①]	0. 65[①]
50. 5	Ⅰ	2869	4075		
60. 0	Ⅰ	2356	2866		
60. 0	Ⅱ	8. 5	9. 1		
70. 0	Ⅱ	10. 5	12. 2	−0. 7[②]	

①反转恢复法测量。

②来自反转恢复法零点的估计（图 11.20）（Schilling 等，1987 年）。

此外还想深入了解在晶型Ⅱ的 TPBD 中链运动的本质，可以从非自旋 ^{13}C NMR 谱得到，如图 11.21 所示。在图 11.21（a）中，晶型Ⅰ的 CP/DD 波谱显示轴向不对称化学位移的各向异性［主分量 σ_{11}、σ_{22}、σ_{33} 由 Schilling 等（1984 年）测定］。对于晶型Ⅱ的

TPBD，在无交叉极化的条件下记录非自旋波谱，可以看到粉末谱急剧变窄［图 11.21（b）］，表明有一种实际存在的运动；但是，这种运动是高度各向异性的，因为化学位移张量并不是简单地平均为各向同性值 σ_i。

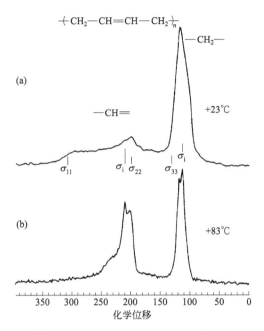

图 11.21　1,4-反式-聚丁二烯的 ^{13}C NMR 非自旋 DD 光谱，共振频率为 50.31-MHz。（a）有交叉极化的晶型 I；（b）无交叉极化的晶型 II［经 Schilling 等（1987 年）许可转载］

在环氧化 TPBD 单晶中也同样存在晶型 I 向晶型 II 的固相转变（Schilling 等，1987年）。十分明显，由于环氧化使折叠表面失去迁移性（Schilling 等，1984 年），所以折叠表面不参与晶型 I 向晶型 II 的转变。看来同样可能的是，在晶型 II 的 TPBD 中，沿晶体主干的方向上几乎没有运动，因为那样的运动，需要高刚性的环氧化折叠表面，发生进出晶体内部的移动。

根据在晶型 II 晶体中 TPBD 链所表现出的构象柔性和动态柔性，看来似乎不难接受下述这些观测：TPBD 单晶虽有相对紧密折叠表面，其实具有与无定形本体样品相似的构象特征和运动特征。

乙烯-氯乙烯（E-V）共聚物（见第 9 章）是由聚氯乙烯与三-正丁基锡氢化物还原脱氯制得的（Schilling 等，1985 年），当超过 60％的氯被脱除时，这类共聚物是半结晶的（Bowmer 和 Tonelli，1985 年）。对于结晶的 E-V 共聚物，X 射线衍射证明晶胞有显著扩张，分子间无序程度增加，这两者都随着 V 含量的增加而增强，直到链从正交晶系转变为假六边形堆积（Gomez 等，1989 年），这就暗示：某些氯乙烯单元或者说是某些 Cl 原子，进入了晶体之中。

E-V-13.6 共聚物（V 摩尔分数为 13.6％）的熔点为 $T_m = 78℃$，在较此熔点更高（86℃）或更低（62℃ 和 25℃）的温度下，记录的 MAS/DD ^{13}C NMR 波谱示于图 11.22。按照测定 T_1 确定的条件来记录了波谱，其中只观测有迁移性的无定形的碳（Gomez 等，

1989 年）。在 86℃下，E-V-13.6 是熔融的，样品中所有的碳在 MAS/DD 波谱中都被观测到。在 62℃下，此温度远低于 $T_m = 78℃$，E-V-13.6 部分结晶，这一点也反映在此温度下的波谱中。在 86℃和 62℃记录波谱强度的差异，反映出在 E-V-13.6 中已经结晶的含量。更重要的是，即使是 CHCl 的碳共振因为结晶使其强度下降，这也为某些 Cl 原子进入晶体提供了直接的证据。事实上，可以推测，在结晶的 E-V 共聚物中，发现至少有 20%的 Cl 进入晶体内部（Gomez 等，1989 年）。

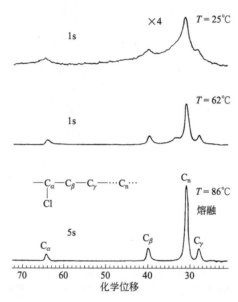

图 11.22　E-V-13.6 在 25℃、62℃和 86℃下的 MAS/DD ^{13}C NMR 谱［经 Gomez 等（1989 年）许可转载］

11.5.2　聚合物的固-固相变

在就如何利用固态^{13}C NMR 研究聚合物晶体的形态和运动的讨论过程中，我们简要地介绍了在反式 1,4-聚丁二烯中观测Ⅰ-Ⅱ型的晶体-晶体转变。在这里，我们扩展了 CPMAS/DD ^{13}C NMR 在固态聚合物相变研究中的应用。

聚对苯二甲酸丁二醇酯（PBT）纤维的单轴拉伸，伴随着可逆的晶体-晶体转变（Boye 和 Overton，1974 年；Jakeways 等，1975 年，1976 年；Yokouchi 等，1976 年；Brereton 等，1978 年）。对于松弛的 α-相晶型和应变形成的 β-相晶型（strained β-phase）进行了 X 射线结构研究（Yokouchi 等，1976 年；Mencik，1975 年；Hall 和 Pass，1977 年；Desborough 和 Hall，1977 年；Stambaugh 等，1979 年；Hall，1980 年）。从 PBT 应变形成的 β-相晶型的红外和拉曼光谱假定，丁二醇序列—CH_2—CH_2—CH_2—CH_2—为"反式-反式-反式"的构象（Ward 和 Wilding，1977 年），尽管 Yokouchi（1976 年）和 Hall（Hall，1977 年；Hall 和 Pass，1980 年）等假定的晶体结构，显著偏离伸展的全反式二醇残基结构。但提出的对于松弛的 α-PBT 假定的晶体结构，全部都近似于一种"左右式-反式-左右式"的残基构象。

将 α-PBT 和 β-PBT 置于高温下，以除去玻璃态的碳原子和无定形的碳原子之贡献

（见 11.2 节），其 CPMAS/DD ^{13}C NMR 波谱表示于图 11.23（Gomez 等，1988 年）。值得注意的是，在 α-PBT 和 β-PBT 二者中观测的中心亚甲基碳原子的化学位移几乎相同。如果结晶 PBT 的二醇残基部分从"左右式-反式-左右式"的构象（α）转变为伸展的"反式-反式-反式"构象（β），那么由于 γ-左右式效应，这将反映在中心亚甲基碳原子的化学位移中。

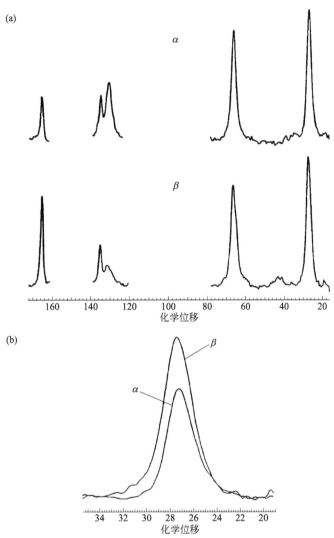

图 11.23　**α-PBT 和 β-PBT 的 CPMAS/DD 波谱（105℃）：（a）整个波谱；（b）中心亚甲基碳区的放大 ［经 Gomez 等（1988 年）许可转载］**

　　对于几种 PBT 模型化合物测定的中心亚甲基碳原子的 ^{13}C 化学位移和晶体构象，与对于 α-PBT 和 β-PBT 中所观测的相互比较，表示于图 11.24（Grenier-Loustalot 和 Bocelli，1984 年）。显然，在 α-PBT 和 β-PBT 中所观察到的中心亚甲基碳原子的化学位移，与伸展的全反式二醇构象是一致的。因此，在 PBT 应变诱导的 α-β 晶体-晶体相变过程中，PBT 链中丁二醇部分的构象仍然保持为伸展的全反式构象。

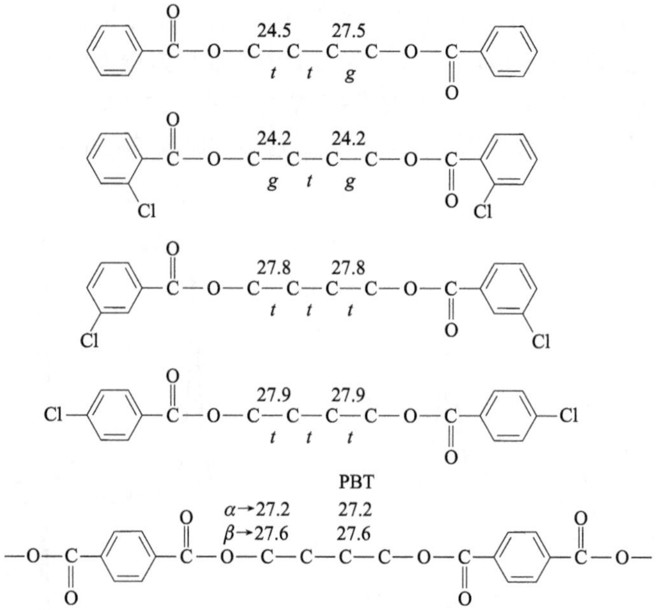

O 24.5 27.5
‖
C—O—C—C—C—C—O—C
t t g

24.2 24.2
C—O—C—C—C—C—O—C
g t g

27.8 27.8
C—O—C—C—C—C—O—C
t t t

27.9 27.9
C—O—C—C—C—C—O—C
t t t

PBT

α→27.2 27.2
β→27.6 27.6
—O—C—C—C—C—O—C

图 11.24 由 Grenier-Loustalot 和 Bocelli（1984 年）利用 X 射线衍射和高分辨固体[13]C NMR 测定的四种 PBT 模型化合物的亚甲基中心碳原子示意图。标明了每个丁二醇残基的构象（t＝反式，g＝左右式）和亚甲基中心碳原子的化学位移。介绍了 PBT 的结构，并观察了 $α$-型和 $β$-型晶体中中心亚甲基碳的化学位移 ［经 Gomez 等（1988 年）许可转载］

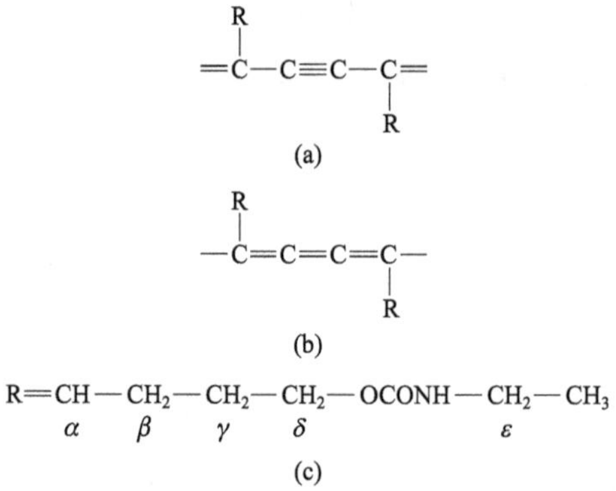

R
＝C—C≡C—C＝
R
(a)

R
—C＝C＝C＝C—
R
(b)

$R＝CH—CH_2—CH_2—CH_2—OCONH—CH_2—CH_3$
    $α$ $β$ $γ$ $δ$ $ε$
(c)

图 11.25 聚二乙炔的构象：（a）乙炔型；（b）丁三烯型的骨架结构；（c）聚（ETCD）的侧链 R

由于聚二乙炔（PDA）通常可以通过单晶状取代的二乙炔的固态拓扑聚合（Wegner，1980 年）获得大的单晶，因此，PDA 在合成有机聚合物中十分独特。PDA 具有优异的光学性质，例如大的非线性光学响应和热致变色的相转变（Bloor 和 Chance，1985 年；Chance，1986 年）。这是由其主链上组合的双键和三键结构所决定的，如图 11.25（a）所示。PDA 的光学性质直接反映了其骨架的电子状态，因此理解它们的骨架构象是非常重要的。

PDA 聚（ETCD）（见图 11.25）在室温和高温下的 CPMAS/DD ^{13}C NMR 谱见图 11.26。在约 115℃时，聚（ETCD）单晶由蓝色转变为红色。在这两个相之前观察到的[13]C 化学位移见表 11.2。并未发现骨架共轭的共振形式 ［见图 11.25（b）］，这一现象预计将发生在 136 到 171 之间（van Dongen 等，1973 年；Sandman 等，1986 年）。从 C＝O 碳（Saito，1986 年）的[13]C 化学位移判断，我们推断位于侧链氨基甲酸酯基的氢键是通过热致蓝红相变来维持的（见图 11.27）。

由热致相变引起的聚（ETCD）的 CPMAS/DD ^{13}C NMR 谱唯一显著变化是主链上—C≡共振位移向高场偏移 4，$β$ 和 $γ$-CH$_2$ 的化学位移向低场偏移 2（见表 11.2 和图 11.25和图 11.26）。在聚（ETCD）中添加具有不同侧链结构的 PDA，其中部分 PDA 的侧链与侧链之间可以形成氢键网络，对该聚合物进行固态[13]C NMR 研究，进一步揭示了所有蓝相的 PDA 有—C≡共振位移约为 107，而 PDA 红相显示出它们在—C≡的共振是 103。这是由于 PDA 骨架由平面到微非平面的构象变化。而另一些则不具备形成侧链氢键网络的能力（Tanaka 等，1989 年 b）。具有炔基结构的 PDA 中≡C—C≡键的小角旋转，一般认为伴随热致相变［见图 11.25（a）］，这是骨架上 π-电子有效共轭长度减少所致。

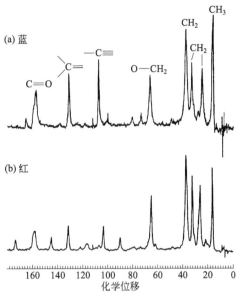

图 11.26　聚（ETCD）在蓝相和红相中的 CP/MAS/DD ¹³C 波谱［改编自 Tanaka 等（1989 年 a）］

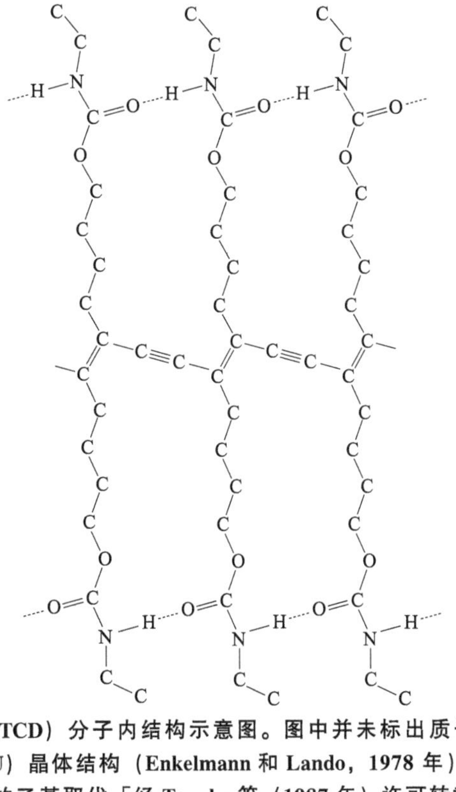

图 11.27　具有氢键的聚（ETCD）分子内结构示意图。图中并未标出质子，虚线代表氢键。该示意图接近于已报道的聚（TCDU）晶体结构（Enkelmann 和 Lando，1978 年），其分子结构与聚（ETCD）的区别仅在于苯环被侧链中的乙基取代［经 Tanaka 等（1987 年）许可转载］

表 11.2　聚（ETCD）相对于 TMS 的 ^{13}C 化学位移

碳	化学位移	
	蓝相（低温）	红相（高温）
C＝O	159.3	—
	157.5	158.3
$\diagdown$C＝	131.6	132.0
—C≡	107.4	103.6
δ-CH$_2$	66.6	65.5
α-CH$_2$	37.3	37.8
ε-CH$_2$	32.9	32.6
β,γ-CH$_2$	24.5	26.4
CH$_3$	16.2	16.7

与聚（ETCD）主链不同，侧链在高温红相中出现更大的伸展。将聚（ETCD）侧链上中心的亚甲基碳原子（β，γ）的 ^{13}C 化学位移，与另一些结晶聚合物和模型化合物中结构类似亚甲基所观测的 ^{13}C 化学位移可相互比较，注意这些模型的固态构象已经从 X-射线衍射研究中得知。具体结果如图 11.28 所示，其中聚（ETCD）中侧链的—CH$_2$—CH$_2$—CH$_2$—CH$_2$—，在蓝相中为左右式-反式-左右式构象 gtg，而在红相中扩展至全反式构象 ttt。实际上，当聚（ETCD）从熔体中再结晶时（Tanaka 等，1989 年 c），对于单元晶格所有约束的记忆均会消失（Wegner，1980 年），β，γ-CH$_2$ 碳原子在 27.5 处共振，与其侧链中四亚甲基部分完全扩展的全反式构象 ttt 一致（Downey 等，1988 年；Tanaka 等，1989 年 c），证实了聚（ETCD）侧链单晶从蓝相到红相的转变，最后转变为熔融再结晶的伸展过程。

聚(ETCD)

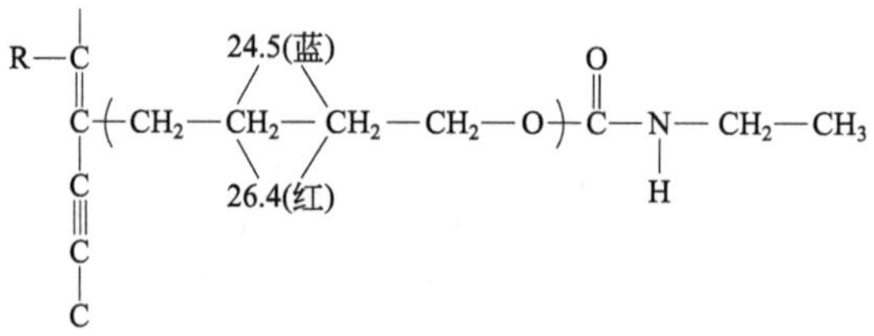

PCL

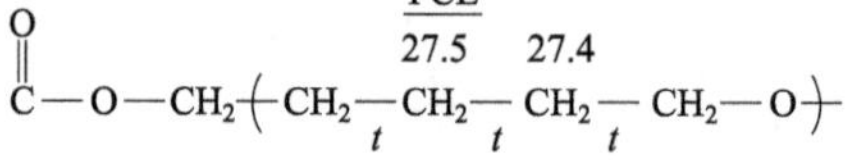

PBT

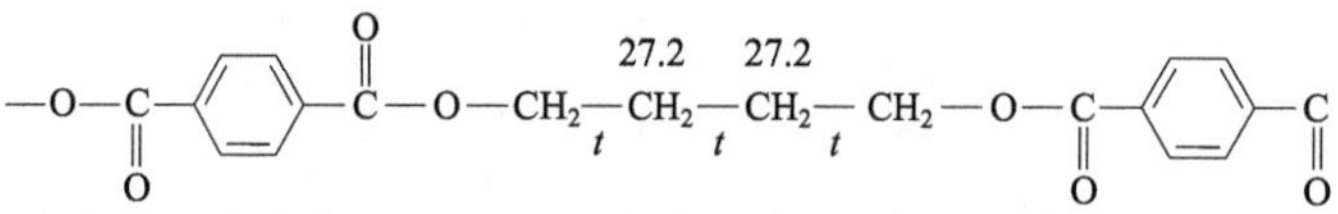

PBT模型

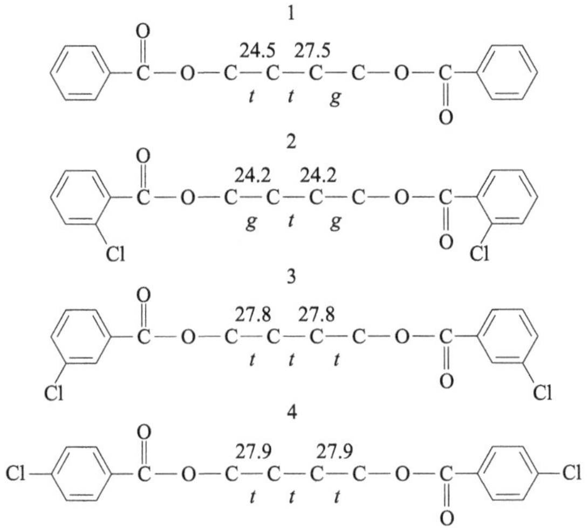

图 11.28 聚（ETCD）、PBT 和 PBT-模型化合物在 β,γ-CH$_2$ 碳原子的 ^{13}C 化学位移。由 X 射线衍射测定（Tadokoro，1979 年；Grenier-Loustalot 和 Bocelli，1984 年）的构象（t＝反式，g＝左右式）被证实均在中心 C—C 键下方 [经 Tanaka 等（1989 年 a）许可转载]

聚 [双(4-乙基苯氧基)磷腈]（PBEPP），

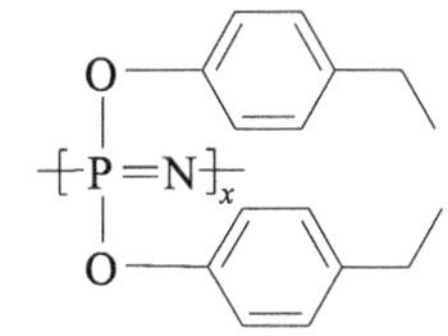

PBEPP

在许多聚磷腈化合物中，是典型的一种。在达到各向同性熔融态之前，这些聚磷腈出现明确的晶相-液晶相转变（Sun 和 Magill，1987 年），对于 PBEPP，$T(1)$ 发生在 100℃ 附近。通过对 PBEPP 晶相-液晶相转变过程的 CPMAS/DD ^{13}C NMR 谱进行观察，可以了解到相变过程中侧链构象和迁移率的变化。

对于 24℃ [低于 $T(1)$] 和 120℃ [高于 $T(1)$] 条件下，PBEPP 的 CPMAS/DD 和 MAS/DD ^{13}C NMR 谱的比较如图 11.29 所示，观察到四种不同的芳香侧链碳原子中的三种，和端甲基碳在 24℃ 处的多重共振（Tanaka 等，1988 年 b）。这意味着，在 PBEPP 晶体中存在多种侧链构象和/或多种方式填充其晶体侧链。

在表 11.3 中，我们分别给出了晶态和液晶态 PBEPP 的 CP 自旋-晶格弛豫时间 T_1。除了 PBEPP 从刚性晶相转变为流动液晶相时 T_1 预期值的降低外，有两个侧链芳香族碳原子甚至在结晶相中都有相对较小的 T_1。实际上，$T_1(C_b)=T_1(C_c)=T_1(CH_3)$。这种行为意味着，即使在结晶相中，苯环基也围绕它们的 1，4 轴旋转或翻转。然而，因为我们观察到了结晶芳香族碳的多重共振，说明这种运动在核磁共振时间尺度上可能是缓慢的，即 $>10^{-3}$ s。

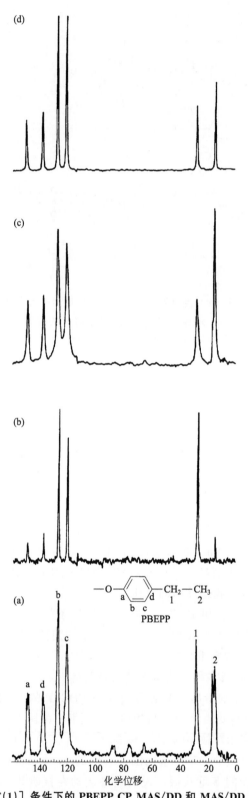

图 11. 29　低于和高于 [*T*(1)] 条件下的 PBEPP CP MAS/DD 和 MAS/DD ^{13}C NMR 谱：(a) 24℃下 CP MAS/DD 波谱；(b) 120℃下 CP MAS/DD 波谱；(c) 24℃下 MAS/DD 波谱；(d) 120℃下 MAS/ DD 波谱 [Tanaka 等（1988 年 b）许可转载]

表 11.3　PBEPP 的 CP 自旋-晶格弛豫时间 T_1

碳	T_1/s	
	$T = 25\,℃$	$100\,℃$
C_a	17	4
C_d	15	3
C_b	1.5	0.6
C_c	1.5	0.5
CH_2	10	0.8
CH_3	2	2

11.6　固态聚合物波谱中观测的其他原子核

11.6.1　CPMAS/DD ^{29}Si NMR

聚硅烷，

是一类有趣的性质特殊的无机聚合物。由于 Si 的 σ-电子沿其主链离域化，它们的电子吸收性质与 Si 主链的构象有很强的耦合作用（Harrah 和 Ziegler，1985 年，1987 年；Kuzmany 等，1986 年）。在 42℃ 的固态中，聚（二-正己基硅烷）（PDHS），R ＝R′＝ CH_2—CH_2—CH_2—CH_2—CH_2—CH_3，经历了热致变色有序-无序转变（Schilling 等，1989 年 a）。在低于这个转变温度条件下，Si 主链处于全反式平面构象，其中正己基侧链垂直于主链呈有序阵列堆积（Ⅰ）。高于 42℃ 时，主链和侧链二者构象上都是无序的（Ⅱ）。PDHS 的有序（Ⅰ）和无序（Ⅱ）形态的主链和侧链之间的构象差异，反映在 CPMAS/DD ^{29}Si NMR 中，如图 11.30 所示。

　　聚（二-正丁基硅烷）（PDBS）和聚（二-正戊基硅烷）（PDPS），在固态下采取 7/3 螺旋构象（与反式偏离 30°），并且没有热致变色转变（Miller 等，1987 年；Schilling 等，1989 年 b）。然而，通过在较低温度（−78℃）下从稀溶液中沉淀，或者通过对薄膜样品进行适当加压（2.6kbar❶）（Walsh 等，1989 年），可以形成具有固态全反式 Si 主链的 PDBS（Walsh 等，1989 年）。对于低温下沉淀得到的 PDBS，与在室温下沉淀得到的 PDBS 和 PDHS，将二者相互比较，它们的 CPMAS/DD ^{29}Si NMR 波谱示于图 11.31。十分明显，在低温下沉淀的 PDBS 的宽共振包括三种组分：（ⅰ）全反式形态，（ⅱ）无序形态，（ⅲ）7/3 螺旋态（Walsh 等，1989 年）。

---

❶　$1\text{bar} = 10^5\text{Pa}$。

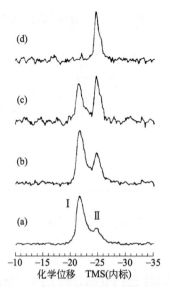

图 11.30 固态结晶 PDHS 的 39.75-MHz CPMAS/DD^{29}Si NMR 波谱，测试温度为：（a）25℃；（b）39.5℃；（c）41.5℃；（d）44.3℃。Ⅰ＝（Ⅰ）相的共振峰，Ⅱ＝（Ⅱ）相的共振峰［经 Schilling 等（1986 年）许可转载］

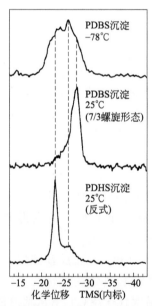

图 11.31 PDBS 和 PDHS 交叉极化魔角旋转和偶极解耦固态^{29}Si NMR 波谱（−40℃）。对于低温沉淀的 PDBS，宽的共振峰来自下列主链三种普通结构共振的叠加：全反式结构（低场肩峰）、螺旋结构（高场肩峰）、无序结构（中心峰）［经 Walsh 等（1989 年）许可转载］

11.6.2 MAS/DD ^{31}P NMR

^{31}P 核丰度甚高，因此不需要积累多次扫描就可以获得足够的信噪比。于是，即使固态中^{31}P 核的自旋-晶格弛豫时间长，但在合理的时间周期中，不需要^{1}H 和^{31}P 核之间磁

化的交叉极化，便可获得固态波谱。图 11.32 显示了聚磷腈 PBEPP 的 MAS/DD ^{31}P 波谱（参见第 11.5.2 节），表示它加热和冷却通过晶相至液晶相的 $T(1)$ 相变。在温度低于 $T(1)$ 时（<100℃），波谱中有明显的三种成分，其归属从低场到高场依次为样品的晶体、界面和非晶态成分。在温度高于 $T(1)$ 时，仅出现单一的液晶组分。

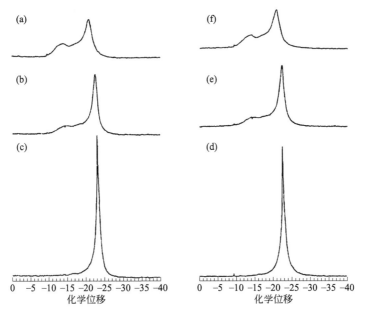

图 11.32 聚［双-(4-乙基苯氧基)磷腈］的 **MAS/DD** ^{31}**P** 波谱。在加热过程中的温度：（a）23℃；（b）80℃；（c）120℃。在冷却过程中的温度：（d）100℃；（e）60℃；（f）23℃

在图 11.33 所示的非自旋 ^{31}P 波谱中，尽管温度高于 $T(1)$ 时观测的化学位移峰有相当大的窄化（narrowing），但在液晶态各向异性仍然十分明显。线宽（15）比 MAS 的线宽（<1）要大的多，于是假定：其中的运动既不是各向同性的，也不是像在真实液体中那样快。

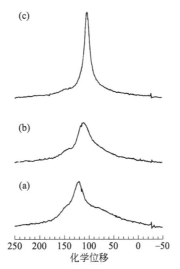

图 11.33 聚［双-(4-乙基苯氧基)磷腈］非自旋 ^{31}P 波谱。(a) 23℃；(b) 70℃（冷却）；(c) 90℃（冷却）［经 Tanaka 等（1989 年 d）许可转载］

11.6.3 CPMAS/DD ^{15}N NMR

与^{13}C 相似，^{15}N 也是自旋为$-1/2$ 的核，但其天然丰度和磁矩均小于^{13}C，使其观测更加困难。因此，最常使用的是富含^{15}N 的样品。然而，最近的研究表明（Shoji 等，1987 年；Weber 和 Murphy，1987 年；Mathias 等，1988 年；Powell 等，1988 年），固态聚合物的 CPMAS/DD ^{15}N NMR 波谱在天然丰度上是可行的。例如，有一种交替共聚酰胺，即聚（对苯甲酰胺-丙氨酸丙酰胺）的^{15}N 共振可以很好地分离（至 20）（见图 11.34）。

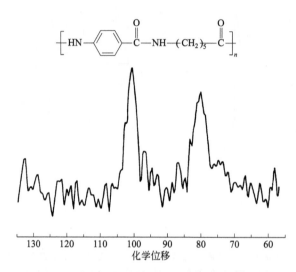

图 11.34 交替共聚酰胺［即聚（对苯甲酰胺-丙氨酸丙酰胺）］的^{15}N CPMAS 核磁波谱。$\delta ^{15}$N 来自结晶甘氨酸［经 Powell 等（1988 年）许可转载］

众所周知，尼龙-6，

$$\left[NH-(CH_2-)_5\overset{\overset{\displaystyle O}{\|}}{C}\right]$$

可以结晶成两种多晶形态，即 α 型和 γ 型（Holmes 等，1955 年；Arimoto，1964 年）。如图 11.35 所示，尼龙-6 的固态^{15}N NMR 波谱显示出对其结晶形式的明显依赖性。尼龙-6 的 α-晶型和 γ-晶型在^{15}N 共振中其峰的分离超过 5，从观测的^{15}N 化学位移分离的数值大小来看，对于观测的^{15}N 化学位移而言，在 α 相和 γ 相中尼龙-6 链之间构象上的差异至少是部分原因。

11.7 结束语

在结束本章之前，应该提到的是，此处叙述的高分辨固态核磁共振研究，不仅对合成聚合物，对生物大分子同样也进行了类似的研究。CPMAS/DD ^{13}C NMR 对多肽、蛋白质和多糖的研究［参见 Saito（1986 年）综述］，同样也提供了涉及它们固态的构象和迁移率的信息。

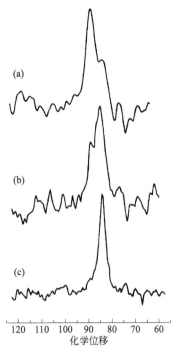

图 11.35 尼龙-6 均聚物不同晶型的^{15}N CPMAS NMR 波谱。（a）γ-尼龙-6 为主；（b）α-尼龙-6 占优势；（c）α-尼龙-6。δ^{15}N 来自甘氨酸 ［经 Powell 等（1988 年）允许后重印］

此外，近年来发展了多种二维核磁共振技术，并将其应用于固态聚合物体系 ［详见 Ernst 等（1987 年）］，这些技术已成功应用于研究聚合物共混物的相容性（Caravatti 等，1986 年；Mirau 等，1989 年）、聚合物固体中的运动（Schaefer 等，1983 年；Spiess，1988 年；Maas 等，1987 年；Kentgens 等，1987 年），以及不溶性聚合物体系中主链碳的连接性（Schaefer，1988 年）。大家希望，将二维核磁共振技术应用于固体，对于固态聚合物的结构、运动和相互作用的表征，将是一场革命，正如对大分子溶液 NMR 研究已经发生的一样（Bovey 和 Mirau，1988 年）。

（杨诗文、成煦、杜宗良　译）

参 考 文 献

Arimoto, H.（1964）. *J. Polym. Sci. Part A* **2**, 2283.

Axelson, D. E.（1986）. *In High Resolution NMR Spectroscopy of Synthetic Polymers in Bulk*, R. A. Komoroski, Ed., VCH, Deerfield Beach, Fla., Chapter 5.

Beliore, L. A, Schilling, F. C, Tonelli, A. E, Lovinger, A. J, and Bovey, F. A.（1984）. *Macromolecules* **17**, 2561.

Bloor, D. and Chance, R. R.（1985）. Polydiacetylenes, NATO ASI Series E, Applied Science, Martin Nijhoff Publishers.

Bovey, F. A. and Jelinski, L. W.（1987）. *Nuclear Magnetic Resonance*, Encyclopedia of Polymer Science and Engineering, Vol. 10, Second Ed., Wiley, New York, p. 254.

Bovey, F. A. and Mirau, P. A.（1988）. *Accts. Chem. Res.* **21**, 37.

Bowmer, T. N. and Tonelli, A. E. (1985). *Polymer(British)* **26**, 1195.

Boye, C. A., Jr, and Overton, J. R. (1974). *Bull. Am. Phys. Soc.* **19**, 352.

Brereton, M. G, Davies, G. R., Jakeways, R, Smith, T, and Ward, I. M. (1978). *Polymer(British)* **19**, 17.

Bunn, A., Cudby, E. A., Harris, R. K., Packer, K. J., and Say, B. J. (1981). *Chem. Commun.* 15.

Caravatti, P., Neuenschwander, P., and Ernst, R. R. (1986). *Macromolecules* **19**, 1889.

Chace, R. R. (1986). *Encyclopedia of Polymer Science and Engineering*, Vol. 4, Second Ed., Wiley, New York, p. 767.

Danusso, F. and Gianotti, G. (1963). *Makromol. Chem.* **61**, 139.

De Rosa, C, Napolitano, R., and Pirozzi, B. (1986). *Polymer(British)* **26**, 2039.

Desborough, I. J. and Hall, I. M. (1977). *Polymer(British)* **18**, 825.

Dickerson, R. E. and Geis, I. (1969). *Structure and Action of Proteins*, Harper, New York.

Downey, M. J, Hamill, G. P, Rubner, M, Sandman, D. J., and Velazquez, C. S. (1988). *Makromol. Chem.* **189**, 1199.

Earl, W. L. and VanderHart, D. L. (1979). *Macromolecules* **12**, 762.

Earl, W. I. and VanderHart, D. L. (1982). *J. Magn. Reson.* **48**, 35.

Enkelmann, V. and Lando, J. B. (1978). *Acta Cryst.* B **34**, 2352.

Ernst, R. R., Bodenhausen, G., and Wokaun, A. (1987). Principles of Nuclear Magnetic Resonance in One and Two Dimensions, Oxford University Press, New York.

Evans, H. and Woodward, A. E. (1978). *Macromolecules* **11**, 685.

Farrar, T. C. and Becker, E. D. (1971). *Pulse and Fourier Transform NMR*, Academic Press, New York.

Fisher, E. W. (1957). *Z. Naturforsch.* **12a**, 753.

Fleming, W. W., Fyfe, C. A., Kendrick, R. D., Lyerla, J. R., Vanni, H., and Yannoni, C. S. (1980). *In Polymer Characterization by ESR and NMR*, A. E. Woodward and F. A. Bovey, Eds, ACS Symposium Series 142, Washington.

Flory, P. J. (1969). Statistical Mechanics of Chain Molecules, Wiley-Interscience, New York. 中译本：P. J. 弗洛里. 链状分子的统计力学(吴大诚等译). 成都：四川科学技术出版社，1990：1-479.

Garroway, A. N., Ritchey, W. M., and Moniz, W. B. (1982). *Macromolecules* **15**, 1051.

Geacintov, C., Schottand, R., and Miles, R. B. (1963). *J. Polym. Sci. Polym. Let. Ed.* **1**, 587.

Gomez, M. A., Tanaka, H., and Tonelli, A. E. (1987a). *Polymer(British)* **28**, 2227.

Gomez, M. A, Cozine, M. H, Schilling, F. C, Tonelli, A. E, Bello, A., and Fatou, J. G. (1987b). *Macromolecules* **20**, 1761.

Gomez, M. A, Cozine, M. H, and Tonelli, A. E. (1988). *Macromolecules* **21**, 388.

Gomez, M. A, Tonelli, A. E., Lovinger, A. J, Schilling, F. C., Cozine, M. H., and Davis, D. D. (1989). *Macromolecules* **22**, in press.

Grenier-Loustalot, M. -F., and Bocelli, G. (1984). *Eur. Polym. J.* **20**, 957.

Groth, P. (1971). *Acta Chem. Scand.* **25**, 725.

Hall, I. H. (1980). *ACS Symp. Ser.* **141**, 335.

Hall, I. H. and Pass, M. G. (1977). *Polymer(British)* **17**, 807.

Harrah, L. A. and Zeigler, J. M. (1985). *J. Polym. Sci. Polym. Lett. Ed.* **23**, 209.

Harrah, L. A. and Zeigler, J. M. (1987). *In Photophysics of Polymers*, C. E. Hoyle and J. M. Torkelson, Eds.; *ACS Symp. Ser.* **358**, 482.

Holmes, D. R., Bunn, C. W, and Smith, D. J. (1955). *J. Polym. Sci.* **17**, 159.

Iwaanagi, S. and Mirua, I. (1965). *Rep. Prog. Polym. Phys.* **8**, 1965.

Jakeways, R, Ward, I. M, Wilding, M. A., Hall, I. H., Desborough, I. J, and Pass, M. G. (1975). *J. Polym. Sci. Polym. Phys. Ed.* **13**, 799.

Jakeways, R, Smith, T, Ward, I. M, and Wilding, M. A. (1976). *J. Polym. Sci. Polym. Lett. Ed.* **14**, 41.

Jelinski, L. W. (1986). *In High Resolution NMR Spectroscopy of Synthetic Polymers in Bulk*, R. A. Komoroski, Ed., VCH, Deerfield Beach, Fla., Chapter 10.

Jelinski, L. W., Dumais, J. J, Watnick, P. I, Bass, S. V, and Shepherd, L. (1982). *J. Polym. Sci. Polym. Chem. Ed.* **20**, 3285.

Keller, A. (1957). *Phil. Mag.* **2**, 1171.

Kentgens, A. P. M., de Boer, E, and Veeman, W. S. (1987). *J. Chem. Phys.* **87**, 6859.

Kuzmany, H, Rabolt, J. F, Farmer, B. L., and Miller, R. D. (1986). *J. Chem. Phys.* **85**, 7413.

Maas, W. E., Jr., Kentgens, A. P. M, and Veeman, W. S. (1987). *J. Chem. Phys.* **87**, 6854.

Mark, J. E. (1967). *J. Am. Chem.* Soc. 89, 6829. [Also see: Abe, Y. and Flory, P. J. (1971). *Macromolecules* **4**, 219.]

Mathias, L. J., Powell, D. G, and Sikes, A. M. (1988). *Polymer (British)* **29**, 192.

Mencik, Z. (1975). *J. Polym. Sci. Polym. Phys. Ed.* **13**, 2173.

Millr, R. D, Farmer, B. L, Fleming, W., Sooriyakumaran, R., and Rabolt, J. F. (1987). *J. Am. Chem. Soc.* **109**, 2509.

Miller, R. L. and Holland, V. F. (1964). *J. Polym. Sci. Polym. Lett. Ed.* **2**, 519.

Mirau, P. A, Tanaka, H., and Bovey, F. A. (1989). *Macromolecules* **22**, in press.

Miyashita, T, Yokouchi, M, Chatani, Y, and Tadokoro, H. (1974). In Annual Meeting of Polymer Science Japan, Tokyo, preprint, p. 453. Quoted in Tadokoro, H. (1979). Structure of Crystalline Polymers, Wiley-Interscience, New York, p. 405.

Natta, G. and Corradini, P. (1960a). *Nuovo Cimento Suppl.* 15, **1**, 9.

Natta, G., Corradini, P, and Porri, L. (1956). *Atti Acad. Naz. Lincei Cl. Sci. Fis. Mat. Nat. Rend.* **20**, 718.

Natta, G. and Corradini, P. (1960b). *Nuovo Cimento Suppl.* 15, **1**, 40.

Natta, G, Corradini, P, and Bassi. I. W. (1960). *Nuovo Cimento Suppl.* 15, **1**, 52.

O' Gara, J. F, Jones, A. A, Hung, C. -C, and Inglefield, P. T (1985). *Macromolecules* **18**, 1117.

Petraccone, V., Pirozzi, B., Frasci, A, and Corradini, P. (1976). Eur. Polym. J. **12**, 323.

Powell, D. G, Sikes, A. M, and Mathias, L. J. (1988). *Macromolecules* **21**, 1533.

Saito, H. (1986). *Magn. Reson. Chem.* **24**, 835.

Sandman, D. J, Tripathy, S. K, Elman, B. S, and Sandman, L. M. (1986). *Synthetic Metals* **15**, 229.

Schaefer, J. (1988). Presented at Rocky Mountain Spectroscopy Conference, Denver, Aug. 1988. [Also see Bork, V., and Schaefer, J. (1988). *J. Magn. Reson.*, **78**, 348.]

Schaefer, J. and Steiskal, E. O. (1976). *J. Am. Chem. Soc.* **98**, 1031.

Schaefer, J. and Stejskal, E. O. (1979). *In Topics in Carbon-13 NMR Spectroscopy*, Vol. 3, G. C. Levy, Ed, Wiley, New York, p. 283.

Schaefer, J., Stejskal, E. O, and Buchdal, R. (1975, 1977). *Macromolecules* **8**, 291; **10**, 384.

Schaefer, J., McKay, R. A, Stejskal, E. O., and Dixon, W. J. (1983). *J. Magn. Reson.* **52**, 123.

Schiling, F. C, Bovey, F. A., Tseng, S, and Woodward, A. E. (1983). *Macromolecules* **16**, 808.

Schiling, F. C., Bovey, F. A., Tonelli, A. E., Tseng, S, and Woodward, A. E. (1984). *Macromolecules* **17**, 728.

Schiling, F. C., Valenciano, M, and Tonelli, A. E. (1985). *Macromolecules* 18, 356.

Schiling, F. C., Bovey, F. A., Lovinger, A. J., and Zeigler, J. M. (1986). *acromolecules* **19**, 2660.

Schilling, F. C, Gomez, M. A, Tonelli, A. E, Bovey, F. A, and Woodward, A. E. (1987). *Macromolecules* **20**, 2954.

Schilling, F. C., Bovey, F. A., Lovinger, A. J, and Zeigler, J. M. (1989a). *ACS Ado. Chem. Ser.* in press.

Schilling, F. C., Lovinger, A. J, Zeigler, J. M, Davis, D. D, and Bovey, F. A. (1989b). Manuscript in preparation.

Shoji，A.，Ozaki，T，Fujito，T，Deguchi，K，and Ando，I. (1987). *Macromolecules* **20**，2441.

Spiess，H. W. (1985). *Adu. Polym. Sci.* **66**，23.

Spiess，H. W. (1988). Presented at Am. Chem. Soc. Meeting，Toronto，Canada，June 6，1988.

Stambaugh，B. D.，Koenig，J. L.，and Lando，J. B. (1979). *J. Polym. Sci. Polym. Lett. Ed.* **15**，299；*J. Polym. Sci. Polym. Phys. Ed.* **17**，1053.

Stellman，J. M，Woodward，A. E.，and Stellman，S. D. (1973). *Macromolecules* **6**，30.

Storks，K. H. (1938). *J. Am. Chem. Soc.* **60**，1753.

Suehiro，J. and Takayanagi，M. (1970). *Macromol. Sci. Phys.* **B4**，39.

Sun，D. C. and Magill，J. H. (1987). *Polymer(British)* **28**，1245.

Tadokoro，H. (1979). Structure of Crystalline Polymers，Wiley-Interscience，New York.

Tanaka，H.，Thakur，M.，Gomez，M. A.，and Tonelli，A. E. (1987). *Macromolecules* **20**，3094.

Tanaka，H.，Gomez，M. A.，and Tonelli，A. E. (1988a). *Macromolecules* **21**，2934.

Tanaka，H，Gomez，M. A，Tonelli，A. E，Chichester-Hicks，S. V.，and Haddon，R. C. (1988b). *Macromolecules* **21**，2301.

Tanaka，H.，Gomez，M. A.，Tonelli，A. E.，and Thakur，M. (1989a). *Macromolecules* **22**，1208.

Tanaka，H.，Thakur，M，Gomez，M. A，and Tonelli，A. E. (1989b). *Macromolecules* **22**，in press.

Tanaka，H，Gomez，M. A，Tonelli，A. E.，Lovinger，A. J.，Davis，D. D，and Thakur，M. (1989c). *Macromolecules* **22**，in press.

Tanaka，H，Gomez，M. A.，Tonelli，A. E.，Chichester-Hicks，S. V，and Haddon，R. C. (1989d). *Macromolecules* **22**，1031.

Till，P. H. (1957). *J. Polym. Sci.* **24**，301.

Torchia，D. A. (1978). *J. Magn. Reson.* **30**，613.

Turner-Jones，A. (1963). *J. Polym. Sci. Part B* **1**，455.

Turner-Jones，A.，Aizlewood，J. M，and Becket，D. R. (1964). *Makromol. Chem.* **75**，134.

Vander Hart，D. L. (1981). *J. Magn. Reson.* **44**，117.

van Dongen，J. P. C. M.，de Bie，M. J. A，and Steur，R. (1973). *Tetrahedron Lett.* 1371.

Walsh，C. A.，Schilling，F. C.，Macgregor，R. B.，Jr，Lovinger，A. J，Davis，D. D.，Bovey，F. A.，and Zeigler，J. M. (1989). *Macromolecules* **22**，in press.

Ward，I. M. and Wilding，M. A. (1977). *Polymer(British)* **18**，327.

Weber，W. D. and Murphy，P. D. (1987). *Preprints PMSE Div. ACS* **57**，341.

Wegner，G. (1980). *Discuss. Faraday Soc.* **68**，494.

Yokouchi，M，Sakabibara，Y，Chatani，Y，Tadokoro，H，Tanaka，T，and Yoda，K. (1976). *Macromolecules* **9**，26.

Zannetti，R，Manaresi，P.，and Bazzori，G. C. (1961). *Chim. Indust. (Milan)* **43**，735.

索 引

（按汉语拼音排序）